战略性新兴领域"十四五"高等教育系列教材

生物信息与仿生 材料测试技术

主　编　齐江涛

副主编　杨然兵　郭　慧

参　编　穆正知　丁晨琛　张　健

机械工业出版社

本书是一本介绍生物信息与仿生材料测试技术的教材，从生物信息与仿生材料测试技术在工程仿生领域，尤其是在仿生材料方面的地位与作用、所面临的形势和挑战等方面，详细论述了生物信息与仿生材料测试技术的发展现状、关键技术和未来趋势。全书共六章，包括绪论、生物信息与仿生材料测试技术基础、典型生物功能材料表征测试技术、仿生结构化材料表征测试技术、生物信息采集与生物识别测试方法、智能测试及其在生物信息采集中的应用。本书内容丰富，结构清晰，术语规范，覆盖面广，通过学习，学生可以掌握典型生物信息和仿生材料的测试原理和检测方法，了解生物信息和仿生材料测试技术的发展动向，培养自身运用所学知识解决实际问题的实践能力，为今后从事工程仿生、机械工程、仿生新材料等方面的研究奠定坚实的理论基础。

本书既可作为高等院校仿生科学与工程、机械、材料等相关专业的教材或辅导用书，也可作为科研人员和工程技术人员的参考书。

图书在版编目（CIP）数据

生物信息与仿生材料测试技术／齐江涛主编.
北京：机械工业出版社，2024.11. -- （战略性新兴领域"十四五"高等教育系列教材）. -- ISBN 978-7-111-77344-3

Ⅰ. Q811.4；TB39
中国国家版本馆 CIP 数据核字第 20247DQ436 号

机械工业出版社（北京市百万庄大街 22 号　邮政编码 100037）
策划编辑：董伏霖　　　　　　责任编辑：董伏霖　周海越
责任校对：梁　静　陈　越　　封面设计：张　静
责任印制：张　博
北京建宏印刷有限公司印刷
2024 年 12 月第 1 版第 1 次印刷
184mm×260mm · 13.5 印张 · 334 千字
标准书号：ISBN 978-7-111-77344-3
定价：49.80 元

电话服务　　　　　　　　　　网络服务
客服电话：010-88361066　　　机　工　官　网：www.cmpbook.com
　　　　　010-88379833　　　机　工　官　博：weibo.com/cmp1952
　　　　　010-68326294　　　金　书　网：www.golden-book.com
封底无防伪标均为盗版　　机工教育服务网：www.cmpedu.com

前　言

本书属于任露泉院士领衔的教育部"新材料"战略性新兴领域"十四五"高等教育教材体系建设工作产生的系列教材之一。生物信息与仿生材料测试技术是近年来迅猛发展的高新技术之一，是在生命科学和信息科学的基础上发展而来的，是生物、电子、机械、材料等多学科相互碰撞和交融的产物。随着生物信息与仿生材料测试技术的发展，其在生命健康、新材料、机械、农业等诸多领域中发挥着愈加重要的作用，并涌现出了大量新颖的检测技术和检测设备，展示出了十分广阔的应用前景。

本书是编者团队在所从事生物信息与仿生材料测试相关教学和科研工作的基础上，加以归纳、总结、融合和提升编写而成的。全书共六章，第一章概述了生物信息与仿生材料测试技术的基本概念、发展历程、特点和发展趋势；第二章介绍了生物信息与仿生材料测试基础知识，包括传感器的基本结构、性能指标，以及改善传感器检测性能的方法；第三章介绍了典型生物功能材料跨尺度测试技术的相关内容，包括典型生物功能材料分类及特点、表面性能表征、力学性能表征的测试技术和应用实例；第四章介绍了仿生结构化材料表征测试技术相关内容，包括仿生结构化材料的基本概念、仿生结构化材料的形貌结构表征等相关测试技术和应用实例；第五章从生物信息采集的物理、化学和生物识别三方面介绍了生物信息采集与生物识别测试方法；第六章介绍了智能测试技术及其应用，包括智能传感器基本概念、网络化智能传感器、虚拟仪器、微纳传感器基本工作原理及应用。

本书由齐江涛教授整理统稿，第一、二章由齐江涛、郭慧编写，第三、四章由穆正知编写，第五章由杨然兵、齐江涛、郭慧、张健编写，第六章由丁晨琛编写。

本书的编写得到了教育部"新材料"战略性新兴领域"十四五"高等教育教材体系建设项目、国家自然科学基金项目、吉林省中青年科技创新创业卓越人才（团队）项目等的支持，在此表示感谢。吉林大学教务处、吉林大学本科生院、吉林大学工程仿生教育部重点实验室、吉林大学生物与农业工程学院也为本书的撰写提供了支持，在此表示感谢。本书的编写参考了其他相关作者的著作和论文，在此对这些著作和论文的作者深表感谢。

由于编者水平有限，本书难免有疏漏之处，敬请广大读者批评指正。

编　者

目　录

第一章
绪 论

  生物信息与仿生材料测试技术是在生命科学和信息科学的基础上发展而来的，是生物、物理、化学、电子、材料等多学科相互碰撞和交融的产物。1821 年，德国物理学家赛贝克真正把温度变成电信号的传感器发明出来；1960 年，美国科学家 J. Steele 在第一次仿生讨论会上正式提出了仿生学的概念；1967 年，世界上第一只酶电极研制成功。传感器、生物传感器和仿生学的诞生，标志着生物信息与仿生材料测试技术已经初步形成。现代的测试手段在很大程度上决定了生产、科学技术的发展水平，而科学技术的发展又为测试技术提供了新的理论基础，同时对测试技术提出了更高的要求。随着生物信息与仿生材料测试技术的发展，其在生命健康、新材料、机械、农业、环境监测和食品等诸多领域中已经发挥了十分重要的作用，并涌现出了大量新颖的检测技术和检测设备，展示出了十分广阔的应用前景。

第一节　生物信息与仿生材料测试技术概述

  电饭煲为什么能自动加热和保温而不会使米饭烧焦？电冰箱、空调为什么可以自动控制电极的运转而保持恒温？全自动洗衣机为什么可以自动完成洗衣过程？电梯门为什么不夹人？自动门为什么会自动开启？怎样实现自动通风、自动喷水、自动报警？医院和车站的人体温度检测如何实现？以上相关内容的答案都蕴藏在本书中。

一、生物信息与仿生材料测试技术的基本概念

  生物信息与仿生材料测试技术这一概念目前还没有明确的定义，本书泛指将各种传感器应用于解决各种生物信息和仿生材料相关的实际问题所形成的原理及方法，具体包括对各种植物、动物、微生物等相关信息的采集与测试技术。为了更好地了解生物信息与仿生材料测试技术，需要对传感器、生物传感器、仿生材料及其相关基本概念具有一定的了解。

  传感器（Sensor）是一种检测装置，能感受被测量的信息，并能将感受到的信息按一定规律变换成为电信号或其他所需形式的信息输出，以满足信息的传输、处理、存储、显示、记录和控制等要求。我国国家标准 GB/T 7665—2005《传感器通用术语》对传感器的定义

为：能感受被测量并将其按照一定的规律转换成可用输出信号的器件或装置，通常由敏感元件和转换元件组成。在《韦式大词典》中传感器被定义为："从一个系统接受功率，通常以另一种形式将功率送到第二个系统中的器件"。国际电工委员会（International Electrotechnical Committee，IEC）对传感器的定义：传感器是测量系统中的一种前置部件，它将输入变量转换成可供测量的信号。

中国物联网校企联盟认为，传感器的存在和发展让物体有了触觉、味觉和嗅觉等感官，让物体慢慢变得活了起来。广义上说，传感器是一种获得信息的装置，能够在感受外界信息后，按一定的规律把物理量、化学量或生物量等转变成便于利用的信号，转换后的信息便于测量和控制。

期刊 *Biosensors* 对生物传感器的定义：生物传感器是一类分析器件，它将一种生物材料（如组织、微生物细胞、细胞器、细胞受体、酶、抗体、核酸等）或生物衍生材料或生物模拟材料，与物理化学传感器或传感微系统密切结合或联系起来，实现其分析功能，这种换能器或微系统可以是光学的、电化学的、热学的、压电的或磁学的。Tuner 教授将其简化为：生物传感器是一种精致的分析器件，它结合一种生物的或生物衍生的敏感元件与一只理化换能器，能够产生间断或连续的数字电信号，信号强度与被分析物成比例。

从传感器的定义可以看出：

1）传感器是测量装置，能完成检测任务。

2）其输入量是被测量，可能是物理量、化学量、生物量等。

3）其输出量是物理量，可以是气、光、电等便于传输、转换、处理和显示的物理量。

4）输出量与输入量有确定的对应关系，且应具有一定的精度。

生物传感器可理解为由敏感元件和理化换能器（以下简称换能器）组成的分析装置，能够与生物特异性结合，产生与反应中分析物浓度成比例的可测量信号，具有稳定性好、灵敏度高、选择性强的特点。敏感元件又称分子识别元件，一般为生物受体，能够有效识别被分析物的分子，可分为经典识别元件（酶、组织、细胞、DNA 和抗体等）和新型识别元件（脱氧核酶、亲合体、噬菌体、核酸适配体及分子印迹聚合物等）；换能器又称信号转换器，可以将生物分子识别后产生的信号转化为等量的可视或可读信号，从而对目标物进行定量分析，换能器是将各种生物、化学和物理的信息转变成电信号的一类器件，见表 1.1。

表 1.1　主要换能器及其原理

生物学反应信息	换能器选择	生物学反应信息	换能器选择
离子变化	离子选择性电极	光学变化	光纤、光电管、荧光计
电阻变化、电导变化	抗阻计、电导仪	颜色变化	光纤、光电管
质子变换	场效应晶体管	质量变化	压电晶体等
气体分压变化	气敏电极	力变化	微悬臂梁
热熔变化	热敏电阻、热电偶	振动频率变化	表面等离子体共振（SPR）

仿生学（Bionics）是研究生物系统的结构和特征，并以此为工程技术提供新的设计思想、工作原理和系统构成的科学。它是一门由生命科学、物质科学、信息科学、数学和工程技术等学科相互渗透而结合成的一门边缘科学。

仿生材料是指模仿生物的各种特点或特性而研制开发的材料。通常把仿照生命系统的运行模式和生物材料的结构规律而设计制造的人工材料称为仿生材料。仿生学在材料科学中的分支称为仿生材料学（Biomimetic Materials Science），它是指从分子水平上研究生物材料的结构特点、构效关系，进而研发出类似或优于原生物材料的一门新兴学科，是化学、材料学、生物学、物理学等学科的交叉。仿生设计不仅要模拟生物对象的结构，更要模拟其功能。将材料科学、生命科学、仿生学相结合，对于推动材料科学的发展具有重大意义。自然进化使得生物材料具有最合理、最优化的宏观、细观、微观结构，并且具有自适应性和自愈合能力，在比强度、比刚度与韧性等综合性能上都是最佳的。

仿生材料测试技术主要指对仿生原型功能材料或仿生材料的形貌结构、物相成分、表面性能和力学性能等生物信息或材料性能进行测试的技术。对仿生原型功能材料进行测试主要是为了有效、精确、充分地获取这些仿生原型的实际生物信息，其可决定仿生材料设计的质量和水平。对仿生材料性能进行测试主要是为了验证该功能性材料的实际性能。无论是对仿生原型功能材料进行测试，还是对仿生材料性能进行测试，都离不开对各种传感器的集成应用。

二、生物信息与仿生材料测试技术的工作原理

基于生物信息与仿生材料测试技术的基本概念，在理解其工作原理前，需要了解实现生物信息与仿生材料测试的载体——传感器的工作原理。根据其工作原理，传感器可分为物理传感器、化学传感器和生物传感器，其中物理传感器应用的是物理效应，将测量信号的微弱变化通过压电效应、热电、光电、气电、磁电、离化、极化、射线、磁致伸缩现象转换成电信号（图 1.1a）。化学传感器包括以化学吸附、电化学反应等现象为因果关系的传感器，被测信号的微小变化量也将转换成电信号（图 1.1b）。生物传感器是指待测物质经扩散作用进入分子识别元件，经分子识别作用与分子识别元件特异性结合，产生物理/化学反应；传感

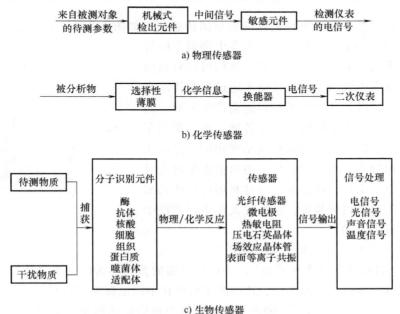

a) 物理传感器

b) 化学传感器

c) 生物传感器

图 1.1 传感器原理框图

4

器将接收到的物理/化学反应信号转化为可测量的电、光、声音、温度等信号，并对产生的信号进行放大、处理并输出（图1.1c）。测量到的信号可以间接反映待测物质的浓度。生物传感器与传统物理/化学传感器的主要区别在于生物传感器的识别元件是生物物质或仿生物物质。

根据以上传感器工作原理的描述，可以得出生物信息与仿生材料测试技术的工作原理为：通过各种物理、化学、生物反应/现象产生的物理/化学反应信号，并将这种信号转化成可测量信号，以反映待测物质的某一指标。

第二节　生物信息与仿生材料测试技术的发展

人类诞生至今，就一直锲而不舍地感知、思考和改造世界、改善自我，生物信息与仿生材料测试技术的发展为人类感知世界万物提供了技术手段。2014年《福布斯》认为今后的几十年内，影响和改变着世界经济格局和人们生活方式的十大科技领域中，传感器名列首位，它是一切数据获取的基础设施。2022年福布斯全球企业2000强榜单中，中国大陆4家传感器大厂上榜。生物信息与仿生材料测试技术必将随着传感器的发展而不断发展。

一、传感器发展历程

（一）机械化时代（人类出现—1870年前后）——开启了人类传感器雏形

从冷兵器时代到蒸汽机时代，科技先驱和能工巧匠发明创造的机械式传感器，开启了人类传感器的雏形。这些传感器最初发明时就像识破天机的利器，也不乏银簪验毒的创举，在群组化和制度化推广使用后，极大地推动了当时生产生活方式的进步和文明社会发展制度的建立完善。

1. 指南车

指南车又称司南车，是史料记载的最早的传感器，如图1.2所示，相传公元前2700年中国的轩辕黄帝发明了指南车，并在大雾中辨别方向打败了蚩尤。据史书记载和近代的研究，我们可以对指南车的结构和原理有大致的了解。指南车通过齿轮传动来实现，当车子转向时，两个轮子的转速会产生差异，而这个差异会被车内的木制齿轮捕捉并传递，从而带动车上的指向木人与车转向的方向相反且角度相同，进而实现无论车子转向何方，木人的手始终指向指南车出发时设置的方向。总的来说，指南车是一种利用齿轮传动来实现方向指示的简单机械装置，是古代人在生产实践中通过观察和实验得出的。

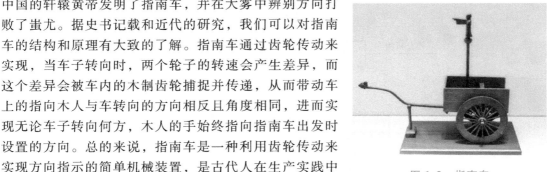

图1.2　指南车

2. 仰韶陶质量具、商代骨尺、楚墓天平、日晷仪

"度量衡"名称源自《书·舜典》，计量长短用的器具称为度，测定计算容积的器皿称为量，测量物体轻重的工具称为衡，这些测量概念在中国统称为"度量衡"。

（1）中国最早的量器　距今5000年前的甘肃大地湾遗址仰韶文化晚期的901号房址中出土的一组陶质量具，是迄今为止我国发现最早的量器，主要有泥质槽状条形盘、夹细砂长柄麻花耳铲形抄、泥质单环耳箕形抄、泥质带盖四把深腹罐等。其中条形盘的容积约为 264.3cm³；铲形抄的自然盛谷物容积约为 2650.7cm³；箕形抄的自然盛谷物容积约为 5288.4cm³，如图 1.3 所示；四把深腹罐的容积约为 26082.1cm³。可以看出，除箕形抄的容积是铲形抄的两倍外，其余 3 件容积的关系都是以 10 倍递增。

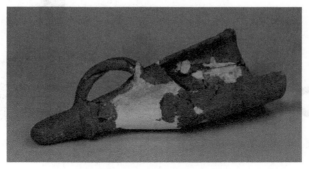

图 1.3　甘肃大地湾仰韶文化晚期 901 号房址中出土的箕形抄

（2）中国最早的长度测量工具——商代骨尺　河南安阳出土的商代（公元前 1600—公元前 1046 年）骨尺是目前中国所见最早的长度测量工具。尺面分、寸刻线都应用了十进制，分别长 16.95cm、15.78cm、15.8cm，可作为商代一尺实际长度的参考，如图 1.4 所示。

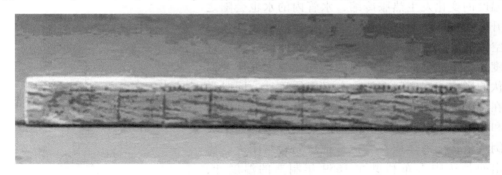

图 1.4　河南安阳出土的商代骨尺

（3）中国最早的秤——楚墓天平　已发掘出的最早的秤是在长沙附近左家公山上战国时期楚墓中的天平，如图 1.5 所示。杠杆在中国的典型发展是秤的发明和它的广泛应用。在一根杠杆上安装吊绳作为支点，一端挂上重物，另一端挂上砝码或秤锤，就可以称量物体的重量。古代人称它“权衡”或“衡器”。“权”就是砝码或秤锤，“衡”是指秤杆。楚墓天平是公元前 4 世纪—公元前 3 世纪的制品，是个等臂秤，使用原理和今天的天平完全一致。不等臂秤可能早在春秋时期就已经使用了。古代中国人还发明了有两个支点的秤，俗称铢秤。使用这种秤，变动支点而不需要换秤杆就可以称量比较重的物体。

（4）中国最早的计时仪器——日晷仪　日晷仪最早出现在西周，是古人观测日影计时的仪器，根据日影的位置来指定当时的时辰或刻数，是我国古代较为普遍使用的计时仪器，如图 1.6 所示。“日”指太阳，“晷”表示影子，“日晷”的意思为太阳的影子。一天中，随着太阳由东到西的移动，日晷仪指针的影子的方位和长短都会跟着变化，通常是以影子的方位计时。

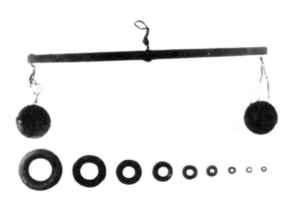

图 1.5   长沙附近出土的楚墓天平

图 1.6   日晷仪

3. 气体温度计

气体温度计是世界上最早的温度传感器。1593 年，意大利科学家伽利略用一个 45cm 长、麦秆粗细的玻璃管，一端吹成鸡蛋大小的玻璃泡，一端仍然开口，如图 1.7 所示。伽利略先使玻璃泡受热，然后把开口端插入水中，使水沿细管向上上升一定的高度。泡内的空气会随温度的变化发生热胀冷缩，水管内的水也会随之发生升降，这样就可以用水管内水位的高低表征玻璃泡内空气的冷热程度，这就是第一只温度计。当然这种温度计是不准确的，因为泡内空气会受大气压及温度起伏的影响，它实际上是一个温度气压计，同时伽利略在管子上的刻度也是任意刻画的。后来伽利略的学生和其他科学家，在这个基础上反复改进，如把玻璃管倒过来，把液体放在管内，把玻璃管封闭等。比较突出的是法国人布利奥在 1659 年制造的温度计，他把玻璃泡的体积缩小，并把测温物质改为水银，具备了温度计的雏形。后来荷兰人华伦海特在 1709 年利用酒精，在 1714 年又利用水银作为测量物质，制造了更精确的温度计。

图 1.7   伽利略发明的气体温度计

（二）电气自动化时代（1870 年前后—2009 年）——传感器成为不可或缺的关键性配套器件

自动控制理论和信息论持续引领了第二次、第三次工业革命。以电力电子和气动为基础的生产自动化趋于成熟，以内燃机带动的汽车、飞机、火箭等现代化交通运载工具持续大发展，以通信和互联网为代表的信息化爆发性增长。此时，真正意义上的传感器已成为这些重要发展领域、重大工程项目中不可或缺的关键配套。

1. 最早输出电信号的传感器——铂电阻温度计

1821 年，德国的塞贝克发现热电效应，同年英国的戴维发现金属电阻随温度变化的规律，奠定了热电偶温度计和热电阻温度计的理论基础；1876 年，德国的西门子制造出了第一支铂电阻温度计，它在 $-272.5 \sim 961.78℃$ 温度范围内具有非常线性的电阻-温度关系和高重复性，其误差可低到 $10^{-4}℃$，因此它成为能复现国际实用温标的基准温度计，如图 1.8 所示。

2. 工业批量化生产的第 1 代传感器——结构型传感器

当前意义上的生物信息测试技术是在 20 世纪中期真正开始的，这时期的传感器主要是结构型传感器，也就是主要利用结构参量变化来感受和转化信号，如电阻应变式传感器等，如图 1.9 所示。20 世纪 70 年代初，西方国家着力发展计算机与通信技术，传感器技术发展未得到充分重视，先进的成果停留在实验研究阶段，转化率较低，造成了"大脑"发达而"五官"迟钝的窘境，传感器产业相对惨淡。

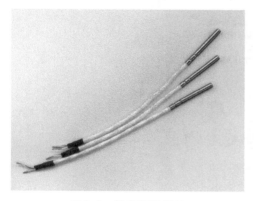

图 1.8 铂电阻温度计　　　　　　　图 1.9 电阻应变式传感器

3. 工业批量化生产的第 2 代传感器——集成传感器

20 世纪 70 年代后期，随着集成技术、微电子技术及计算机技术的发展，出现了集成传感器，即传感器本身的集成化和传感器与后续电路的集成化。集成传感器由半导体、电介质、磁性材料等固体元件构成。例如，利用热电效应、霍尔效应、光敏效应，分别制成热电偶传感器、霍尔式传感器、光敏传感器等，以电荷耦合器件（CCD）、集成温度传感器 AD590、集成霍尔传感器 UG3501 为典型代表。这类传感器具有成本低、可靠性高、性能好等特点。集成传感器发展非常迅速，现已占传感器市场的 2/3 左右，并向低价格、多功能和系列化方向发展。

20 世纪 80 年代初，美国、日本、德国、法国、英国等国家相继确立加速传感器技术发展的方针，将传感器技术视为涉及科技进步、经济发展和国家安全的关键技术，纷纷列入长远发展规划和重点计划之中。自此，西方发达国家在全球传感器领域的技术、产业优势地位更加巩固并延续至今。

（三）智能时代（2009 年—至今）——传感器已成为发展瓶颈，同时也是物联网的核心基础和突破口

21 世纪的重大变革是："通过网络把物质世界连接起来，并赋予它一个电子神经系统，使它具有能够感知信息的生命，而能够担当这一重任的核心就是传感器"，并将传感器基础技术与应用称为"传感器革命（Sensor Revolution）"。据不完全统计，全球已有约 35000 种传感器，它们与人类活动息息相关，覆盖各个门类和学科，呈现出强烈的时代特点，即网络化、智能化、规模化。

1. 无线传感器网络爆发——无线化无处不在

网络化让传感器融入物联网，以工业中的油田物联网为例，所包含的系列传感器就多达几十种。在油田中，通过物联网技术传输传感器采集到的数据，以实现对油田作业的全过程监测，同时把采集到的数据利用无线网络上传到控制中心，由控制中心完成数据的处理和分析，最终对被测对象实施控制和回馈，如图1.10所示。

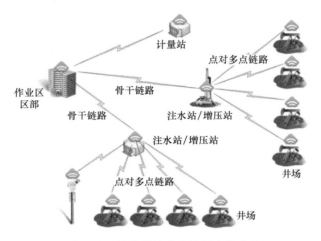

图 1.10　物联网技术在油田中的应用

2. 智能传感器的代表性产品——MEMS 传感器

1）20世纪80年代发展起来的智能传感器主要以微处理器为核心，把传感器信号调节电路、微计算机、存储器及接口集成到一块芯片上，是微型计算机技术与检测技术相结合的产物，如图1.11所示。

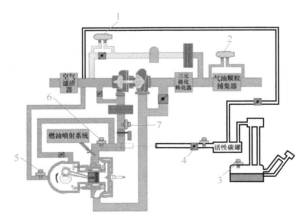

图 1.11　满足国六标准的动力总成与燃油供给系统中的 MEMS 压力传感器

1—尾气回收系统压力传感器　2—尾气过滤压差传感器　3—油箱蒸发泄露压力传感器
4—碳罐脱附压力传感器　5—曲轴箱通风压力传感器　6—进气压力传感器　7—涡轮增压压力传感器
注：国六标准指国家第六阶段机动车污染物排放标准。

2）惯性测量单元（Inertial Measurement Unit，IMU）最早在20世纪90年代开始规模应用在汽车工业和国防工业。目前，低精度的 MEMS 惯性传感器的应用领域以消费电子为代表，中精度的应用以汽车领域为代表，高精度的应用以航空航天和国防领域为代表。例如，IMU440CA 惯性测量单元使用了基于 MEMS 技术的陀螺仪和加速度计，可应用在车辆的导航与控制、无人驾驶飞行器（Unmanned Aerial Vehicle，UAV）姿态稳态和车辆平衡测试，如图 1.12 所示。

图 1.12　IMU440CA 惯性测量单元

时至今日，随着传感器"家族"的持续壮大，度量衡器具、各类专属的仪器仪表已经形成独立门类并规模化发展。而在专业领域探索新型应用、面向人类未知的大量高精尖新型传感器、高性价比传感器，正处于需求引领、加大力度优先发展的局面。

二、生物信息与仿生材料测试技术国外发展现状

（一）国外生物信息与仿生材料测试技术发展历程

生物信息与仿生材料测试技术研究起源于 19 世纪 20 年代。1821 年，德国物理学家赛贝克实现了真正意义上的温度传感器，标志着传感器测试技术的形成；1962 年，Clark 和 Lyon 把嫁接酶法和离子敏感氧电极技术结合，制造了测定葡萄糖含量的酶电极，开创了生物信息测试技术的先河。20 世纪七八十年代，随着生物学、电子学的发展，更多的生物材料和换能器被用于制作生物传感器。1974 年，库尼等人研制了以酶为敏感材料的测温探针生物传感器。

在应用中，人们发现酶制成的传感器使用寿命短、费用高，所以在 1975 年 Janata 研制出了电化学免疫生物传感器。1980 年，Cams 等人研制出可测青霉素的酶场效应晶体管生物传感器，为离子酶场效应晶体管开创了新研究局面，推动了生物传感器向集成化、多功能化发展。这期间关于生物传感器的研究不断深入，生物传感器从最初的第 1 代逐渐发展到第 3 代，关于生物传感器的论文、书籍数量、研究人员数量都大量增加。1990 年以来，生物传感器依托微系统分析技术、纳米技术等高新技术的发展又进入了一个全新阶段。以上各类传感器的不断发展，同时助力了生物信息与仿生材料测试技术的不断发展。

（二）国外生物信息与仿生材料测试相关传感器的研究成果

就世界范围而言，生物信息与仿生材料测试技术和研发产品在发达国家发展较快，相关研究成果也较为丰富。芬兰国家技术研究中心（VTT）通过将 iPhone 摄像头替换为新型光学传感器，成功开发出世界上第一个高光谱移动设备，这将为低成本高光谱成像的消费应用带来新的前景，如消费者将能够使用移动电话进行食品质量检测或健康监测。东京工艺研究所的 Isao Karub 教授研制出食品中过氧化氢含量的传感器样机；Okazaki 分子科学研究所的 Inakucih 博士发现了一批可以作为电子接受体的生化物；在美国，Glucose Biosensor Systems 等公司也相继推出了检测葡萄糖和乳酸盐的生物传感器；英国索恩·埃米电子（Thorn EMI Electronics）公司等也研制出了生物传感器的样品；法国贡比涅大学的托马斯教授研制了同时从杂质中检测多种不同物质浓度的互换膜多参数酶检测器；里昂克洛德·贝尔纳大学的古莱教授研制出了带数字显示屏的葡萄糖处理器。除此之外，从事生物传感器研究的企业还包

括梅里埃研究所、奥尔桑公司和维尔巴克公司。国外主要研究成果见表 1.2。

表 1.2　国外主要研究成果

国家	单位	研究成果
芬兰	国家技术研究中心（VTT）	高光谱移动设备
日本	东京工艺研究所	过氧化氢传感器
	筑波大学	氧化还原酶的能量传导系统
	Okazaki 分子科学研究所	研究电子接收体的生化物
	日本国立物质与材料研究机构（NIMS）	诊疗传感器
美国	Glucose Biosensor Systems 公司	唾液葡萄糖生物传感器
	Produsa 公司	检测乳酸盐的生物传感器
	Electrozyme 公司	汗液实时检测生物传感器
	斯坦福大学	人工晶体状青光眼传感器
	布朗大学	利用唾液检测血糖的新型传感器
	加州大学洛杉矶分校	可鉴定引起感染的特定革兰阴性菌
英国	索恩·埃米电子公司	生物传感器样品
	英国国家物理实验室	新型隐形眼镜生物传感器
法国	贡比涅大学	互换膜多参数酶检测器
	里昂克洛德·贝尔纳大学	带有数字显示屏幕的葡萄糖处理器
澳大利亚	蒙纳士大学	研发世界首个超声波生物传感器

三、生物信息与仿生材料测试技术国内发展现状

（一）国内生物信息与仿生材料测试技术的发展历程

我国生物信息与仿生材料测试技术的研究开始于 20 世纪 80 年代初。1986 年的第一届工业生化及酶工程全国学术会标志着我国生物传感器的开端。此后定期召开学术交流会议，生物传感器这个议题也开始被广泛讨论。20 世纪 90 年代以来，我国在生物信息与仿生材料测试技术领域的研究不断增加，对生物信息与仿生材料测试技术的认识逐渐加深，对于相关传感器的研究也从单一学科研究扩大到生物学、化学、电子学、信息科学、材料学等多学科领域的交叉和融合。

（二）国内生物传感器研究成果

长虹公司发布全球首款分子识别手机长虹 H2，可实现果蔬糖分、水分，药品真伪，皮肤年龄，酒类品质等检测，成为随身携带的个性化健康管理集成终端；电子科技大学和哈尔滨工业大学研究小组联合研出一款可同时感应压力和摩擦力的柔性电子皮肤，该电子皮肤可同时对纵向压力和切向摩擦力产生响应，并且压力和摩擦力导致的电阻变化方向相反。所制电子皮肤可以实现手腕脉搏实时检测、辨别不同表面粗糙度、探测人体呼吸、感知音乐带来的空气振动等。此外，我国生物传感器领域领头的机构还有中科院、上海冶金研究所、清华大学等单位，其主要研究技术见表 1.3。

表 1.3　国内主要研究技术

单位	研究技术
长虹公司	分子识别手机
电子科技大学、哈尔滨工业大学	对法向-切向力具有相反电阻响应的传感器,助力高灵敏人造皮肤的研制
中科院微生物所	临床诊断分析用生物传感器
山东省科学院生物研究所	40C/40D/40E/90 型生物传感分析仪
清华大学生物技术系生物膜重点实验室	柔性瞬态电化学传感器
上海工业微生物研究所	手掌型血糖分析仪研制和产业化
中科院电子学研究所传感器技术国家重点实验室	电场传感器及系统 表面等离子体共振(Surface Plasmon Resonance,SPR)生化分析仪
上海冶金研究所	氧传感器 荧光化学传感器
复旦大学化工系	可植入纤维生物传感器 纤维电化学生物传感器
湖南大学化工系	组织、免疫传感器
陕西师范大学化学系	光生物传感器
浙江大学教育部生物传感器国家专业实验室	嗅觉和味觉生化传感器
河北科技大学	生化需氧量(Biochemical Oxygen Demand,BOD)微生物传感器
浙江大学宁波校区	智能柔性生物传感器
吉林大学	仿生全向超敏柔性应变传感器

近几年,我国生物信息与仿生材料测试技术也有了长足进步。在手掌型血糖分析仪和胰岛素泵这两类产品上,我国和国外技术相当,且潜力更大。此外,在新型的生物信息与仿生材料测试用传感器研发、生产和应用方面,我国仍以科研单位和高校为主体,企业研发占比较小,科研成果尚未充分、及时地应用于各个行业中。提升企业自主创新研发能力,积极推动产品产业化发展、优化产业市场格局仍是我国生物信息与仿生材料测试技术发展道路上所要解决的主要难题。

四、生物信息与仿生材料测试技术应用情况——以植物信息测试为例

植物的整个生长周期可大体分为种实储存与植株栽培两个阶段,相应地传感器的检测对象也可以分为储存条件、种实生理信息、栽培环境、植株生理信息等。其中储存条件及栽培环境地面部分中的诸多因素如温度、气体成分、湿度、光照等均已能获得比较精确的测量和控制。此外,传感器在土壤环境、植株及种子生理信息检测中的应用也较为广泛。

(一)土壤环境检测

土壤环境信息获得的基本方式有两种:一种是土壤测定,土壤测定可以检测出土壤中各种成分的总含量,也可以检测出与植物生长直接相关的速效营养成分,与大田作物栽培实验数据相结合之后,就可以提出一些合理的施肥或土壤改良建议;另一种是使用传感器实时检

测，这种实时检测既可以用在机械的田间作业过程，也可以用于连续监测土壤成分的动态变化。

土壤环境实时检测从内容上可以分为水分检测、pH 值检测、速效矿质营养成分检测、通气状况检测等。

水在土壤中以重力水、毛管水、束缚水 3 种形式存在，其中毛管水是植物吸收水分的主要来源，相应地与植物吸水关系最密切的土壤保水性能指标就是田间持水量，也就是土壤最大的毛管水和束缚水含量。准确动态监测土壤的有效含水量是十分困难的任务，不过在国外，已经利用生物传感器部分解决了这一难题，投资信息公司 Baseline 公司在其公司网站上推出了一种新式土壤湿度生物传感器，其主结构是一种带状结构，脉冲信号在传感器中传播的延时受土壤水含量的影响，因而可以通过脉冲延时量来测定土壤湿度，据称该传感器的延时分辨精度达到 10ps 的水平，同时还可以校正温度和水分含盐量带来的误差。

pH 值检测通常可以利用玻璃电极构成的传感器完成，实际上这是土壤分析测量 pH 值时常用的方法之一，在理论上，这类传感器的稳定性与寿命也足以胜任田间的实时测量任务，但土壤含水量、代换性阳离子、以及其他因素会对检测造成干扰，在这种场合下，可以利用生物膜或者其他离子选择性半透膜来减小干扰，从而提高传感器的精度。

迄今为止，已经有 16 种元素被认为是植物的必要元素，其中除了 C、H、O 来源于空气和水以外，其他均来源于矿质营养，这些元素包括 N、S、P、K、Ca、Mg、Fe、B、Cu、Zn、Mn、Mo、Cl 等。但一般情况下，只有 N、P、K 是土壤所普遍缺乏的，施肥通常也是以补充这 3 种元素为主。土壤矿质营养不足会影响植物的生长，而过多或者各成分失去平衡则会对植物发生毒害作用，因此准确测量土壤的矿质营养水平对于施肥而言具有重要的意义，因为过度施肥不仅会造成浪费，还会造成污染和降低作物的品质。

土壤的各种矿质营养数据可以事先通过土壤测定获得，但这样取得的数据对于一个一体化的水肥管理策略来说是不够的，精确的水肥管理还需要传感器提供的各种矿质营养成分田间动态数据。

微生物传感器是以微生物作为敏感材料的一类传感器，微生物的生长繁殖会受到某种或某些特定的矿质元素的影响，因而可以用于矿质营养的测量。根据被固定的微生物种类不同，部分微生物传感器有很强的专一性，部分生物传感器则可以选择性地测量某一类甚至是几类对象，有较大的灵活性，并且微生物能繁殖生长，从而有可能长时间保持催化活性，因此微生物传感器是比较适合于田间检测矿质营养的一类生物传感器。

郑建波、董绍俊在《生化需氧量微生物传感器的研究进展》一文中对目前已研制出的微生物传感器做了详细的总结和分类，其中以硝化细菌为敏感材料的氨敏生物传感器可以用于测量氨态氮。对于其他类型的矿质营养，只要寻找到其他合适的菌种，就可以研制出相应的微生物传感器。

与矿质营养的检测相似，土壤的通气状况也可以用微生物传感器来测量。土壤通气状况主要受土壤含水率、土壤结构、微生物的活动等因素的影响，而通气状况又会直接影响土壤的氧化还原电位。如果使用微生物传感器，则可以利用微生物的好氧特性与厌氧特性来检测通气状态的综合性影响而获得良好的结果，因为经过长期的自然选择，微生物对于特定环境有着良好的适应性和依赖性，土壤通气状况在一段时间之内对于微生物生长繁殖的影响十分稳定。

（二）植物生理信息检测

植物生理信息检测方法可以分为宏观和微观两类，称量重量、测量尺寸、观察形状、颜色、电磁特性检测等可以归于宏观方法。本书重点介绍植物生理信息微观检测方法。

构成植物体的成分，可以分为无机成分与有机成分两部分。按目前已有的分析技术，无论是无机成分还是有机成分，都可以通过各种植物分析手段定量或半定量检测出来，特别是基于层析原理而发展起来的各种色谱分析方法在近年来获得飞速发展，不但可以在实验室中进行分析实验，也可以用便携式仪器进行现场检测。但化学分析手段的固有缺点在于难以实施连续的在线监测和实现检测的自动化，因此大田和温室作物生理信息的实时检测仍将主要依靠包括生物传感器在内的各种传感器完成。

植物体内的无机成分，一部分以游离态存在于植物体内的汁液之中，另一部分与有机成分结合而被"固定"下来，与植物的全量分析不同，使用传感器检测植物体内的无机成分，将以前者为主，这固然与游离态无机成分相对较易于检测有关，但更主要的原因是这样的检测能够满足实际的需要。检测植物体内无机成分的主要目的是检验施肥效果、预报和协助诊断缺素症或者单素毒害、为查明其他故障提供线索等，而游离态无机成分数据能够很好地帮助人们达到这一目的。例如，氮肥供应充足时植物体内就会有一定的硝态氮积累，供肥过多，硝态氮含量就会超标，供肥严重不足时，硝态氮含量变得极低，其他矿质元素也有类似的结果，如土壤 pH 值过低，而使得某些元素如 Mn 的浓度过高时，就会引起植物体内游离态 Mn 的严重超标。

溶液中各种无机离子是生物传感器常见的检测对象之一，适用于这一类检测的主要是离子敏场效应管生物传感器，例如在临床医学上已经可以用于检测 H^+、K^+、Na^+、Cl^+、Ca^{2+}、Mg^{2+}、NH^{4+} 等。现有的这类生物传感器常用于血检和尿检之中，经过适当的改进也可以用于植物组织液中矿质离子的检测。不过要做到植入式检测，就必须对传感器进一步微型化并改进传感器的结构，以避免因植物体的排异反应而使传感器失效。

对于植物体内的有机成分而言，由于有机分子的种类繁多，检测每一种有机物的含量是不现实的做法，要根据具体的检测目的而挑选合适的检测对象。例如，叶片进行光合作用形成葡萄糖，葡萄糖则结合成蔗糖的形式运输到植物体的其他部分后再分解，因此在合适的位置测量葡萄糖与蔗糖的含量就可以在一定程度上推断出光合作用进行的状况。正常情况下，植物体内的代谢过程是受到严格调控的过程，各种代谢中间产物的含量会保持在一个比较稳定的水平上，这往往使得部分代谢过程强度的测量成为难题。例如，有氧呼吸作用，因为最终产物 CO_2 不会在体内大量积累，而中间产物又往往是其他代谢过程的有机组成部分，很难找到合适的对象来确定呼吸强度。不过这一特性可以从反面加以利用，仍以呼吸作用为例，当环境氧分压过低时植物无氧呼吸作用加强，如果植物长时间缺氧，那么无氧呼吸产生的酒精或乳酸就会积累并最终发生毒害作用，可以通过检测酒精、乳酸的含量来推断植物体的呼吸作用是否正常进行。当植物体发生其他代谢故障时也会有类似的情况发生，这与人体代谢类疾病的诊断原理是相同的。最后，当植物生长发育进入某一特定阶段或者在植物体的某些特定的部位，某些特定的物质含量会有明显的变化，如植物衰老时脱落酸大量增加，在新生组织中生长素的含量明显高于其他组织等，这一类变化也是传感器进行植物生理信息检测的依据之一。

各种生物有机分子是生物传感器的主要检测对象，实际上最早的生物传感器就是葡萄糖

14

传感器。时至今日，各种葡萄糖传感器仍是研究得最多、使用得最多的一种生物传感器。已经能够使用生物传感器检测的生物有机小分子种类很多，常见的有糖类如葡萄糖、蔗糖、麦芽糖等，小分子有机酸如乙酸、草酸、柠檬酸、乳酸、β-羟丁酸等，醇类如乙醇、甘油，含 N 化合物如各种氨基酸、尿酸、尿素，脂类物质如胆固醇，重要神经递质如乙酰胆碱，还有部分植物所特有的物质如植物生长激素 β-吲哚乙酸等。从结构上看，检测小分子有机物的生物传感器以酶电极传感器居多，离子敏场效应管因为制作比较困难，因而应用不如前者普及。在生物大分子的检测上，压电型生物传感器与表面等离子体共振（Surface Plasmon Resonance，SPR）生物传感器有一定的优势，这两类传感器已在免疫分析中获得较多的应用。从长远来看，离子敏场效应管生物传感器应该是检测小分子有机物的最佳选择，因为易于微型化和与测量电路集成，并且工艺成熟的时候能够大批量生产，可以有效降低制作成本。实际上，在现有技术的基础上研制适用于植物生理信息检测的生物传感器时，除了从植物生理规律本身出发来考虑，还必须考虑传感器的制作成本问题。以酶为例，需要使用酶的生物传感器，选用不同的酶会使得传感器制作成本差异巨大。例如，用于葡萄糖检测的葡萄糖氧化酶，易于生产，价格适中，市场供应量大；而有些特种酶如虫荧光素酶，则价格高昂，并且酶源供应不稳定，因此必须合理经济地使用。只有价廉物美的生物传感器才具有真正的实用价值。

（三）种子活力的检测

种子是植物生命周期中的特殊阶段，与栽培阶段相反，就组成成分的检测而言，运用化学分析的方法对种子进行成分分析通常就可以满足实际需要，这是因为休眠中的种子生命活动比较弱，生理变化较小，不需要时时刻刻都进行这种检测。而在萌发期间，虽然种子的生理变化非常迅速，但是萌发期时间相对都比较短，只要能保证良好的萌发条件，一般也不需要很多额外的检测。不过仍然有一部分生理信息，这类生理信息并不能通过种子的组成成分直接表达出来，需要其他的检测手段进行检测，种子活力就是这样的一种生理信息。

种子活力是表示种子强壮程度的重要品质指标之一，是种子内在生命力强弱的属性。种子活力的标准术语是 Vigor。按照国际种子检验协会（International Seed Testing Association，ISTA）的定义，种子活力是指种子在广泛大田条件下能迅速、整齐地发芽，苗壮地生长，并能长成正常幼苗和植株而达到果实丰产及优质的潜在能力。

大量生产实践和研究工作表明，种子活力与农林生产收益和成败之间紧密相关，而且高活力种子发芽迅速、整齐，幼苗生长健壮，十分有利于机械化管理。正是因为种子活力是种子一个极为重要的品质因素，种子活力的检测从种子活力概念刚形成开始就受到世界种子学家的高度重视，迄今为止已经发展了几十种种子活力的检测方法。国际种子检验协会于 1981 年整理出版了《活力测定手册》，对活力检测技术做了系统的总结，推荐了一系列活力检测手段。

生化测定法是诸多种子活力测定方法中的一类，常用生化测定法包括氯化三苯基四氮唑（2,3,5-Triphenyl Tetrazolium Chloride，TTC）法、5′-三磷酸腺苷（Adenosine 5′-Triphosphate，ATP）含量测定法、酶活性测定法等。虽然生化测定法是"间接法"，不如幼苗生长势法和幼苗生长分级法等方法直接，但这类方法具有快速预测的优点，因而是很常用的方法。

就目前而言，TTC 法是最重要的一种生化测定法，TTC 法通常有两种：图形法和定量法。虽然与"直接法"相比 TTC 法的检测程序已经简单了许多，检测速度也大大提高了，但仍有两点不足：①图形法不仅要求严格控制 TTC 染色程度，具体检测时还需逐粒切割种子，操作十分烦琐，且对检验人员操作要求很高；②定量法虽然检验操作相对比较简单，但检验结果可靠性比较差，且要使用比较贵重的测试仪器，通常只作为辅助手段使用。其他的生化测定法也有类似的缺点，往往会因为检测过程过于复杂而影响到检测结果的精度，因此利用新技术改进已有的检测方法，使得检测速度更快、精度更高就成为一种必然的选择。

各种生化测定法虽然检测原理各不相同，但也有一个共同点，那就是其直接检测的对象都是生物活性物质，如 TTC 法的实质是检测了呼吸过程中脱氢酶的活性，ATP 法检测的就是 ATP 的含量等。如果能够使用生物传感器来检测这些活性物质，就会使检测过程变得更快更简单，同时由于不需要对种子做过多的额外处理，也会使检测结果更加可靠。ATP 法就是其中有望能够得到改进的方法之一。

ATP 是生物体内的通用能量载体，在休眠的种子中 ATP 含量极低，在种子萌发过程中，ATP 大量合成，且其合成量与种子活力成正相关，因而是测定种子活力的一个理想途径。当然也有研究者认为，单纯 ATP 含量不能全面反映问题的实质，主张通过测定能量负荷来表示种子活力。目前 ATP 测定法中 ATP 的测量一般是通过测定荧光素酶催化 ATP 与荧光素反应产生的光量来实现的。但近年在国外众多类型的 ATP 生物传感器相继被开发出来，这些研制出的 ATP 传感器中，比较成功的一例就是英国沃里克大学生物系研制的以甘油激酶和 3-磷酸甘油氧化酶为敏感材料的铂电极生物传感器，该传感器响应速度快，ATP 含量从 10% 到 90% 的上升时间小于 10s，对 200nmol/L~50mmol/L 之间的 ATP 含量具有良好的线性响应特性。这类传感器的研制成功为改进现有的种子活力 ATP 测定方法打下了良好的基础。

第三节　生物信息与仿生材料测试技术的特点与发展趋势

一、生物信息与仿生材料测试技术的特点

传感器是一类可以获取并处理信息的独特设备，如人体的感觉器官就是一套完美的传感系统，根据眼、耳、皮肤来感受外界的光、声、温度、压力等物理信息，根据鼻、舌感受气味和味道等化学刺激。

生物信息与仿生材料测试技术往往涉及多门科学技术的结合与渗透，是一种多学科交叉的高新测试技术。在具体的检测使用过程中，由于其表现出来的高灵敏度、响应分析快、成本低，并且有自身的完善系统等特点，因此深受业内人士的喜爱。此外，高度自动化、微型化与集成化的特点，也使其在近几十年获得蓬勃而迅速的发展。

在国民经济的各个部门，如食品、制药、化工、临床检验、生物医学、环境监测等方面，生物信息与仿生材料测试技术都具有广泛的应用前景，特别是分子生物学与微电子学、光电子学、微细加工技术及纳米技术等新学科、新技术结合，正改变着传统医学、环境科学、动植物学的面貌。生物信息与仿生材料测试技术的研究开发，已然成为世界科技发展的新热点，成为 21 世纪新兴的高技术产业的重要组成部分，究其蓬勃快速发展的原因，与其自身的技术特点分不开。生物信息与仿生材料测试技术的特点概括为以下几方面：

1）测定范围广，可以对多种测试对象的信息进行采集。

2）专一性强，只对特定的底物起反应，而且不受颜色、浊度的影响。

3）采用固定化生物活性物质作敏感基元（催化剂），昂贵的试剂可以重复多次使用，克服了成本费用高和化学分析烦琐复杂的缺点。

4）测定过程简单迅速，通常可以在 1min 得到结果。

5）准确度和灵敏度高，一般相对误差不超过 1%。

6）操作系统简单，可以实现连续在线监测，容易实现自动分析。

7）体积小，可植入生物体内进行检测。

8）成本低，传感器连同测定仪的成本通常低于大型的分析仪器。

二、生物信息与仿生材料测试技术的发展趋势

据统计，2020 年全球生物传感器产品的营销额高达 200 多亿美元，其中临床检测比例高达 44.9%，其次是家庭诊断类产品占 20.2%，其余依次是环境检测占 14.3%，实验室占 10.7%，工业过程占 6.6%，生化反恐占 3.3%。随着智能互联时代的到来，人们更加追求科技与健康生活的结合，各科技大公司也纷纷加入生物信息与仿生材料测试研发领域，如三诺、汉威电子等公司都逐渐增加了生物传感器方面的业务，可见生物信息与仿生材料测试技术领域发展前景广阔。

微小化、植入式的生物信息与仿生材料测试用传感器一直是科学家们想要实现的，使用光来研究活细胞可以达到这一目的，但由于生物材料对光的吸收和散射，只允许科学家观察细胞内部和薄片组织，在深层组织和其他不透明环境中对光进行成像非常困难。麻省理工学院和纽约大学的研究团队联合开发了一种新型传感器，克服了这一障碍，通过将光信号转换为磁共振成像（Magnetic Resorance Imaging，MRI）可以检测到的磁信号，实现脑组织深处光分布的表征。研究人员首先制造了光敏 MRI 探针，具体方法是将磁性颗粒包裹在称为脂质体的纳米颗粒中，该脂质体由先前开发的特殊光敏脂质制成。这项研究设计的新型 MRI 传感器，实现了大脑光子检测，为光子和质子驱动的神经影像学研究开辟了一条新的途径，如图 1.13 所示。

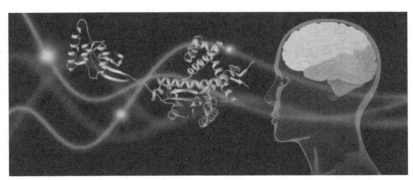

图 1.13　光敏纳米颗粒探针存在条件下利用 MRI 绘制组织内光空间分布

来自麻省理工学院和隶属于哈佛大学的布莱根妇女医院的研究人员已经研发出一种灵活的可消化的传感器，如图 1.14 所示。该传感器可以卷成一个药丸，口服后会附着在肠壁或胃壁，测量消化道的节律性收缩。该柔性装置基于压电材料，当其发生物理变形时，产生电

流和电压供其运作，而不需要板载电池，降
低了该系统的风险。该传感器还使用与人类
皮肤弹性相似的聚合物，因此能与皮肤相适
应，并随着肠道进行伸展和移动。这次研发
的传感器则可以帮助医生诊断胃肠疾病，从
而减缓食物通过消化道的速度。同时也可以
检测胃里的食物，帮助医生监测肥胖症患者
的食物摄入量。

图 1.14　麻省理工学院研发可食用的消化道传感器

　　当今，生物信息与仿生材料测试技术的
主要发展动向：一是基础研究越来越聚焦，
重点研究传感器的新材料和新工艺；二是传
感器更加智能化；三是集成度越来越高。例如，利用电耦合器件形成的固体图像传感器来进
行的文字和图形识别。

　　1）用物理现象、化学反应和生物效应设计制作各种用途的传感器，这是传感技术的重
要基础工作。例如，利用某些材料的化学反应支撑的能识别气体的"电子鼻"，利用超导技
术研制成功的高温超导磁传感器等。

　　2）发展智能型传感器。智能型传感器是一种带有微处理器并兼有检测和信息处理功能
的传感器，智能型传感器被称为第四代传感器，使传感器具备感觉、辨别、判断、自诊断等
功能，是传感器的发展方向。

　　3）传感器向高精度、一体化、小型化的方向发展。在传感器制造上很重视发展微机械
加工技术，微机械加工技术除全面继承氧化、光刻、扩散、沉积等微电子技术外，还发展了
平面电子工艺技术，各向异性腐蚀、固相键合工艺和机械分断技术。

本 章 习 题

1. 简述生物信息与仿生材料测试技术的基本概念。
2. 简述传感器、生物传感器的工作原理。
3. 简述生物信息与仿生材料测试技术的特点。
4. 举例说明生物信息与仿生材料测试技术在实际生活中的应用场景。

第二章
生物信息与仿生材料测试技术基础

在科学技术高度发达的当今社会，人们在从事生产和科研等活动时，主要依靠对信息资源的开发、获取、传输和处理。生物信息与仿生材料的测试需要通过搭建测试系统实现，而实现测试目的所运用的方式方法称为测试技术。一个完整的测试系统通常由传感器、信号调理电路、显示器、数据处理装置等组成，它们分别完成信息的获取、转换、显示和处理等功能。作为测试技术实现的载体，传感器是使测试系统与被测试对象直接发生联系的部件，也是测试系统最重要的环节。作为传感器中直接感受被测对象的部分，传感器的敏感材料是传感器最核心和关键的组成。因此，传感器和传感器的敏感材料是生物信息与仿生材料测试技术的基础，在学习具体的生物信息与仿生材料测试技术前，我们有必要对二者展开学习。

第一节 传感器的敏感材料与检测技术

一、敏感材料的定义

敏感材料是对电、光、声、力、热、磁、气体分布等场的微小变化而表现出性能明显改变的功能材料（通常称之为第二代材料），即能将各种物理或化学的非电参量转换成电参量的功能材料。这类材料的共同特点是电阻率随温度、电压、湿度及周围气体环境等的变化而变化。用敏感材料制成的传感器具有感知、交换和传递信息的功能，可分别用于热敏、气敏、湿敏、压敏、声敏及色敏等不同领域。敏感材料是当前最活跃的无机功能材料，对各种传感器的开发应用具有重要意义，对遥感技术、自动控制技术、化工检测、防爆、防火、防毒、防止缺氧，以及家庭生活现代化等都有直接的影响。

传感器中的敏感材料是指能直接感知被测量的部分，是传感器研究领域中最核心和关键的研究内容。

敏感元件的定义：如果被检测或被控制的量不是电信号，那么把各种各样的物理量变成电信号来测量的元件，就是敏感元件。

二、敏感材料的分类

根据被测参数的功能类型分类，敏感材料可分为温度敏感材料、压力敏感材料、应变敏感材料、光照度敏感材料等。

按照材料的结构类型分类，敏感材料可分为半导体敏感材料、陶瓷敏感材料、金属敏感材料、有机高分子敏感材料、光敏感材料、磁性敏感材料等。

（一）半导体敏感材料

传感器对半导体敏感材料最基本的要求是换能效率高，即可将其他形式的能量转换为电能，且易制成器件。传感器用的半导体敏感材料主要有元素半导体及化合物、金属氧化物，以及几种金属氧化物经高温烧结而成的半导体陶瓷、多元化合物等。此外，还有新开发的有机半导体材料，如金属酞菁化合物等。

在仪器仪表中所用的敏感元件是多种多样的。而半导体在光、电、热、磁等因素作用下会产生光电、热电、霍尔、磁阻、压电、场和隧道等效应，利用这些效应可以制作各种具有独特性能的敏感元件，其特点是灵敏度高、重量轻、响应快、工作电压低等。

1. 光敏半导体材料

光敏半导体材料是将光能转换为电信号的半导体材料，按其换能原理可分为以下两种：①光导效应半导体材料，半导体材料接受光子的能量，使载流子由束缚态激发到自由态，从而电导率增大；②光电效应半导体材料，入射光在两种半导体的结合处激发起电子-空穴对，电子与空穴分别被结电场拉开，向相反方向运动，从而产生感应电动势。用这类材料可制成光电二极管、光电晶体管及雪崩光二极管等器件，广泛用于自动控制。

2. 磁敏半导体材料

磁敏半导体材料是将磁场强度转换成电信号的材料，按应用原理可分为以下两类：①霍尔效应材料，当有均匀电流流过的半导体材料受到一垂直于电流方向的磁场作用时，因洛伦兹力作用产生一个横向的电场，霍尔电压的大小与磁场强度成正比，依此可将磁场强度线性地转换为电压信号，要求材料具有高迁移率及薄层结构；②磁电阻效应材料，当半导体中有均匀电流流过，并受垂直于电场方向的外界磁场作用时，因霍尔效应，电流偏离电场方向一个角度，使电流所经的路程变长，在电流方向，材料两端设置金属元件，电阻就增大，常用锑化铟（InSb）、砷化铟（InAs）制作磁敏电阻，同样要求材料具有高迁移率及薄层结构。

3. 压力敏感半导体材料

压力敏感半导体材料是将压力转换为电信号的半导体材料，按其换能效应原理可分为以下两种：①压阻半导体材料，这类材料受外力作用时产生晶格形变，晶格的距离改变导致禁带宽度及载流子在电场下的运动状态发生变化，使电阻率发生改变；②压电半导体材料，这类材料的作用机理都基于压电效应，当外力作用到不具有对称中心的晶体上时，引起晶体中荷电质点产生位移，偏离平衡位置，使材料的正负电重心不重合而极化，晶体表面产生电荷。

（二） 陶瓷敏感材料

某些精密陶瓷对声、光、电、热、磁、力场及气体分布场显示了优良的敏感特性和耦合特性，容易制得各种单功能与多功能的传感器。由于与半导体陶瓷的导电性有关的现象多半跟晶界的存在及性质有关，故与晶界有关的各种现象往往成为陶瓷的特殊功能。

目前，已得到实用的陶瓷敏感材料可分为：①利用晶体本身性质的负温度系数（Negative Temperature Coeffcient，NTC）热敏电阻、高温热敏电阻和氧气传感器；②利用晶界性质的正温度系数（Positive Temperature Coeffcient，PTC）热敏电阻、半导体电容器；③利用表面性质的半导体电容器、$BaTiO_3$ 系压敏电阻、各种气体传感器、湿度传感器。

20

1. 热敏陶瓷材料

陶瓷温度传感器是利用陶瓷材料的电阻、磁性、介电、半导等物理性质随温度而变化的现象制成的，其中电阻随温度变化显著的称为热敏电阻。对热敏电阻的基本特性要求包括：电阻率、温度系数的符号与大小、稳定性。

按热敏电阻的温度特性可分为 NTC 热敏电阻、PTC 热敏电阻和临界温度电阻（Critical Temperature Resister，CTR）3 类。

NTC 热敏电阻的温度-电阻特性可表示为

$$R = R_0 \exp\left[B\left(\frac{1}{T} - \frac{1}{T_0} \right) \right] \tag{2.1}$$

式中，R、R_0 分别为 T、T_0 时的电阻值；B 为热敏电阻常数。

由式（2.1）可得电阻温度系数 α 为

$$\alpha = \frac{1}{R} \cdot \frac{\mathrm{d}R}{\mathrm{d}T} = -\frac{R}{T^2} \tag{2.2}$$

当热敏电阻是由氧化物组成时，其热敏电阻常数 $B = \Delta E/(2k)$，其中 ΔE 为杂质在半导体中的电场能，k 为波尔兹曼常数。据此，掺以不同种类的杂质或改变氧化物的组成比，即可得到不同的 B 值。

2. 湿敏传感器材料

湿敏传感器材料的特点是可靠性高、稳定性好、响应速度快、灵敏度高，在适用的范围内能长时间经受其他气体的侵袭和污染而保持性能不变且对温度依赖性小。

陶瓷材料的物理化学性质稳定，通过控制原料组成、成型、烧结等工艺可以使陶瓷材料具有特定的孔隙度，这些气孔可以吸附、吸收或凝结水蒸气，所以这种陶瓷材料适合做湿度传感器材料。

（1）多孔陶瓷湿敏材料　多孔陶瓷等价电路如图 2.1 所示，图中，C_B、R_B 分别是陶瓷自身的电容、电阻，C_S、R_S 分别是吸附在贯通细孔表面的水的电容、电阻 C_S'、R_S' 分别是吸附在入口细孔表面的水的电容、电阻，C_B'、R_B' 分别是存在于入口细孔的电极间陶瓷的电容、电阻。

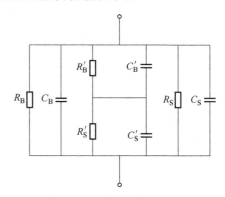

图 2.1　多孔陶瓷等价电路

总阻抗 Z_{ob} 为

$$\begin{cases} \dfrac{1}{Z_{ob}} = \dfrac{1}{Z_B} + \dfrac{1}{Z_S} + \dfrac{1}{Z_X} \\[3mm] Z_B = \dfrac{1}{\dfrac{1}{R_B} + j\omega C_B} \\[3mm] Z_S = \dfrac{1}{\dfrac{1}{R_S} + j\omega C_S} \\[3mm] Z_X = \dfrac{1}{\dfrac{1}{R'_B} + j\omega C'_B} + \dfrac{1}{\dfrac{1}{R'_S} + j\omega C'_S} \end{cases} \qquad (2.3)$$

在绝缘性金属氧化物中，R_B 的电阻是相当大的，在室温下，$Z_B = 1/(j\omega C_B)$。通过多次实验判定，相对于表面吸附水而言，$Z_S = R_S$，Z_X 由 C'_B 和 R'_S 决定，所以式（2.3）可改为

$$\frac{1}{Z_{ob}} = j\omega C_B + \frac{1}{R_S} + \frac{1}{R'_S + \dfrac{1}{j\omega C'_B}} \qquad (2.4)$$

影响多孔陶瓷材料感湿特性的因素包括：

1）细孔表面积。入口细孔的存在会造成材料的感湿灵敏度降低，所以元件中的细孔最好是完全贯通细孔自身构成，细孔的表面积越大，多孔陶瓷的电阻率越小。

2）表面氢氧基浓度。由烧结法得到的氧化物表面上都存在着一定的表面氢氧基。表面氢氧基的浓度和导电性的关系满足 Anderson 关系，由硅胶的电阻与表面氢氧基浓度关系图 2.2 可知，随着氢氧基浓度的增加电阻逐渐增大。

3）物理吸附水量。电传导是在含有活化过程的质子或水和质子之间进行的。

质子是由吸附水的解离生成的，则电导率 σ 满足：

$$\sigma = \sigma_0 \exp\left(-\frac{E}{kT}\right) \qquad (2.5)$$

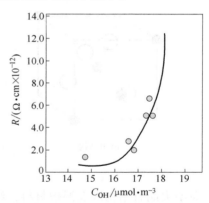

图 2.2　硅胶的电阻与表面氢氧基浓度关系

式中，k 为波尔兹曼常数；T 为绝对温度；E 为活化能。

改善陶瓷湿敏特性的方法：

1）在陶瓷基体中引入强酸性离子，可以有效降低湿敏敏感材料的电阻，但这种质子是可能与碱离子进行交换的，对传感器的稳定性不利。

2）在陶瓷基体中引入碱离子来降低陶瓷的体电阻，如在 $ZrSiO_4$ 烧结体中通过 XH_2PO_4（X = H、Na、K）的方式引入碱离子，其电阻对应于湿度都呈指数式下降。

3）改变陶瓷自身的物性，如超离子导电体 $Na_3Zr_2Si_3PO_{12}$ 及其类似化合物，对于空气、

湿度具有良好的稳定性，在干燥状态下易得到 $1M\Omega \cdot cm$ 以下的电阻率。

（2）尖晶石型陶瓷湿敏材料 尖晶石的结构化学通式为 AB_2O_4，按 A 在晶体结构中所处的位置不同可分为正尖晶石（基本属于绝缘体）、反尖晶石（电导率最大，通常为半导体）和半反尖晶石（电导率小于全反尖晶石）。

尖晶石的晶胞结构如图 2.3 所示，可以看出每个晶胞有 32 个氧离子（O^{2-}），16 个 B^{3+}，8 个 A^{2+}。每个晶胞有 8 个立方单元组成。

这 8 个单元可分为甲、乙两种结构类型，如图 2.4 所示，每两个共面的立方单元属于不同类型的结构。每两个立方单元属于不同类型的结构。每两个共边的立方单元属于同类结构。每个小立方单元内有 4 个氧离子，它们均位于体对角线中点至顶点的中心。所以整个晶胞有 32 个氧离子，金属离子处于氧离子密堆积的空隙中。间隙较小的是氧四面体中心，为甲位置，间隙较大的则是氧八面体位置，为乙位置。

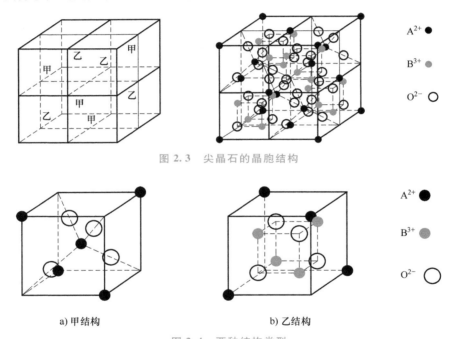

图 2.3 尖晶石的晶胞结构

a) 甲结构   b) 乙结构

图 2.4 两种结构类型

典型尖晶石结构陶瓷湿敏材料：纯 $MgCr_2O_4$ 为正尖晶石结构，是绝缘体，不宜用作感湿材料。当加入适量杂质如 MgO、TiO_2、SnO_2 等，或在高温煅烧瓷体中呈现过量的 MgO 时，$MgCr_2O_4$ 即形成半导体，如图 2.5 所示。

当 TiO_2 加入量小于 20%（mol）时，电阻迅速增加。当加入 TiO_2 的量较大〔20%～90%（mol）〕时，电阻降低。这是由于 Ti^{3+} 离子提供过多的电子，除补偿了 $MgCr_2O_4$ 的空穴外，多余的电子形成 N 型电导，当 TiO_2 的量过大〔超过 90%（mol）〕时，由于形成大量的金红石相，电阻又增加，如图 2.6 所示。

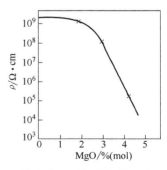

图 2.5 杂质（MgO）对
$MgCr_2O_4$ 电阻率的影响

（3）钙钛矿型结构陶瓷湿敏材料　钙钛矿型结构的化学通式为 ABO_3，具有钙钛矿结构的纳米级复合氧化物陶瓷材料的表面、界面性质优异，对环境湿度非常敏感，是湿敏材料发展的新方向。

$BaTiO_3$ 晶体是较早被人们认识的铁电材料之一。$BaTiO_3$ 具有很好的湿敏性质，随着 $BaTiO_3$ 颗粒尺寸的减小，湿敏特性提高，响应加快。

$BaTiO_3$ 陶瓷样品在大气（温度27℃，湿度约为98%）中随时间变化的直流电阻与电容的关系如图 2.7 和图 2.8 所示。$BaTiO_3$ 陶瓷样品受大气中水汽影响使直流电阻、

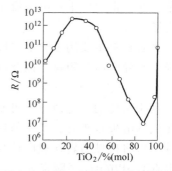

图 2.6　TiO_2 含量对电阻的影响

23

电容随时间而变化，这种变化是空气中水汽向样品扩散过程的反应，样品随吸附的水汽浓度增加，直流电阻和电容值发生变化。

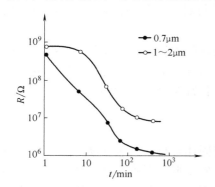

图 2.7　$BaTiO_3$ 陶瓷样品直流电阻
随时间的变化规律

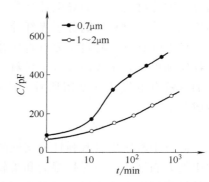

图 2.8　$BaTiO_3$ 陶瓷样品电容随时间的
变化规律（$f = 1kHz$）

（4）厚膜型陶瓷湿敏材料　将具有感湿特性的金属氧化物微粒经过堆积、黏接而形成的材料，可称为陶瓷厚膜，用这种厚膜陶瓷材料制作的湿敏器件，一般被称为厚膜型陶瓷湿敏器件或陶瓷型湿敏器件，以与薄膜（厚度 d 一般在 $2\sim2\mu m$ 范围）相区别。厚膜型湿敏材料的理化性能比较稳定、器件结构比较简单、测湿量程大、使用寿命长、成本低廉。

厚膜型 Fe_3O_4 湿敏器件的阻值，一般要高于烧结型陶瓷湿敏器件的阻值，在低湿段其阻值在 $10^7\Omega$ 以上。然而，当环境湿度发生变化时，Fe_3O_4 湿敏器件组织变化却非常大。感湿膜结构的松散、微粒间的不紧密接触，既造成接触电阻的偏大，又使这种多孔性的感湿膜具有较强的透湿能力。

3. 气敏陶瓷材料

气敏陶瓷的电阻值将随所处环境的气体浓度做有规则的变化。常见的半导体气敏陶瓷有 SnO_2、ZnO、γ-Fe_2O_3、ZrO_2 等，表面吸附气体分子后，电导率将随半导体类型和气体分子种类而变化。半导体陶瓷气体传感器灵敏度高、体积小、结构简单。目前可检测的气体有碳氢系气体、H_2、C_2H_5OH、CO、O_2、卤素气体、SO_2、NO、NH_3、SiH_4 和烟雾等。

4. 光敏陶瓷材料

半导体陶瓷受到光的照射后，由于能带间的跃迁和能带-能级间的跃迁而引起光的吸收

现象，在能带内产生自由载流子，而使电导率增加。利用这种光电导效应可制出检测光强度的光敏元件。

光敏材料主要用于光电二极管、光电池、光敏电阻器、红外通信、火箭卫星轨迹探测、导弹的制导定向与跟踪，以及红外照相与侦察等。

5. 压力敏感陶瓷材料

利用陶瓷的压电效应，可制成压力传感器。当压电陶瓷元件在某一方向上感受应力时，在相应的电极接头处，产生与这些应力成比例的开路电压。可见，根据压电陶瓷的这种力敏特性，可将机械力转换成电信号加以检测。用作压力传感器的压电陶瓷有 $BaTiO_3$、$PbTiO_3$ 和 $PbTiO_3$-$PbZrO_3$ 系陶瓷等。

（三）高分子敏感材料

利用高分子敏感材料可以制作温敏、压敏、力敏、热敏、声敏、气敏、光敏、离子敏、生物敏等各种敏感元件，这种材料的主要特点是质轻、透明、柔软、易加工、成本低廉等。高分子敏感材料可分为导电性高分子材料、变换性高分子材料、生物传感器用高分子材料、绝缘性高分子材料、高分子光纤等。

导电性高分子材料主要有直接合成本身具有导电性的高分子材料和在高分子中掺入导电性物质加以复合制成的高分子材料。前者的导电性是由于高分子中的主链有共轭体系或大分子的侧链有电气活性基团所致。后者的导电性是大分子中加入导电性物质（金属、碳粉）造成的。

1. 敏感性高分子水凝胶

高分子凝胶由具有弹性的交联高分子网络组成，有着固体材料的机械强度，在网络的间隙中能充满液体，可保持湿润和柔软，又能产生较为明显的变形。凝胶的这种结构决定了其在外界环境发生改变时，可以改变形状和大小。根据要求不同，高分子凝胶常做成凝胶球或凝胶膜。它们能实现可逆变形，也能承受一定的静压力，这种流变特性与凝胶中流体的高摩擦性有关。

对于凝胶球来说，具有可逆形变能力且用于生物物质的工业分离中，使得分离效率大大提高，分离成本大大降低。

对于凝胶膜来说，保持凝胶膜大小不变，那么膜内的伸缩力会使膜孔变大或缩小，从而改变膜的渗透性，这一机理应用到超滤膜的生产中，使超滤膜的功能大大提高。

（1）葡萄糖敏感水凝胶　葡萄糖敏感水凝胶就是其溶胀度能随环境葡萄糖浓度改变而改变的水凝胶。葡萄糖敏感水凝胶可以多种形态用于可自我调控的胰岛素可控释放体系，也可作为葡萄糖传感器的敏感元件。新型葡萄糖敏感水凝胶的研制为实现血糖的长期连续实时监测奠定基础。作为葡萄糖传感器的敏感元件，糖敏水凝胶的溶胀度随葡萄糖浓度的不同而发生变化，传感器将这种变化转化为电信号或光信号的变化，从而指示血糖浓度的变化。

（2）湿敏水凝胶　湿敏水凝胶最传统的应用之一就是物质的富集与分离，其优点是：水溶胶容易再生，可反复使用；耗能少，操作条件不苛刻；不会被浓缩或分离物质中毒；可根据要浓缩和分离的生物物质的分子尺寸或分子性质测定凝胶的交联密度和单体单元结构。

（3）压敏水凝胶　凝胶之所以表现出明显的压敏性，首先是因为它们具有温敏性，还因为其相转变温度随压力的增加而有所升高。于是，当温度不变时，如果常压下处于收缩态的凝胶因为压力的增加而使其所处温度低于相转变温度，则凝胶将发生大幅度的溶胀，从而证实了凝胶温敏性与压敏性的内在联系。

（4）光敏水凝胶　水凝胶的光刺激溶胀体积变化是由于聚合物链的光刺激构型的变化，即其光敏性部分经光辐照转变为异构体造成的。这类反应为光异构化反应，而其光敏部分即为光敏变色分子，反应常伴随此类发色团物理和化学性质的变化，如偶极矩和几何结构的改变，这就导致发色团聚合物性质的改变。在紫外光辐射时，凝胶溶胀增重，而膨胀了的凝胶在黑暗中可退溶胀至原来的重量。

（5）电场敏感水凝胶　这种水凝胶在电场的作用下可以快速弯向一侧电极，表现出很好的电场敏感性。

（6）基于水凝胶的光纤光栅盐度传感器　如图 2.9 所示，该传感器是由一根光纤布拉格光栅和水凝胶包层组成。受水凝胶吸水体积膨胀及液体中盐浓度等影响，光纤布拉格光栅的反射波长发生相应移动。记录光纤光栅布拉格反射波长的移动量就可以得到被测盐溶液的浓度变化。

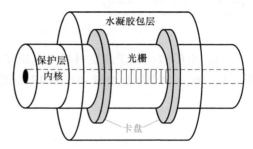

图 2.9　基于水凝胶的光纤光栅盐度
传感器探头结构示意图

2. 高分子液晶材料

高分子液晶材料作为一种新型的特种高分子材料，已经以纤维、复合材料和注模制件等形式应用于航空、航海和汽车中。由于液晶能够将温度、电场、磁场、机械应力或化学环境等信号变成看得见的彩色图样，因此可以用来检查材料内部的缺陷和材料的均匀度。聚合物分散液晶膜（Polymer Dispersed Liquid Crystal，PDLC）是一种典型的新型液晶高分子膜，它具有电光响应速度快、无泄漏、无需偏振片、制备工艺简单、可制成折叠式固态显示器件等优点，这使其在光电显示方面具有很大的优越性。

3. 高分子气敏材料

气敏材料的发展经历了由单一无机半导体向复合无机半导体、金属有机半导体、共轭导电高分子、高分子/无机（纳米）复合材料的发展过程。高分子气体传感器又可分为电阻型、电容型、石英振子型、声表面波型、浓差型和极限电流型等。

随着纳米材料的发展，出现了全新的一维线性材料——碳纳米管。碳纳米管是一种具有优异的力学和电学特性的新型纳米材料。

1）共轭导电高分子/碳纳米管复合物：可以提高碳纳米管的气体响应灵敏度、恢复性及可选择性，简单化其制备工作。

2）非导电高分子/炭黑、碳纳米管复合物：主要通过复合物在被测气体作用下发生一个可逆的膨胀，而引起材料自身电阻的改变来实现气体的检测。

4. 高分子湿敏材料

与陶瓷型湿度敏感材料相比，高分子湿度敏感材料具有量程宽、响应快、湿滞小、制作简单、成本低等优点，故逐渐成为研究的重点。根据湿度传感原理，高分子湿敏材料可分为电容型、电阻型、声表面波（Surface Acoustic Wave，SAW）型、光敏型等。

（1）电容型高分子湿敏材料　电容型湿度传感器结构如图 2.10 所示，其原理是基于高分子膜的介电常数（$\varepsilon \approx 5$）和水分子的介电常数（$\varepsilon \approx 80$）相差较大，随着环境温度变化，高分子膜吸附水分子的量不同，会改变其电容比，由此可测定相对湿度。电容型湿度传感器典型响应特性如图 2.11 所示。

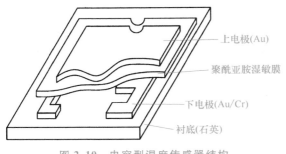

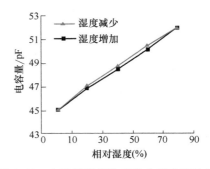

图 2.10　电容型湿度传感器结构　　　　图 2.11　电容型湿度传感器典型响应特性

（2）电阻型高分子湿敏材料　电阻型湿度传感器可分为两类：电子导电型和离子导电型，其结构和典型响应特性如图 2.12 和图 2.13 所示。

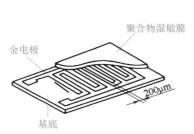

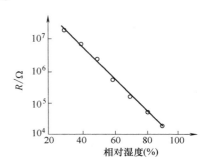

图 2.12　电阻型湿度传感器结构　　　　图 2.13　电阻型湿度传感器典型响应特性

（3）声表面波（SAW）型与光敏型高分子湿敏材料　声表面波（SAW）型：体积小、测试灵敏度高，可精准测定 10%RH 以下的低湿区，可靠性高、一致性好，且制造方便。声表面波（SAW）是一种沿物体表面传播且投入深度浅的弹性波。SAW 型湿度传感器可分为两类：SAW 谐振器型和 SAW 延迟线型。其中 SAW 延迟线型应用最多。

光敏型：光敏型湿度传感器是将光敏物质（一般为燃料）与高分子材料混合制备的湿敏膜。湿度不同，光敏物质发光强度不同，由此可测相对湿度。所用湿敏材料有 7-羟基香豆素系染料掺杂 PMMA、磺钛燃料掺杂聚合物等。

（4）羟乙基纤维素碳湿敏材料　羟乙基纤维素吸收水分后体积膨胀，掺入可导电的微粒或离子，可以将其体积随环境湿度的变化转变为感湿材料电导率的变化，从而测得环境湿度。

（5）聚苯乙烯磺酸锂湿敏材料　其优点是测湿量程宽、响应快、性能稳定且成本低。聚苯乙烯磺酸锂是高分子的电解质，故其电导率随温度变化较为明显。器件具有负温度系数，在应用该器件时，应进行温度补偿。

5. 炭黑填充硅橡胶力敏材料

炭黑填充硅橡胶复合材料的三相结构"壳层"模型如图 2.14 所示，图中 A 相为未被炭黑离子吸附的硅橡胶分子链，能够进行自由微布朗运动；B 相是交联的硅橡胶分子链，分子运动受到一定限制；C 相为"壳层橡胶"。

在复合材料中，C 相起"骨架"作用，它与具有弹性的 A 相和 B 相相连，构成由炭黑与硅橡胶大分子链结合在一起的三维网络结构。由于炭黑电阻率远比硅橡胶的小，因此炭黑在硅橡胶集体中起着导电相的作用，复合材料也是一个三维导电网络。

如图 2.15 所示，当炭黑间距小到足以发生接触传导和隧道效应时，将形成"局部导电通道"。而当局部导电通道贯穿复合材料基体时，将形成"有效导电通道"。

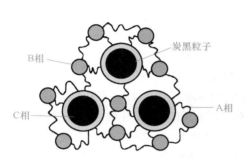

图 2.14 炭黑填充硅橡胶复合材料的
三相结构"壳层"模型示意图

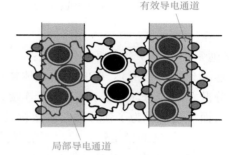

图 2.15 有效（局部）导电通道示意图

（四）电流变敏感材料

电流变现象（效应）是指在外电场控制下，能在微秒量级的短时间内产生黏度、阻尼性能及剪切强度可逆性变化的现象（效应）。具有这种效应的材料被称为"电流变材料"，由于该材料在未加电场时一般呈液体状态，故又称为"电流变液体（Electro Rheological Fluid，ERF）"或"电黏性液体"。

ERF 材料特点：材料形态在固态属性和液态属性间快速转变，响应速度很高，为毫秒数量级或更低；材料表观黏度的转变，甚至从液态至固态的变化是完全可逆的；表观黏度随电场大幅度地无级变化，转换可由一个简单的电场信号进行控制，从而主要用作电-机特性转化元件，并易于实现计算机控制；由于控制相变的能量极低，应用中能耗量极低。

一种具有特殊组分和结构的液体材料，在直流外电场作用下，产生黏度可逆化快速变化的效应被称为"ER 效应"。电场强度增大、液体黏度增大阶段称为"正效应"，而电场强度减小、黏度降低阶段，称为"负效应"。

1. ERF 的结构和组成

根据 ERF 的应用情况，从原理上分析，具有两种不同的结构形式，如图 2.16 所示。

（1）固定电极结构 如图 2.16a 所示，外力作用在 ERF 材料上，使 ERF 流过施加电压的电极板之间。

（2）滑动电极结构 如图 2.16b 所示，两极间通以电压，外力作用在一个电极上，使电极以一定速度相对于另一电极运动。

以上两种 ERF 电极结构形式可用下述实例加以说明。常用于测量 ERF 材料主要参数的同心圆柱流变仪（Couette 流变仪）如图 2.17 所示，根据滑动电极结构设计，其中内圆柱接电源，外圆筒接地，内圆柱以一定角速度相对于外圆筒运动，外圆筒安装在一个测距传感器上，根据角速度与转矩值指示，可获得 ERF 材料的剪切应力、剪切应变、静态屈服应力、剪切应变速度、电流密度等值。

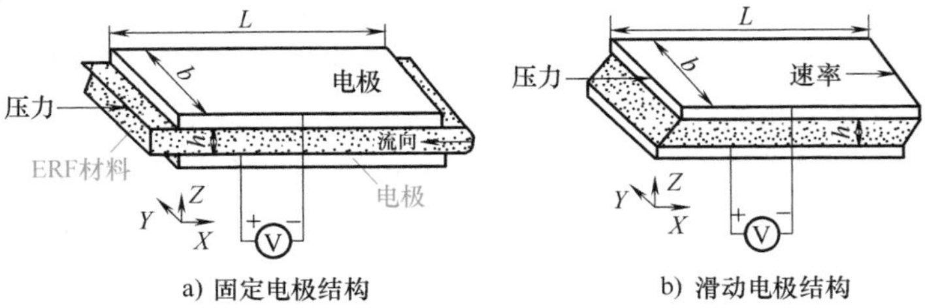

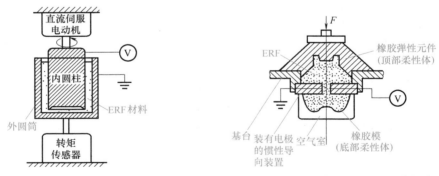

图 2.16　ERF 的不同电极结构

ERF 通常由下列 3 个主要成分组成：

1）连续介质（溶剂）：ERF 具有液体特性的载体。

2）分散介质（悬浮粒子）：不溶于连续介质的亲水（液）性、多孔性悬浮微粒。

3）表面活化剂：为了使分散介质微粒具有浸润性和渗透、分散、絮凝能力，避免沉淀效应，且具有较优良的稳定性，应尽可能降低粒子表面能力，还需引入表面活化剂，包括阴离子表面活化剂、阳离子表面活化剂及非离子型表面活化剂等。此外，常见引入的附加成分为水或其他极性液体。

2. 电流变材料在智能控制中的应用实例

（1）可控（主动）发动机悬置结构　ERF 材料是一种主动减振装置，可根据振动状态，自适应地调节工作参数，ERF 表观黏度随电场强度的增大而增大，而无法随意使黏度减小，所以严格地说，它只能被称为半主动式减（隔）振材料。发动机悬置式 ERF 可控支座的构造原理如图 2.18 所示。

图 2.17　Couette 流变仪原理示意图　　　图 2.18　发动机悬置式 ERF 可控支座构造原理

（2）自控无级变速离合器　ERF 自控无级变速离合器的特点在于：摒弃了机械传动系统中多年来处于主导地位的复杂齿轮机构，使结构大为简化，并可轻易实现无级传动。另一重大革新是该系统不存在磨损，从而大大提高了机械系统的效率（功耗）和使用寿命，如图 2.19 所示。

（3）ERF 在液压控制系统中的应用　如果通过电量来改变物理黏度，则可不需经过机械位移，即可实现信号的控制，从而大大延长控制元件的寿命，如图 2.20 所示。

（4）ERF 阻尼器　盘式 ERF 转子阻尼器是一种用于降低电极转子越过其临界转速时产生过大振动振幅的装置，从而可增加转子的支承刚度和外加阻尼，如图 2.21 和图 2.22 所示。

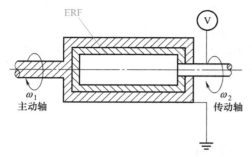

图 2.19　自控无级变速离合器示意图

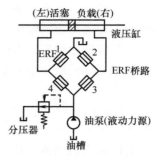

图 2.20　ERF 液压活塞系统油路示意图

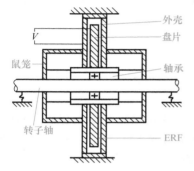

图 2.21　盘式 ERF 转子阻尼器结构图
注：V 为外电场。

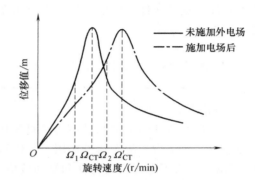

图 2.22　ERF 转子阻尼器降低临界
转速振动振幅曲线

第二节　传感器的基本结构

一、传感器的基本结构

传感器一般由敏感元件（Sensing Element）、转换元件（Transducing Element）、变换电路三部分组成，如图 2.23 所示。其中，敏感元件直接感受被测量，并输出与被测量有确定关系的物理量信号；转换元件将敏感元件输出的物理量信号转换为电信号；变换电路负责对转换元件输出的电信号进行放大调制；转换元件和变换电路一般还需要辅助电源供电。传感器只完成被测参数至电量的基本转换，电量还需输入到测控电路进行放大、运算、处理等进一步转换，以获得被测值或进行过程控制。

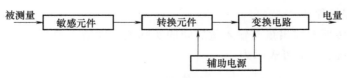

图 2.23　传感器的组成

传感器的组成中除了需要敏感元件和转换元件两个部分外，还需要转换电路，其原因是进入传感器的信号幅度是很小的，而且往往混杂有干扰信号和噪声，需要相应的转换电路将其变换为易于传输、转换、处理和显示的物理量形式。此外，除了一些能量型传感器外，大多数传感器还需要加辅助电源，以提供必要的能量。为了便于后续的处理过程，要将信号整形成具有最佳特性的波形，有时还需要将信号线性化，该工作由放大器、滤波器及其他一些模拟电路完成。形成后的信号随后转换成数字信号，并输入微处理器。

二、传感器的特点

传感器的特点包括微型化、数字化、智能化、多功能化、系统化、网络化。它是实现自动检测和自动控制的首要环节。通常根据其基本感知功能分为热敏元件、光敏元件、气敏元件、力敏元件、磁敏元件、湿敏元件、声敏元件、放射线敏感元件、色敏元件和味敏元件等十大类。

三、传感器的基本特性

（一）静态特性

传感器的静态特性是指被测量不随时间变化或随时间变化缓慢时输入与输出间的关系。传感器静态数学模型指在静态信号作用下，传感器输出量与输入量之间的一种函数关系，如图 2.24 所示。如果不考虑迟滞特性和蠕动效应，传感器的静态数学模型一般可用 n 次多项式来表示，即

$$y = a_0 + a_1 x + a_2 x^2 + \cdots + a_n x^n \tag{2.6}$$

式中，y 为传感器的理论输出量；a_0 为零输入时的输出，也叫零位输出；a_1 为传感器线性项系数，也称线性灵敏度，常用 K 或 S 表示；x 为输入量，即被测量；a_n 为非线性项系数，其数值由具体传感器非线性特性决定，$n = 0, 1, 2, \cdots$。

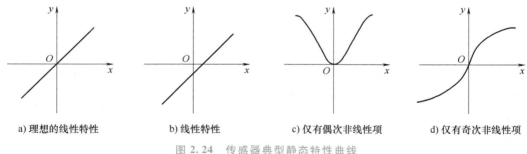

a) 理想的线性特性   b) 线性特性   c) 仅有偶次非线性项   d) 仅有奇次非线性项

图 2.24　传感器典型静态特性曲线

传感器的静态性能指标包括线性度、灵敏度、重复性、迟滞、分辨力和阈值、稳定性、漂移、测量范围和量程。

1）线性度：传感器输出量与输入量之间的实际关系曲线偏离理论拟合直线的程度，又称非线性误差。线性度 e_L 可表示为

$$\begin{cases} e_L = \pm \dfrac{\overline{\Delta}_{max}}{\overline{y}_{F.S}} \times 100\% \\ \overline{y}_{F.S} = \overline{y}_{max} - \overline{y}_0 \end{cases} \tag{2.7}$$

式中，$\bar{y}_{F.S}$ 为满量程输出平均值；$\bar{y}_{max}$ 为最大输出平均值；$\bar{y}_0$ 为最小输出平均值；Δ_{max} 为实际曲线与拟合直线之间的最大偏差。

2）灵敏度：是传感器在稳态下输出增量与输入增量的比值。线性传感器的灵敏度就是它的静态特性的斜率，如图 2.25a 所示。非线性传感器的灵敏度是一个随工作点而变的变量，如图 2.25b 所示。

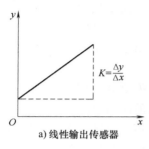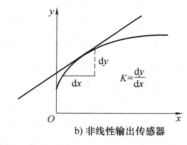

图 2.25　传感器的灵敏度

3）重复性：传感器在输入量按同一方向做全量程多次测试时，所得特性曲线不一致的程度，如图 2.26 所示，多次测试不重复误差，多次测试的曲线越重合，其重复性越好。不重复性主要是由传感器机械部分的磨损、间隙、松动、部件的内摩擦、积尘、电路老化、工作点漂移等原因产生。输出量最大不重复误差 e_R 为

$$\begin{cases} e_R = \pm \dfrac{\Delta_{max}}{\bar{y}_{F.S}} \times 100\% \\ \Delta_{max} = \max(\Delta_{max1}, \Delta_{max2}) \end{cases} \tag{2.8}$$

式中，Δ_{max} 为输出最大不重复误差；$\bar{y}_{F.S}$ 为满量程输出平均值。

4）迟滞特性：传感器在正向行程（输入量增大）和反向行程（输入量减小）期间，输入和输出特性曲线不一致的程度，如图 2.27 所示。迟滞反映了传感器机械部分不可避免的缺陷，如轴承摩擦、间隙、螺钉松动、元件腐蚀或碎裂、材料内摩擦、积尘等。最大滞环误差率 e_H 为

$$e_H = \dfrac{\Delta_{max}}{\bar{y}_{F.S}} \times 100\% \ \text{或} \ e_H = \pm \dfrac{\Delta_{max}}{2\bar{y}_{F.S}} \times 100\% \tag{2.9}$$

式中，Δ_{max} 为整个测量范围内产生的最大滞环误差；$\bar{y}_{F.S}$ 为满量程输出平均值。

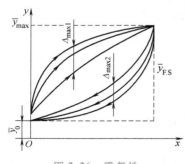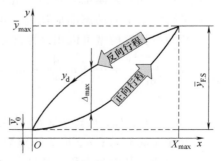

图 2.26　重复性　　　　　　　图 2.27　迟滞特性

5）分辨力和阈值：传感器的分辨力是在规定测量范围内所能检测的输入量最小变化量（有量纲），有时也用该值相对满量程输入值的百分数表示分辨率（无量纲）。实际测量时，传感器的输入和输出关系不可能保持绝对联系，有时输入量开始变化，但输出量并不立刻随之变化，而是输入量变化到某一程度时，输出量才突然产生一个小的阶跃变化。实际上传感器的特征曲线并不是十分平滑，而是呈阶梯形变化的，如图 2.28 所示。阈值通常又称为死区、失灵区、灵敏限、灵敏阈、钝感区，是输入量由零变化到使输出量开始发生可观变化时的输入量的值，如图 2.28 中的 Δ。

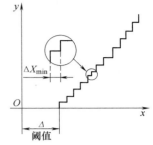

图 2.28　分辨力和阈值

6）稳定性：有短期稳定性和长期稳定性之分。传感器常用长期稳定性表示，它是指在室温条件下，经过相当长的时间间隔如一天、一月或一年，传感器的输出与起始标定时的输出之间的差异。通常用其不稳定度来表征其输出的稳定度。

7）漂移：在外界干扰下，输出量发生与输入量无关的不需要的变化。其可分为零点漂移和灵敏度漂移，零点漂移或灵敏度漂移又可分为时间漂移和温度漂移。其中时间漂移是指在规定的条件下，零点或灵敏度随时间的缓慢变化；温度漂移指环境温度变化而引起的零点或灵敏度的变化。

8）测量范围和量程：传感器所能测量的最大被测量（输入量）的数值称为测量上限，最小被测量称为测量下限，上限与下限之间的区间，称为测量范围。量程为测量上限与下限的代数差。通过测量范围，可以知道传感器的测量上限与下限，以便正确使用传感器，通过量程，可以知道传感器的满量程输入值，而其对应的满量程输入值，是决定传感器性能的一个重要数据。

（二）动态特性

传感器的动态特性是指被测量随时间快速变化时传感器输入与输出间的关系。传感器作为感受被测量信息的器件，总是希望它能按照一定的规律输出有用的信号，因此需要研究其输入与输出之间的关系及特性，以便用理论指导其设计、制造、校准与使用。

在实际测量中，大多数的被测量是随时间变化的动态信号。传感器的动态数学模型是指在随时间变化的动态信号作用下，传感器输出与输入量间的函数关系，通常称为响应特性。动态数学模型一般采用微分方程和传递函数描述。

1. 微分方程

绝大多数传感器都属于模拟（连续变化信号）系统，描述模拟系统的一般方法是采用微分方程。对于线性系统的动态响应研究，可将传感器作为线性定常数（时间不变）系统来考虑，因而其动态数学模型可以用线性常系数微分方程来表示，其通式为

$$a_n \frac{d^n y}{dt^n} + a_{n-1} \frac{d^{n-1} y}{dt^{n-1}} + \cdots + a_1 \frac{dy}{dt} + a_0 y = b_m \frac{d^m x}{dt^m} + b_{m-1} \frac{d^{m-1} x}{dt^{m-1}} + \cdots + b_1 \frac{dx}{dt} + b_0 x$$

$$(2.10)$$

式中，a_0，a_1，$\cdots$，a_n，b_0，b_1，$\cdots$，b_m 为与传感器的结构有关的常数；t 为时间；y 为输出量 $y(t)$；x 为输入量 $x(t)$；n、m 为正整数。

对于复杂的系统，其微分方程的建立与求解都是很困难的。数学上常采用拉普拉斯变换将实数域的微分方程变成复数域（S 域）的代数方程，求解代数方程就容易多了。另外，也

可采用传递函数的方法研究传感器动态特性。

动态特性的传递函数在线性定常系统中是初始条件为 0 时，系统输出量的拉普拉斯变换与输入量的拉普拉斯变换之比。由数学理论知，如果当 $t \leq 0$ 时，$y(t) = 0$，则 $y(t)$ 的拉普拉斯变换可定义为

$$Y(s) = \int_0^\infty y(t) \mathrm{e}^{-st} \mathrm{d}t \tag{2.11}$$

式中，$s = \sigma + \mathrm{j}\omega$，$\sigma > 0$。

对式（2.10）两边取拉普拉斯变换，则得

$$Y(s)(a_n s^n + a_{n-1} s^{n-1} + \cdots + a_0) = X(s)(b_m s^m + b_{m-1} s^{m-1} + \cdots + b_0) \tag{2.12}$$

则系统的传递函数 $H(s)$ 为

$$H(s) = \frac{Y(s)}{X(s)} = \frac{b_m s^m + b_{m-1} s^{m-1} + \cdots + b_0}{a_n s^n + a_{n-1} s^{n-1} + \cdots + a_0} \tag{2.13}$$

由式（2.13）可以看出，$\dfrac{b_m s^m + b_{m-1} s^{m-1} + \cdots + b_0}{a_n s^n + a_{n-1} s^{n-1} + \cdots + a_0}$ 是一个与输入无关的表达式，只与系统结构参数有关，可见传递函数 $H(s)$ 是描述传感器本身信息的特性，条件是 $t \leq 0$，$y(t) = 0$，即传感器被激励之前所有储能元件，如质量块、弹性元件、电气元件均没有积存能量。这样不必了解复杂系统的具体结构内容，只要给出一个激励 $x(t)$，得到系统对 $x(t)$ 的响应 $y(t)$，由它们的拉普拉斯变换就可以确定系统的传递函数 $H(s)$。

2. 动态特性

在动态（快速变化）的输入信号作用下，要求传感器不仅能精确地测量信号的幅值大小，而且能测量出信号变化的过程。这就要求传感器能迅速准确地响应和再现被测信号的变化，即传感器要有良好的动态特性。动态特性分时域特性和频域特性，其中时域特性也叫瞬态响应法（研究系统输出波形——阶跃信号），频域特性也叫频率响应法（研究系统稳态响应——正弦信号）。

（1）阶跃响应特性（时域）　给传感器输入一个单位阶跃函数信号：

$$x(t) = \begin{cases} 0, t \leq 0 \\ 1, t > 0 \end{cases} \tag{2.14}$$

式（2.14）中输出特性称为阶跃响应特性。表征阶跃响应特性的主要技术指标有时间常数、延迟时间、上升时间、峰值时间、最大超调量、响应时间等。

对于一阶传感器阶跃响应特性（图 2.29），时间常数 τ 为一阶传感器阶跃响应曲线上由零上升到稳态值的 63.2% 所需要的时间；延迟时间 t_d 为阶跃响应曲线达到稳态值 50% 所需要的时间。对于二阶传感器阶跃响应特性（图 2.30），上升时间 t_r 为响应曲线从稳态值的 10% 上升到 90% 所需的时间；峰值时间 t_p 为响应曲线上升到第一个峰值所需要的时间；响应时间 t_s 为响应曲线逐渐趋于稳定，到与稳态值之差不超过 ±5% 或 ±2% 范围内所需要的时间，也称为过渡过程时间；最大超调量 σ_p 为响应曲线

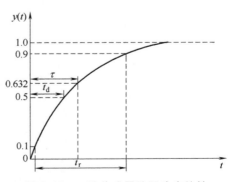

图 2.29　一阶传感器阶跃响应特性

偏离稳态值的最大值，常用百分数表示，能说明传感器的相对稳定性。

（2）频率响应特性 给传感器输入各种频率不同而幅值相同，初相位为零的正弦信号 $x(t) = A\sin\omega t$，其输出的正弦信号的幅值和相位与频率之间的关系 $y(t) = B\sin(\omega t + \phi)$ 称为频率响应曲线，也就是在稳态状态下幅值比 B/A 和相位 ϕ 随 ω 而变化的状态，如图 2.31 所示。系统的频率响应特性可用式（2.15）表示：

$$H(\mathrm{j}\omega) = \frac{Y(\mathrm{j}\omega)}{X(\mathrm{j}\omega)} = \frac{B\mathrm{e}^{\mathrm{j}(\omega t + \phi)}}{A\mathrm{e}^{\mathrm{j}\omega t}} = \frac{B}{A}\mathrm{e}^{\mathrm{j}\phi} = |H(\mathrm{j}\omega)| < \phi(\omega) \qquad (2.15)$$

式中，$H(\mathrm{j}\omega)$ 为幅频特性；$\phi(\omega)$ 为相频特性。

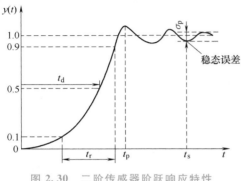

图 2.30 二阶传感器阶跃响应特性

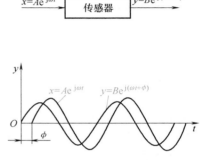

图 2.31 输入与输出间的关系

本 章 习 题

1. 简述敏感材料的定义。

2. 简述敏感材料的分类。

3. 简述传感器的基本结构与特点。

4. 简述传感器的基本特性。

第三章
典型生物功能材料表征测试技术

　　自然界中的典型生物通常具有简单的化学组分、复杂的物理结构和优异的功能特性，其中蕴含大量丰富的生物理化信息。由于生物结构一般具有超精细、多维度和跨尺度的特点，能否有效、精确、充分地获取这些生物信息决定了仿生材料设计的质量和水平。本章重点介绍了具有特殊表面特性、优异光学特性和轻质高强韧特性的生物功能材料，总结针对典型生物功能材料形貌结构、物相成分、表面性能和力学性能等生物信息的主要测试技术，展示了生物信息与仿生材料测试技术在获取生物功能材料综合信息方面的应用情况。

第一节　典型生物功能材料分类及特点

　　自然界中的动物和植物经过亿万年的进化，其结构与功能已达到近乎完美的程度。例如，荷叶等植物叶片表面具有特殊的浸润、黏附性能，鸟类骨骼系统具有质量轻、强度大的构造形态，贝壳珍珠层具有强韧兼备的优异力学性能，蜘蛛丝具有独特的高强度、高弹性和高断裂韧性等力学性能，以及良好的可降解性和生物组织相容性等。实际上，自然界中生物体具有的这些优异结构和功能均是通过由简单到复杂、由无序到有序的多级次、多尺度的组装而实现的。因此，生物信息与仿生材料测试技术是解析这些典型生物材料优异特性内在原因的重要手段和主要途径。

一、具有特殊表面特性的典型生物材料

　　自然界生物体中独特的微纳米结构赋予其特殊的表面浸润、黏附性能。浸润性是材料表面的重要特性之一，表面浸润性研究在基础研究和工业应用方面都有着重要的意义。

（一）自清洁生物材料

　　远在 2000 多年前，人们就发现有些植物虽然生长在污泥里，但是它的叶子却能够长期保持清洁，其中最典型的例子就是荷叶。荷花通常生长在沼泽和浅水区域，但荷叶却具有"出淤泥而不染"的特性，这是因为荷叶上的灰尘和污垢很容易被露珠和雨水带走，从而保持表面的清洁，科学家将这种自清洁现象称为"荷叶效应"。

　　然而，荷叶自清洁的机理却一直不为人们所知，直到 20 世纪 60 年代中期扫描电子显微镜（Scanning Electron Microscope，SEM）的发展，人们才逐渐揭开了荷叶"出淤泥而不染"的秘密。1977 年，德国波恩大学的 Barthlott 和 Neinhuis 通过扫描电子显微镜研究了荷叶的表面结构形态（图 3.1），揭示了荷叶表面的微米乳突结构及蜡状物质是其具有自清洁功能的关键。他们认为产生的"荷叶效应"是由低表面能材料（蜡状物质）及微米乳突结构共同引起的。研究表明，荷叶表面分布着大量微米级的乳突结构（图 3.1a），每一个乳突上又分布着大量纳米级的枝状结构（图 3.1b），而且荷叶表皮上存在许多蜡质三维细管（图 3.1c），这样的微纳米复合结构减小了水滴与荷叶表面的接触面积。因此，荷叶表面蜡质组分和微纳米复合结构共同作用，赋予了荷叶独特的自清洁特性。一般而言，自清洁表面表现为与水的接触角大于 150°且具有很强的抗污染能力，即表面污染物如灰尘等可以被滚落的水滴带走而不留下任何痕迹。荷叶上水的接触角和滚动角分别约为 160°和 2°，水滴在荷叶表面几乎呈现球形，并且可以在所有方向上自由滚动，同时带走荷叶表面的灰尘，表现出很好的自清洁效应（图 3.1d）。

a)　　　　　　　　　　　　b)

c)　　　　　　　　　　　　d)

图 3.1　荷叶表面结构显微图像及自清洁现象

（二）集水性生物材料

　　为了在极端干旱的条件下生存，许多生物进化出了特殊的结构（图 3.2），这使得它们能够在稀薄的雾气中获得维持生命的水分。例如，纳米比亚沙漠甲虫会找到较高的沙丘，抬起背部迎接来自海岸的雾气流。雾气在其背部亲水区域聚集成水滴，然后在重力的作用下沿着疏水区域滑落到甲虫的口腔中，从而使其获得一天所需的水分（图 3.2a）。

　　沙漠中的仙人掌为了适应炎热干燥的气候，减少水分的蒸腾作用，将叶子进化成针状。此外，仙人掌尖刺由方向性倒刺、梯度凹槽和带状毛状体三部分组成。仙人掌棘锥形非对称结构产生的拉普拉斯压差与梯度槽产生的表面能量梯度协同作用，可以使雾滴从尖端到底部定向运动（图 3.2b）。

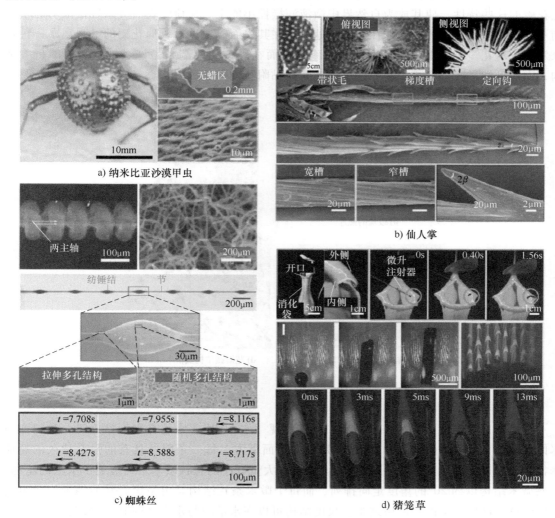

a) 纳米比亚沙漠甲虫

b) 仙人掌

c) 蜘蛛丝

d) 猪笼草

图 3.2　具有捕雾能力的典型生物

蜘蛛丝在潮湿条件下会形成周期性的纺锤结结构，产生拉普拉斯压力差，与各向异性结构特征所带来的表面能量梯度共同作用，可以实现在蜘蛛丝主轴结周围水滴连续冷凝和定向收集（图 3.2c），展示了其独特的捕雾功能。

猪笼草口器边缘可以连续定向输水，由于其特殊的微纳分级结构诱导了在输送方向上毛细上升的增强，通过钉住反向移动的水前缘以防止回流，使得位于口器边缘的昆虫能够迅速地滑落到猪笼草的消化袋中。这种独特的润湿特性能够加速雾气收集装置表面液滴的滑落，为雾气收集装置的设计提供了新思路（图 3.2d）。

（三）高黏附生物材料

玫瑰花瓣表面由周期性排列的微乳突阵列构成，这些乳突表面又覆盖着密集的纳米折叠结构。独特的多级结构赋予玫瑰花瓣与众不同的表面润湿行为：水滴在其表面的接触角不仅大于150°，而且在超疏水状态下，微液滴可悬挂在其表面而不掉落，这种现象称为"花瓣效应"（图3.3）。这不仅有利于玫瑰花瓣的表面自清洁，而且可帮助玫瑰花瓣保湿保鲜。玫瑰花瓣的这些特性，使其成为自然界中微液滴操控小能手。与荷叶表面可以轻松滚动的小水滴不同，玫瑰花瓣上的小水珠往往牢牢地黏附在其表面。通过对玫瑰花瓣的微观观察，科学家发现玫瑰花瓣表面由微米尺度的乳突组成，而在乳突的尖端则是许多纳米尺度的折叠结构，而这种纳米折叠结构正是导致玫瑰花瓣高黏附特性的关键因素。

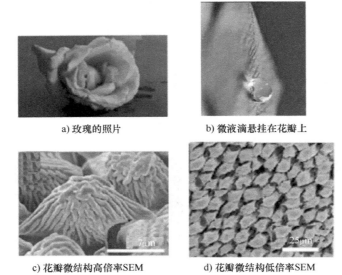

a) 玫瑰的照片   b) 微液滴悬挂在花瓣上

c) 花瓣微结构高倍率SEM   d) 花瓣微结构低倍率SEM

图 3.3　玫瑰花表面结构示意图

（四）超疏水生物材料

水黾可以在水面上爬行甚至跳跃，轻松实现"水上漂"。水黾在水面站立时，其腿部与水面形成了大约4mm深度的涡旋而不是刺入水面下方，每一条腿所具有的强健持久的超疏水作用力可以支撑其大约15倍的体重。同时，大量有序的条状微米结构覆盖了水黾的腿部，这些微米结构以约20°的角度定向排列，而每个微米条状结构又由呈螺旋状的纳米沟槽组成（图3.4）。这种独特的分层微纳米多尺度结构可以在水黾腿与水面之间有效地捕捉气体而形成有力的气膜。水黾腿的超疏水能力为设计全新的水栖设备带来了灵感。

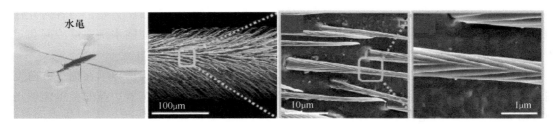

图 3.4　水黾腿超疏水纤维结构的尺寸特征

（五）防雾性生物材料

当蚊子暴露于雾气环境中时，可以发现在蚊子眼睛表面并不能形成极小的液滴，而在蚊子眼睛周围的绒毛上凝结了大量液滴。这种极强的疏水性可以阻止雾滴在蚊子眼睛的表面附着和凝聚，从而给蚊子带来清晰的视野（图 3.5a），这主要得益于蚊子复眼自身的微纳分级结构。蚊子的复眼是由无数个半球状的小眼组成，其平均直径大小在 $26\mu m$ 左右（图 3.5b），呈紧密六边形排列，每个微米级的小眼表面覆盖着非紧密排列的纳米级乳突结构，其平均直径为（101.1 ± 7.6）nm，分布间隔为（47.6 ± 8.5）nm（图 3.5c），正是这种独特的微纳米结构赋予蚊子复眼超疏水特性。纳米级尺度的乳突阵列可以防止微尺度雾滴在小眼表面凝结，而微米级尺度的六边形阵列可以有效地防止雾滴陷入小眼的空隙中。研究人员通过软光刻法制造了具有防雾性能的人造复眼表面，然后用氟硅烷对表面进行改性（图 3.5d～f），并提出了一种"干式"防雾策略，该发现对设计新型超疏水防雾材料具有重要的启发作用。

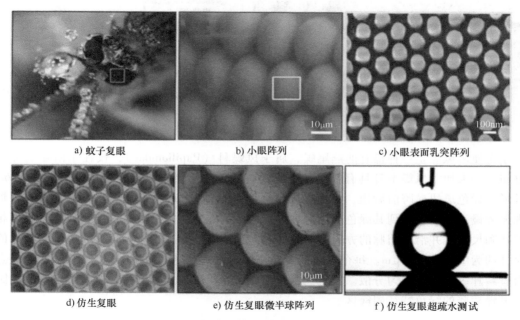

a) 蚊子复眼　　　　　　　b) 小眼阵列　　　　　　　c) 小眼表面乳突阵列

d) 仿生复眼　　　　　e) 仿生复眼微半球阵列　　　　f) 仿生复眼超疏水测试

图 3.5　蚊子复眼结构及仿生设计

二、具有优异光学特性的典型生物材料

自然界中色彩绚丽的孔雀羽毛、蝴蝶翅膀、天然蛋白石、珍珠等呈现的颜色与生物微观结构密切相关，这些颜色一般是光与生物体中的亚微米结构中经过反射、散射、干涉或衍射等相互作用而形成的颜色。由于这种颜色与结构有关而与色素无关，因此也称为结构色。光子晶体是结构色材料中的典型代表，对光子晶体的研究对开发新一代光子材料、存储材料及显示材料具有重要的指导意义。例如，蛋白石由宏观透明的二氧化硅组成，其立方密堆积结构的周期性使其具有光子能带结构，随着能隙位置的变化，反射光也随之变化，最终呈现了绚丽的色彩。

（一）结构色生物材料

产生生物结构色的复杂微观结构是通过自然生长过程产生的。以孔雀尾巴上色彩斑斓的眼纹为例（图3.6a），这种彩色图案中的小管包含由嵌入角蛋白基质中的黑色素棒和气孔组成的二维光子晶体。孔雀通过控制羽毛发育过程中角蛋白的生长来改变相邻黑色素棒之间的间距，从而有效地改变晶格常数以实现对光子带隙的调节，最终产生多样化的颜色（图3.6b）。

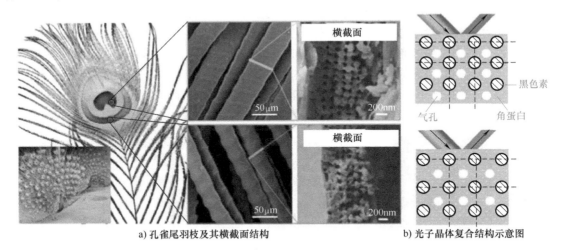

a) 孔雀尾羽枝及其横截面结构　　b) 光子晶体复合结构示意图

图 3.6　孔雀羽毛微结构及其结构色机理

　　小天使翠凤蝶是一种稀有的燕尾蝶，属于凤蝶科（Papilionidae），仅在东南亚的部分地区分布。小天使翠凤蝶本身具有鲜明的生物学特征，易于辨识。雄性个体翅展约为6.6cm，新月形的绿色斑块横跨前后翅，并在蝴蝶身体两侧对称分布，如图3.7a所示。借助超景深体视显微镜，可以观察到其绿色翅鳞区被大量闪耀的绿色鳞片覆盖，这些鳞片具有高度相似的形状和尺寸，并沿着翅脉的方向有序地排列成阵列模式，如图3.7b所示。单个鳞片的特征尺寸约为 $122\mu m \times 61\mu m$。每个翅鳞的表面充斥着密密麻麻的微小闪耀"斑点"，这些点状物沿着鳞片纵轴方向均匀分散。正是这些闪亮的微米尺度的鳞片阵列，组成了宏观上肉眼可见的蝴蝶翅膀的绿色特征翅鳞区。

a) 小天使翠凤蝶雄性个体　　b) 绿色翅鳞阵列

图 3.7　蝴蝶结构色

（二）减反射生物材料

除了脉络与边缘位置，蝉翼表面是非常透明的，脉络主要由六边形结构拼接在一起，覆盖在蝉翼表面，如图 3.8 所示，六边形结构的面积大约为 $2\mu m^2$；而蝉翼表面的微观是由准周期排列的锥形乳头状结构构成，且背部与腹部表面均具有这种结构，锥形乳头状结构呈六边形排列，平均基底直径为 140nm，顶部直径为 60nm，顶部间距（中心到中心）为 160nm，高度为 200nm。蝉翼表面的锥形乳头亚波长结构使光阻抗发生了变化，使得与空气-角质层界面相一致，从而提高了光子收集并降低了反射率，通过这种阻抗匹配机制，蝉具有与翅膀上的锥形纳米结构的减反射功能相关的伪装能力，以避免自己被捕获。蝉翼上的锥形乳头结构可以近似为一组多层膜，使得蝉翼与环境之间具有梯度折射率，当光线照射到蝉翼表面时，由于梯度折射率的作用，减少了光线的反射，在 400~1000nm 的宽波长范围内反射率小于 2%。

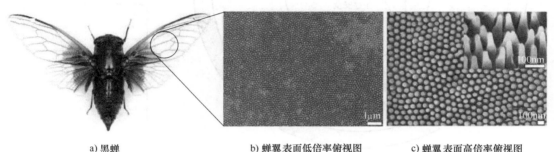

a) 黑蝉　　　　　　　　b) 蝉翼表面低倍率俯视图　　　　　　c) 蝉翼表面高倍率俯视图

图 3.8　蝉翼减反射性

三、具有轻质高强韧特性的典型生物材料

一般来说，材料的性能主要由其化学组成及结构共同决定。对于单一材料而言，由于其化学组成是本身固有的特征，研究材料的结构就变得更有意义了。在轻质高强韧的基础上，生物结构材料还需要兼具某些特殊的特性以保证其自身对环境的适应性。通常来说，由于生存环境和所面临生存挑战的差异，生物往往要进化出许多不同的特性来适应复杂多变的生存环境（图 3.9），这些特性主要用于确保生物自身生存的安全性和提升生物自身的生存效率。保证自身生存安全主要是生物通过进化使生物材料具备某种特殊的属性，来保证生物本身免受捕食者和环境因素的侵害。例如，海螺等各类软体动物的甲壳保护它们免受捕食者的侵害，而长期穴居的生物其体表均进化出具有耐磨功能的生物材料，保护它们在穴居过程中免受土壤沙石环境的磨损与侵害。而生物结构材料对于生存效率的提升可以体现在捕食效率、迁徙效率，以及种内竞争与种间竞争中。例如，螳螂虾鳌棒便是通过其特有的抗冲击特性提升其捕食效率；麋鹿等生物在求偶、领地争夺过程中利用它们强有力的角进行争斗，这是生物材料高强韧特性在种内竞争中的体现；类似地，某些生物强有力的利爪、獠牙，也会让它们在种间竞争中取得相应的优势。

在轻质高强韧的基础上实现特定的适应生存环境的特性与功能，通常是生物材料通过对具有不同性能、结构和材料的区域进行调控与组合的结果，以此来适应复杂多变的生存环境。例如，大多数生物的牙齿通常承担着咀嚼和碾碎食物的功能，一些哺乳动物的牙齿甚至终身与其相伴，这就需要其在满足强韧性的同时兼具耐磨的功能。与断裂类似，磨损也是一

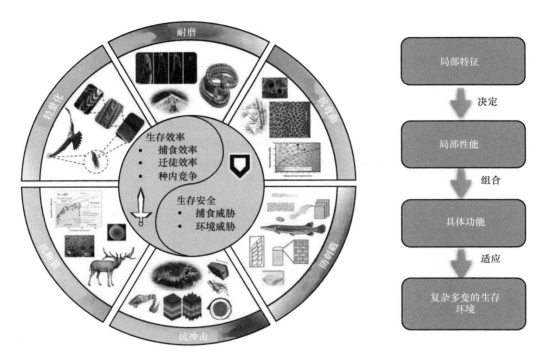

图 3.9　具有优异力学特性的生物材料

种与断裂有关的疲劳失效。因此，类似牙齿这类使用极为频繁的生物材料通常需要坚韧耐用。而生物材料的磨损通常与其硬度和弹性模量密切相关。通常表面硬度较高的材料往往具有较为良好的耐磨性。因此，调节生物材料的表面硬度也是提高耐磨性的有效方法。例如，海螺壳、贝壳、牙齿均是通过高度矿化来实现较高的表面硬度来达到提高耐磨性的目的。另外，较低的弹性模量也有助于提高耐磨性。对于一些主要由蛋白质组成不含矿物成分的生物材料，通常通过调整蛋白质的含水量来调整材料的弹性模量，以此来提高材料的耐磨性，如马蹄和鱿鱼喙。

除了通过改变材料的局部力学特性外，一些生物通过表面特有的非光滑结构对摩擦磨损进行有效抵御。例如，步甲、蜣螂、穿山甲等均是通过这一策略在保证强韧性的基础上有效地实现耐磨的功效。穿山甲鳞片表面的非光滑条纹状突起可以减小实际接触面积，以此来减小实际摩擦磨损的范围（图3.10a）。同时，非光滑结构引起的轻微振动能够改变磨损的切向力，调整材料应力状态。此外，非光滑结构的存在使颗粒间歇性滚动，而不是直接滑动，以明显减少摩擦；而非光滑结构表面也可以储存碎屑，以代替生物材料的表面来承受摩擦磨损。

抗刺戳是某些生物材料在保证强度与韧性基础上用于保护生物自身免受捕食者侵害所进化而来的特定属性。捕食者通过进化得到了锋利的利爪獠牙，而这些生物为了保证自身的生存安全则是进化出了强有力的"生物铠甲"。这类生物材料除了需要保证材料的韧性，防止其被捕食者刺穿外，还需要兼具良好的强度以防止其过度变形对生物的内部器官与组织产生挤压而威胁生物本身的安全与健康，同时在此基础上还需有效耗散捕食者捕食行为所引入的外载荷能量，以防止其损伤内部器官与组织。具有此类特性的典型生物材料包括鱼鳞及一些爬行动物的骨皮。例如，九角龙鱼的鱼鳞通过对自身材料特性梯度力学性能的调控实现材料

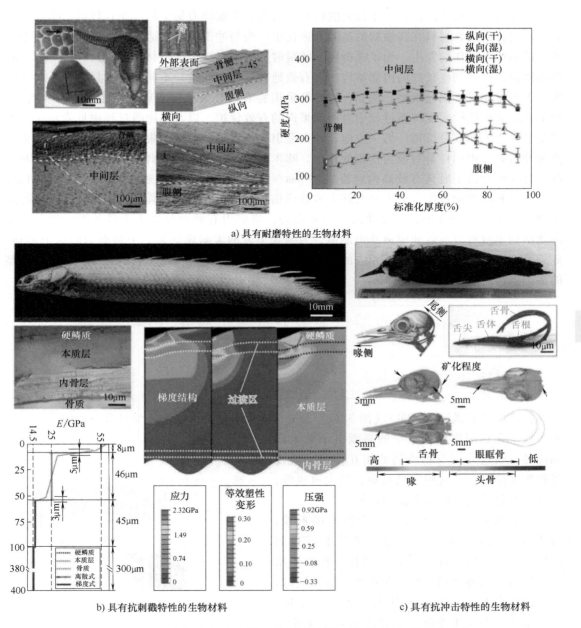

a) 具有耐磨特性的生物材料

b) 具有抗刺戳特性的生物材料

c) 具有抗冲击特性的生物材料

图 3.10 生物材料在轻质高强韧的基础上兼具对某些特定环境的适应性

内部的应力均化，以及不同鱼鳞之间特殊的有序连锁与重叠机制减小材料的变形与背凸效应，实现了较为强有力的保护（图 3.10b）。而骨皮类的保护机制则多见于各类爬行动物如海龟、短吻鳄等，以及少量哺乳动物。例如，犰狳出色的防御能力主要由独特的分级结构决定。犰狳的骨皮层分布在 3 个区域，具有不同的局部机械特性。外部的致密骨皮和最内部的致密骨皮主要用来提供足够的刚度，以防止骨皮的过度变形对内部器官与组织造成损伤，而位于中心的多孔骨皮用于吸收和耗散外载荷能量，通过多层结构的耦合与分工实现对于外界侵害的有效防御。

巨大的冲击载荷往往会产生极大的瞬时作用力，引起应力集中从而导致材料面临失效的危险。而这些生物材料在高强韧的基础上进化出一些与冲击环境相适应、相匹配的策略来有效地抵御冲击损伤的发生。为了抵御巨大的瞬时冲击力，这类生物材料通常具有较为坚硬的外部结构，以及韧性较好的内部结构，以有效地耗散冲击能量。不同的生物材料在耗散冲击能量上有着相对不同的策略，例如，螳螂虾采用特有的纤维结构实现冲击能量的有效耗散，椰子的维管束结构实现掉落过程中对内部果肉的有效保护，以及在碰撞过程中贝壳珍珠层中的变形、孪生和部分位错。另一方面，冲击会引起一定程度的应力集中，因此应力均匀化对抵御冲击破坏中同样具有极为重要的作用。啄木鸟的头骨便是比较典型的例子（图3.10c），啄木鸟在啄食树干时具有较高的速度（6~7m/s）和巨大的瞬时加速度。但令人惊讶的是，如此频繁和剧烈的冲击，也不会对其大脑造成伤害。这主要是其舌骨环绕着整个颅骨，起到类似"安全带"的作用，以缓冲巨大的冲击力，将应力有效地分散于舌骨各处。颅骨的海绵状结构本身可以有效地驱散冲击能量，为颅骨下方的大脑建立第二个强有力的保护措施。此外，梯度矿化程度也起到了相应的作用。啄木鸟的抗冲击特性是生物材料中一种较为典型的多因素协同现象。

第二节　形貌结构显微表征测试技术及基本原理

一、扫描电子显微镜技术

扫描电子显微镜（SEM）（图3.11）是介于透射电子显微镜和光学显微镜之间的一种观察手段。它利用聚焦的很窄的高能电子束来扫描样品，通过光束与物质间的相互作用来激发各种物理信息，对这些信息收集、放大再成像，以达到对物质微观形貌表征的目的。

SEM可观察数纳米到毫米范围内的形貌，分辨率一般为6nm，场发射率理论上可达到0.5nm量级，要求样品具有导电性。其主要用于三维形貌的观察和分析，在观察形貌的同时，进行微区的成分分析。SEM由三大部分组成：真空系统、电子束系统及成像系统。电子束系

图3.11　扫描电子显微镜

统中的灯丝在普通大气中会迅速氧化而失效，所以除了在使用SEM时需要用真空以外，平时还需要以纯氮气或惰性气体充满整个真空柱，此外还能增大电子的平均自由程，从而使得用于成像的电子更多。电子束系统由电子枪和电磁透镜两部分组成，主要用于产生一束能量分布极窄的、电子能量稳定的电子束用以扫描成像。电子经过一系列电磁透镜成束后，打到样品上与样品相互作用，产生次级电子、背散射电子、俄歇电子以及X射线等一系列信号。所以，需要不同的探测器如次级电子探测器、X射线能谱分析仪等来区分这些信号以获得所需要的信息。虽然X射线信号不能用于成像，但习惯上仍然将X射线分析系统划分到成像系统中。

（一）环境扫描电子显微镜

环境扫描电子显微镜（Environmental Scanning Electron Microscope，ESEM）（图 3.12）是扫描电子显微镜的一个重要分支。除了像普通 SEM 的样品室和镜筒内设为高真空，检验导电、导热或经导电处理的干燥固体样品以外，还可以作为低真空扫描电镜直接检测非导电、导热样品，无须处理，但是只能获得背散射电子像。

样品不需要喷 C 或 Au，可分析生物、非导电样品（背散射和二次电子像），±20℃内的固相相变过程观察，定性定量分析，检测元素范围为 C~U。

ESEM 主要由下列几部分组成（图 3.13）：产生初始束电子束的电子枪、镜筒、样品室、信号探头，以及由信号构造图像的观察系统等。位于镜筒顶部的电子枪产生的电子经一系列电磁透镜和狭缝加速，集聚后在样品表面聚成一点。靠近镜筒底部的一组扫描线圈使电子束在样品表面扫描形成光栅。电子束打入样品时，会释放多种成像信号口。传感器收集这些信号并加以处理，即可获得样品表面图像。

图 3.12　环境扫描电子显微镜

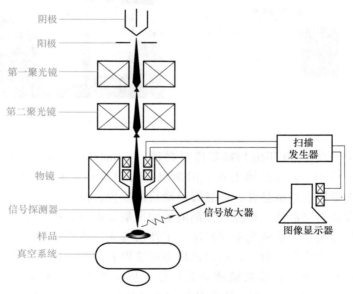

图 3.13　ESEM 结构示意图

（二）场发射扫描电子显微镜

场发射扫描电子显微镜（Field Emission Scanning Electron Microscope，FESEM）（图 3.14）是一种高分辨率扫描电镜，在加速电压 30kV 时分辨率达 0.6nm，已接近透射电镜的水平。但试样必须浸没于物镜的强磁场中以减少球差的影响，所以试样的尺寸受到限制，最大为

23mm×6mm×3mm。

基于 FESEM 的超高分辨率，其能做各种固态样品表面形貌的二次电子像、反射电子像及图像处理，配有高性能 X 射线能谱仪，能同时进行样品表层的微区成分的定性、半定量和定量分析，获得元素的分布图。

二、原子力显微镜技术

原子力显微镜（Atomic Force Microscope，AFM）（图3.15）是一种继扫描隧道显微镜之后，可用来研究包括绝缘体在内的固体材料表面结构的仪器。它通过检测待测样品表面和一个微型力敏感元件之间极微弱的原子间相互作用力，来研究物质的表面结构及性质。测试时，将一个对微弱力极端敏感的微悬臂一端固定，另一端的微小针尖接近样品，这时它将与其相互作用，作用力将使得微悬臂发生形变或运动状态发生变化。扫描样品时，利用传感器检测这些变化，就可获得作用力分布信息，从而以纳米级分辨率获得表面形貌结构信息及表面粗糙度信息。

图 3.14 场发射扫描电子显微镜   图 3.15 原子力显微镜

原子力显微镜是在 1986 年由扫描隧道显微镜（Scanning Tunneling Microscope）的发明者之一的葛宾尼（Gerd Binnig）博士在美国斯坦福大学与 C. F. Quate 和 C. Gerber 等人研制成功的。它主要由带针尖的微悬臂、微悬臂运动检测装置、监控其运动的反馈回路、使样品进行扫描的压电陶瓷扫描器件、计算机控制的图像采集显示及处理系统组成。微悬臂运动可用如隧道电流检测等电学方法或光束偏转法、干涉法等光学方法检测，当针尖与样品充分接近，相互之间存在短程相互斥力时，检测该斥力可获得表面原子级分辨图像，一般情况下分辨率也在纳米级水平。原子力显微镜测量对样品无特殊要求，可测量固体表面、吸附体系等。分辨率理论上能达到 pm 级别，适合导体和非导体样品，不适合纳米粉体的形貌分析。

三、透射电子显微镜技术

（一）透射电子显微镜

透射电子显微镜（Transmission Electron Microscope，TEM）（图3.16）是以波长很短的

电子束作为照明源，用电磁透镜聚焦成像的一种高分辨率、高放大倍数的现代综合性大型分析仪器。与 SEM 不同，TEM 是用电子束透过薄的试样来观察其内部结构的显微镜。TEM 的优势在于其高分辨率和内部结构的观察能力。它可以提供原子级别的分辨率，使科学家能够研究材料的晶体结构、原子排列和晶格缺陷等细节。TEM 在材料科学、纳米技术、生物学和化学等领域中广泛应用。它可以看到在光学显微镜下无法看清的小于 0.2μm 的细微结构，这些结构称为亚显微结构或超微结构。要想看清这些结构，就必须选择波长更短的光源，以提高显微镜的分辨率。目前 TEM 的分辨率可达 0.2nm。

电子光学系统通常称为镜筒，是 TEM 的核心，它的光路原理与透射光学显微镜十分相似，分为三部分，即照明系统、成像系统和观察记录系统。如图 3.17 所示，整个电子光学系统置于显微镜镜筒内，类似于积木式结构，按自上而下顺序排列着照明光源、聚光镜、试样室、物镜、中间镜、投影镜、荧光屏或照相底片等装置。其中，照明光源、聚光镜等组成照明部分；试样室、物镜、中间镜、投影镜等组成成像放大部分；荧光屏或照相底片为显像部分。从结构上看，它非常类似于透射式光学显微镜，只不过用照明光源代替可见光光源，用电磁透镜代替光学透镜，最后在涂有荧光粉的荧光屏上成像。

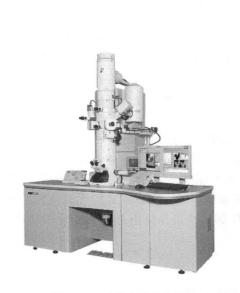

图 3.16　透射电子显微镜

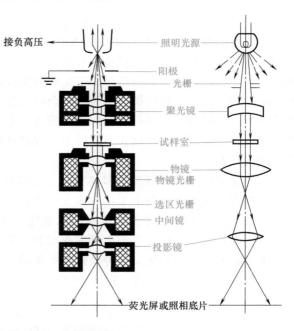

图 3.17　透射电子显微镜的构造原理和光路图

（二）球差校正透射电子显微镜

球差校正透射电子显微镜（Spherical Aberration Corrected Transmission Electron Microscope，AC-TEM）（图 3.18）随着纳米材料的兴起进入研究者的视野。超高分辨率配合诸多分析组件，使 AC-TEM 成为深入研究纳米世界不可或缺的利器。球差是像差的一种，是影响 TEM 分辨率最主要也最难解决的问题。AC-TEM 分辨率能达到埃级，甚至亚埃级别，可观察样品的原子级结构。

图 3.18　球差校正透射电子显微镜

第三节　物相成分表征测试技术及主要特点

一、X 射线衍射技术

48

X 射线衍射（X-ray Diffraction，XRD）是研究物质的物相和晶体结构的主要方法，采用这种方法进行分析研究的材料范围非常广泛，X 射线衍射分析的应用遍及工业和研究领域，现已成为一种不可缺少的材料研究表征和质量控制手段。其具体应用范围包括定性和定量分析、结晶学分析、结构解析、织构和残余应力分析、微区衍射、纳米材料、实验和过程的自动控制等。对材料结构进行表征的方法很多，但应用最普遍、最重要的一种方法就是 X 射线衍射分析法。因为它可以在不同层面上表征材料的多种结构参数，这是许多其他分析方法所不能取代的。

当一束单色 X 射线照射到晶体上时，晶体中原子周围的电子受 X 射线周期变化的电场作用而振动，从而使每个电子都变为发射球面电磁波的次生波源。所发射球面波的频率与入射的 X 射线相一致。基于晶体结构的周期性，晶体中各个原子（原子上的电子）的散射波可相互干涉而叠加，称之为相干散射或衍射。X 射线在晶体中的衍射现象，实质上是大量原子散射波相互干涉的结果。每种晶体所产生的衍射花样都反映出晶体内部的原子分布规律。X 射线衍射测试仪器及原理如图 3.19 所示。

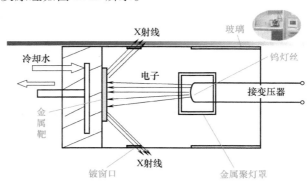

图 3.19　X 射线衍射测试仪器及原理

根据上述原理，某晶体的衍射花样的特征最主要的是两个：衍射线在空间的分布规律和衍射线束的强度。其中，衍射线的分布规律由晶胞大小、形状和位向决定，衍射线强度则取决于原子的品种和它们在晶胞的位置。因此，不同晶体具有不同的衍射图谱。

二、拉曼光谱技术

拉曼光谱（Raman Spectrum）分析法（见图 3.20）是基于印度科学家 C. V. 拉曼（Raman）所发现的拉曼散射效应，对与入射光频率不同的散射光谱进行分析以得到分子振动、转动方面的信息，并应用于分子结构研究的一种分析方法。拉曼光谱是特定分子或材料独有的化学指纹，能够用于快速确认材料种类或者区分不同的材料。在拉曼光谱数据库中包含着数千条光谱，通过快速搜索，找到与被分析物质相匹配的光谱数据，即可鉴别被分析物质。它可进行分子结构分析、理化特性分析和定性鉴定等，可解释空位、间隙原子、位错、晶界和相界等方面的信息。

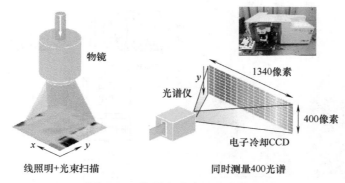

图 3.20　拉曼光谱分析及其原理

当光与气体、液体或固体中的分子相互作用时，绝大多数光子会以与入射相同的能量被分散或散射，这称为弹性散射或瑞利散射。在这些光子中，少量光子（约为千万分之一）将以不同于入射光子的频率散射。与分析偶极矩变化情况的傅里叶变换红外光谱仪（Fourier Transform Infrared Spectrometer，FTIR）光谱不同，拉曼光谱分析的是分子键极化度的变化情况。光与分子的相互作用会导致电子云形变，这种形变称为极化度变化。分子键具有特定的能量迁跃，在此期间极化度会发生变化，从而产生拉曼活性。例如，含有同核原子之间键（如碳-碳、硫-硫与氮-氮键等）的分子会在光子与其相互作用时，造成极化度发生变化。这些产生拉曼活性光谱带的化学键在 FTIR 中不能或者很难看到。由于拉曼效应本身比较弱，因此必须对拉曼光谱仪的光学组件进行良好的匹配与优化。此外，由于在使用较短波长辐射时有机分子更容易发出荧光，因此通常使用具有较长波长的单色激发源，如产生 785nm 光的固态激光二极管。

三、核磁共振波谱技术

核磁共振（Nuclear Magnetic Resonance，NMR）是磁矩不为零的原子核在外磁场作用下自旋能级发生塞曼分裂，共振吸收某一定频率的射频辐射的物理过程。

核磁共振波谱法是光谱学的一个分支，是将核磁共振现象应用于测定分子结构的一种谱学技术。目前，核磁共振波谱的研究主要集中在 1H（氢谱）和 13C（碳谱）两类原子核的波谱。如同红外光谱一样，核磁共振波谱也可以提供分子中化学官能团的数目和种类，但除此之外，它还可以提供许多红外光谱无法提供的信息。NMR 适合液体、固体，对各种有机、无机物的成分、结构定性分析，有时可定量分析，表征分子结构解析以及物质理化性质。

核磁共振波谱仪（图 3.21）主要由磁体、射频振荡器、射频接收器、探头、扫描发生器以及记录仪组成。磁体提供强的稳定均匀的磁场，射频振荡器产生一个与外磁场强度相匹配的射频频率，提供能量使磁核从低能级到高能级，射频接收器用于接受携带样品核磁共振信号的射频输出并将接收到的信号传送到放大器放大。探头里有样品管座、发射线圈、接收线圈、变温元件等。而扫描发生器是安装在磁极上的扫描线圈，提供一个附加可变磁场，用于扫描测定，最终信号传输到记录仪。

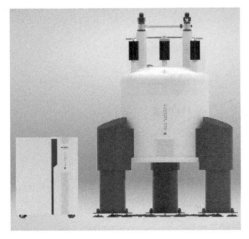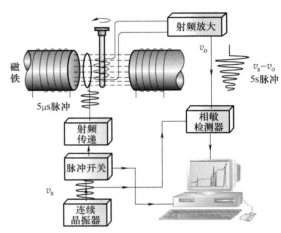

图 3.21　核磁共振波谱仪及工作原理

在强磁场中，某些元素的原子核和电子能量本身所具有的磁性，被分裂成两个或两个以上量子化的能级。吸收适当频率的电磁辐射，可在所产生的磁诱导能级之间发生跃迁。在磁场中，这种带核磁性的分子或原子核吸收从低能态向高能态跃迁的两个能级差的能量，会产生共振谱，可用于测定分子中某些原子的数目、类型和相对位置。测试时将样品负载于样品管内，放置在磁体两级间的狭缝中，并进行匀速旋转（50~60 周/s），使样品受到均匀的磁场强度作用。在此过程中，射频振荡器的线圈在样品管外向样品发射固定频率的电磁波（如氢谱 60/100MHz），射频接收线圈探测核磁共振时的吸收信号，由扫描发生器线圈连续改变磁场强度，进行由低场到高场的扫描。接收器和记录系统将产生共振吸收的信号，经放大并记录成核磁共振图谱。

四、电子自旋共振波谱技术

电子自旋共振（Electron Spin Resonance，ESR）波谱法是一种根据电子自旋共振波谱吸收程度，检查组织、细胞或者其提取液中的自由基，并通过朗达（Lande）g 因子的测定来推断自由基离子的存在状态的方法。

ESR 用于定性定量检测物质原子或分子中所含的不配对电子，探索其周围环境的结构特性，测定来推断自由基离子的存在状态，检查组织、细胞或者提取液中的自由基。电子自旋共振波谱法测试仪器如图 3.22 所示。

五、质谱与能谱技术

质谱（Mass Spectrum，MS）分析是一种测量离子质荷比（质量与电荷的比值）的分析方法，其基本原理是使试样中各组分在离子源中发生电离，生成不同质荷比的带电荷的离子，经加速电场的作用形成离子束，进入质量分析器。在质量分析器中利用电场和磁场使离子发生相反的速度色散，将它们分别聚焦而得到质谱图，从而确定其质量。质谱分析仪如图 3.23 所示。

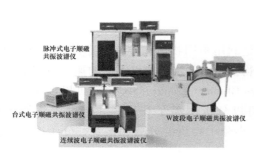

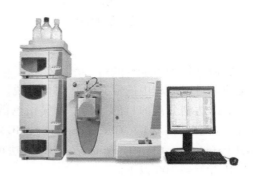

图 3.22　电子自旋共振波谱法测试仪器　　　　图 3.23　质谱分析仪

质谱技术是一种鉴定技术，在有机分子的鉴定方面发挥非常重要的作用。它能快速而极为准确地测定生物大分子的分子量，使蛋白质组研究从蛋白质鉴定深入到高级结构研究，以及各种蛋白质之间的相互作用研究。

能谱（Energy Spectrum，ES）分析是采用单色光源（如 X 射线、紫外线）或电子束照射样品，使样品中电子受到激发而发射出来，然后测量这些电子的产额（强度）对其能量的分布，从中获得有关信息的一类分析方法。这里主要介绍 X 射线能谱、X 射线光电子能谱、俄歇电子能谱。

X 射线能谱仪（X-ray Energy Spectrometer）用来对材料微区成分元素种类与含量分析，配合扫描电子显微镜与透射电子显微镜使用。其原理是各种元素具有自己的 X 射线特征波长，特征波长的大小取决于能级跃迁过程中释放出的特征能量 ΔE，能谱仪就是利用不同元素 X 射线光子特征能量不同这一特点来进行成分分析的。其可以探索元素范围为 Be4~U92，可以用于表面微区成分的定性和定量分析。

X 射线光电子能谱（X-ray Photoelectron Spectroscopy，XPS）分析可用于元素（除 H、He 以外的所有元素）的定性和定量分析、表面的化学组成或元素组成、原子价态、表面能态分布、测定表面电子的电子云分布和能级结构、化学键和电荷分布。

俄歇电子能谱（Auger Electron Spectroscopy，AES）分析是用具有一定能量的电子束（或 X 射线）激发样品俄歇效应，通过检测俄歇电子的能量和强度，从而获得有关材料表面化学成分和结构信息的方法。其可以探测 He 以后的所有元素，分析固体表面的组成、浓度、化学状态等。俄歇电子的激发方式虽然有多种（如 X 射线、电子束等），但通常采用一次电子激发。因为电子便于产生高束流，容易聚焦和偏转。俄歇电子的能量和入射电子的能量无关，只依赖于原子的能级结构和俄歇电子发射前它所处的能级位置。能谱分析原理如图 3.24 所示。

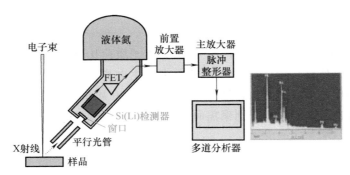

图 3.24 能谱分析原理

色谱（Chromatography）分析仪（图 3.25）是利用不同物质在不同相态的选择性分配，以流动相对固定相中的混合物，进行洗脱，混合物中不同的物质会以不同的速度沿固定相移动，最终达到分离的目的。其中，气相色谱（Gas Chromatography，GC）法可以定性、定量分析；离子色谱（Ion Chromatography，IC）法可以分析阴离子和阳离子；凝胶渗透色谱（Gel Permeation Chromatography，GPC）法可用于小分子物质的分离和鉴定，分子质量的范围从几百万到 100 以下。

图 3.25 色谱分析仪

六、选区电子衍射技术

选区电子衍射（Selected Area Electron Diffraction，SAED）由选区形貌观察与电子衍射结构分析的微区对应性，实现晶体样品的形貌特征与晶体学性质的原位分析。如图 3.26 所示，选区电子衍射借助设置在物镜像平面的选区光栏，可以对产生衍射的样品区域进行选择，并对选区范围的大小加以限制，从而实现形貌观察和电子衍射的微观对应。选区光阑用于挡住光阑孔以外的电子束，只允许光阑孔以内视场所对应的样品微区的成像电子束通过，使得在荧光屏上观察到的电子衍射花样仅来自于选区范围内的晶体。实际上，选区形貌观察和电子衍射花样不能完全对应，也就是说选区衍射存在一定误差，选区以外样品晶体对衍射花样也有贡献。选区范围不宜太小，否则将带来太大的误差。对于 100kV 的透射电镜，最小的选区衍射范围约为 0.5μm；加速电压为 1000kV 时，最小的选区范围可达 0.1μm。

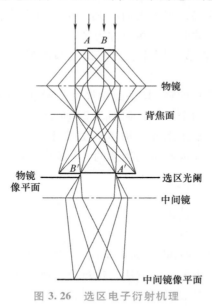

图 3.26　选区电子衍射机理

第四节　表面性能表征测试技术及分析方法

一、接触角测试技术

接触角是材料表面性质的重要参考指标之一，它可以反映材料与液体接触时的亲水性和疏水性。通过测量液体在材料表面形成的水滴或液滴与材料表面之间的夹角，可以判断材料表面的润湿性和表面张力。接触角测量在纺织、涂料、医疗材料、生物材料等领域中应用广泛。不同的接触角意味着不同的表面性质，因此接触角测量可用于材料选型、产品开发和评价。接触角测量仪如图 3.27 所示，主要用于测量液体与固体之间的接触角，即液体对固体的浸润性。

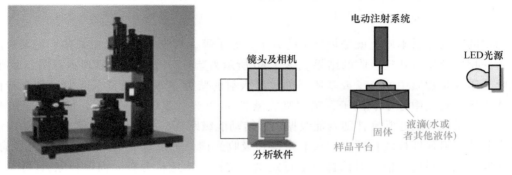

图 3.27　接触角测试仪及基本原理

接触角是指在固、液、气三相交界处，自固-液界面经过液体内部到气-液界面之间的夹角 θ，其被广泛应用于表面润湿性、毛细现象和移动接触线等的研究。通过接触角 θ 的数值可以判断表面亲、疏水性，从而分析液体能否在固体表面发生润湿行为。一般来说，$\theta = 0°$ 说明固体表面能完全被液体润湿，固体表面极其亲水且具有优良的铺展性能；$0° < \theta < 90°$ 表明液体可以润湿固体表面，此时的接触角称为亲水接触角，其中 $\theta < 5°$ 的表面称为超亲水表面；当 $90° < \theta < 180°$ 时，液滴在固体表面不出现润湿现象，称为疏水接触角，其中 $\theta > 150°$ 的表面称为超疏水表面。

光学接触角形貌联用仪是一款将 3D 表面粗糙度测量和接触角测量结合起来的产品，可在样品的同一位置精确测量这两个参数。如图 3.28 所示，3D 形貌模块是一种采用条纹投影相移技术的高分辨率三维形状采集系统。相移条纹照明图案依次投射到所研究的表面上，数码相机捕捉条纹图案，通过相移编码重建物体的 3D 形状，根据物体的 3D 形状计算出 2D 和 3D 粗糙度参数。

二、紫外-可见吸收光谱技术

紫外-可见吸收（Ultraviolet-visible Absorption）光谱技术是利用某些物质的分子吸收 10~800nm 光谱区的辐射来进行分析测定的方法，这种分子吸收光谱产生于价电子和分子轨道上的电子在电子能级间的跃迁，广泛用于有机和无机物质的定性和定量测定，分析物质的成分、结构和物质间相互作用，测定该物质的含量。紫外-可见吸收光谱法测试仪如图 3.29 所示。

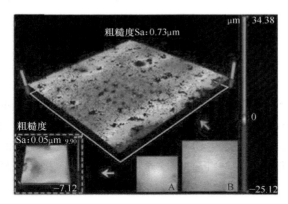

图 3.28　样品 3D 视图

图 3.29　紫外-可见吸收光谱法测试仪

物质的吸收光谱本质上就是物质中的分子、原子等，吸收了入射光中某些特定波长的光能量，并相应地发生跃迁吸收的结果。图 3.30 所示为紫外分光光度计原理示意图，紫外-可见吸收光谱就是物质中的分子或基团，吸收了入射的紫外-可见光能量，产生了具有特征性的带状光谱。物质中原子、离子、基团吸收紫外-可见光（200~800nm），价层电子发生跃迁。由于电子能级跃迁常常伴随着能级振动和转动能级跃迁，故光谱为宽谱。将分子因能级跃迁吸收的辐射强度按波长顺序记录下来得到吸收光谱，可以从光谱中吸收峰、谷、肩缝、末端吸收位置、强度等信息对该物质进行定量、定性、半定量分析。而原位紫外-可见光光谱可以对电化学反应物质随时间变化情况进行实时监测和分析，通过吸收峰位置和强度的变化推断出成分和浓度变化。

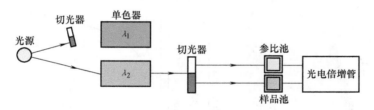

图 3.30　紫外分光光度计原理示意图

三、傅里叶变换红外吸收光谱技术

傅里叶变换红外光谱（FTIR）仪（图 3.31）是通过测量干涉图和对干涉图进行傅里叶变换的方法来测定红外光谱的，主要用来检测有机官能团，检验离子成键、配位等化学情况及变化。其原理是当红外光进入干涉仪时，分光器将光分成两个光束。第一个光束被定镜反射，而第二个光束被动镜反射。动镜会不断地前后移动，第二个光束会根据其位置而传播更长或更短距离。两个光束在分束器处再次相遇，并相互干扰。由于第二个光束传播距离的变化，从干涉仪发出的红外光束的频率分布不断改变。检测器记录此"干涉图"，通过计算机将信号强度与时间的函数傅里叶转换为频率谱，即信号强度与频率/波数的函数。

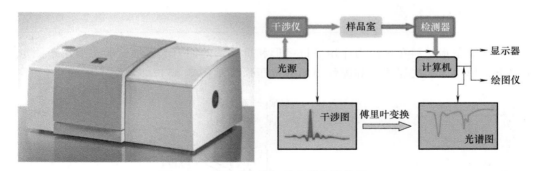

图 3.31　傅里叶变换红外光谱仪及其原理

第五节　综合力学性能表征测试技术

一、拉伸测试技术

材料力学性能测试试验结果取决于试件的形状、尺寸、装夹方式及测试方法，因此需要统一试验流程和标准。拉伸试验作为测试材料强度的基础试验，被广泛接受。

拉伸试验（图 3.32）是标准拉伸试样在静态轴向拉伸力不断作用下，以规定的拉伸速度拉至断裂，并在拉伸过程中连续记录力与伸长量，从而求出其强度判据和塑性判据的力学性能试验。强度指标有弹性极限、屈服强度、抗拉强度，塑性指标有断后伸长率、断面收缩率。

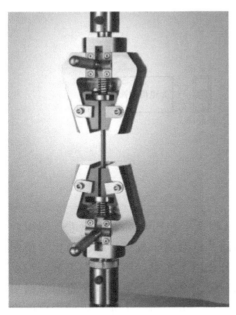
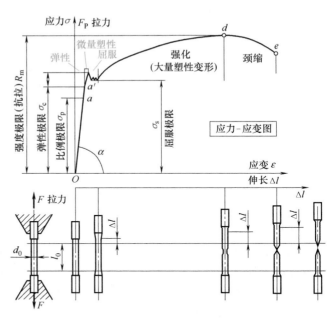

图 3.32　拉伸试验及其曲线

二、压缩测试技术

压缩性能是指材料在压应力作用下抗变形和抗破坏的能力。压缩试验主要用于测定材料在室温下，单向压缩的屈服点和脆性材料的抗压强度（图 3.33）。

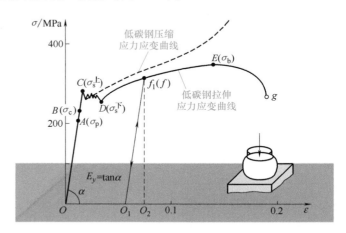

图 3.33　压缩测试仪器及测试曲线

三、弯曲测试技术

弯曲性能指材料承受弯曲载荷时的力学性能。弯曲试验主要用于测定脆性和低塑性材料（如铸铁、高碳钢、工具钢等）的抗弯强度和反映塑性指标的挠度，还可用来检查材料的表面质量，如图 3.34 所示。

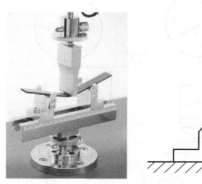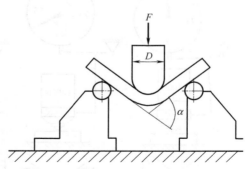

图 3.34 弯曲测试仪器及测试变形模式

四、剪切测试技术

剪切试验实际上就是测定试样剪切破坏时的最大错动力（图 3.35）。抗剪强度又称剪切强度，是材料剪断时产生的极限强度，反映材料抵抗剪切滑动的能力，在数值上等于剪切面上的切向应力值，即剪切面上形成的剪切力与破坏面积之比。

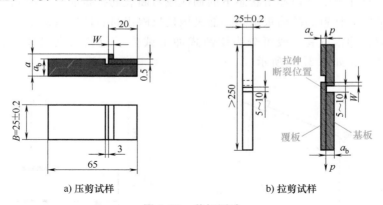

a) 压剪试样   b) 拉剪试样

图 3.35 剪切测试

五、硬度测试技术

硬度是衡量材料软硬程度的一种力学性能。在力学定义中，硬度是指材料抵抗表面局部形变的能力，即抵抗更硬物体压入其表面的能力。硬度更直观的感受体现在物体表面的塑性变形、压痕或划痕。硬度是材料弹性、塑性、强度和韧性等力学性能的综合指标。硬度测试是一种用于评估材料表面抵抗变形能力的测试方法，其原理主要基于对材料表面施加压头和一定载荷后，测量压痕的深度、直径或面积，从而确定材料的硬度值，如图 3.36 所示。硬度值是反应材料硬度大小的重要指标，常见的硬度测量的标准有布氏硬度（HBW）、洛氏硬度（HR）和维氏硬度（HV）。不同的硬度测试方法适用于不同的材料和场合。

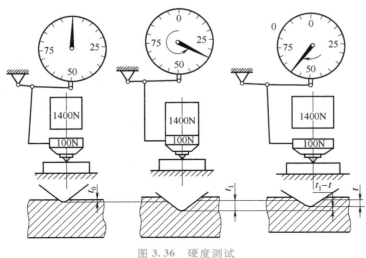

图 3.36　硬度测试

六、冲击测试技术

　　冲击试验是在冲击载荷作用下，测定材料吸收能量（冲击强度）的一种试验方法，用来衡量高分子材料在经受高速冲击状态下的韧性或对断裂的抵抗能力，因此冲击强度也称冲击韧性。冲击试验对材料的缺陷很敏感，能灵敏地反映出材料的宏观缺陷、显微组织的微小变化和材料质量。冲击试验一般可分为摆锤式冲击试验（包括简支梁冲击和悬臂梁冲击）和落球式冲击试验，如图 3.37 所示。

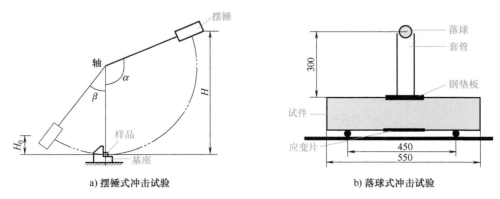

a) 摆锤式冲击试验　　　　　　　b) 落球式冲击试验

图 3.37　冲击试验

七、磨损测试技术

　　磨损是由于机械作用、化学反应（包括热化学、电化学和力化学等反应）材料表面物质不断损失或产生残余变形和断裂的现象（图 3.38）。磨损可以分为黏着磨损、磨粒磨损、疲劳磨损、腐蚀磨损、冲蚀磨损、微动磨损。

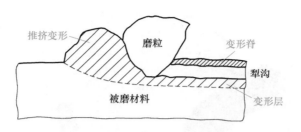

图 3.38 磨损测试失效示意图

第六节 生物功能材料表征测试技术综合应用实例

一、蝉翼表面光学性能测试分析

蝉作为古老的昆虫，在亿万年的自然环境变迁进程中进化出了与其生存环境相适应的机体结构，这使得部分蝉种得以存活至今。这种自然选择的方式赋予生物更加丰富的多样性，也为人们研究并学习这种自然智慧提供了途径。生物与其生存环境之间具有适配性，部分生物会因其在某一方面突出的功能而在相应环境中展现出更加强大的生存能力。因此，在特定环境下选择出具有优越性能的生物模本是选取仿生原型的原则。

为了探究蝉翼表面优异性能，采用光学接触角测量仪（OCA20，Dataphysics，德国）对其进行静态水接触角测量，采用光纤光谱仪（Ocean Optics USB 4000）对其进行反射光谱和透射光谱定量表征。涉及的蝉翼样品均为自然死亡的蝉，其体长为 4~5cm，翼展长度为 9~13cm。如图 3.39 所示，将蝉标本置于带有文字的背景上，在蝉翼透明区域可以清晰地观察到其背后的文字，这直观地表明了该蝉翼具有极高的光透过性。通过和透明载玻片在同一光源下的对比，鲜明地体现了蝉翼表面优良的防眩光效果，表明其具有突出的减反射性能。与此同时，激光束通过蝉翼表面时发生了集中光路分散现象，表明蝉翼也具有一定的散射效应。

进一步观察发现，蝉翼分为前翅和后翅，从外观上看，它们薄而透明，大致可分为透明区与脊脉区。蝉翼表面分布着的网格状脊脉属于支持结构，可以提高翅膀整体强度，保护蝉翼在运动过程中不会因气流冲击而发生不可逆变形或破裂。通过光谱仪进一步对蝉翼表面进行光学特性定量表征，蝉翼在可见光波段内的平均反射率约为 2%，远小于玻璃表面 8% 的反射率，且平均透射率高达 92%。蝉翼在宽波段内展现的高透减反特性为仿生减反射表面的研究提供了性能优异的天然蓝本。此外，蝉翼表面还具有一定的自清洁性能，为了便于观察，将甲基蓝染料混于水中，将液体滴加在翅面上，水滴形态呈现近球形，拍动桌面稍加振动后，大部分水滴迅速滚落，仅少部分黏附在脊等支撑结构上，黏附的水滴不易滚落但依然保持较高的水接触角，约为 138.8°，这表明蝉翼的透翅区和脊在自清洁性能上具有显著的差异性，透翅区呈现疏水自清洁性能，而脊等支撑结构具有疏水黏附性。

a) 天然蝉翼高透减反射特性

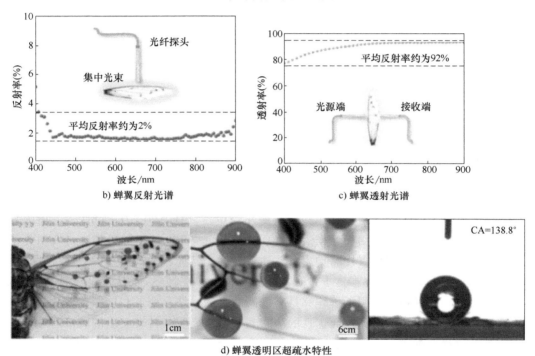

b) 蝉翼反射光谱

c) 蝉翼透射光谱

d) 蝉翼透明区超疏水特性

图 3.39　蝉翼高透减反射表面及其减反射自清洁性能

二、蝉翼高透减反射表面微观结构

生物功能表面的优异性能往往是其表面微观结构与组成成分共同作用的结果。为了进一步探究蝉翼的优异减反射性能与其表面分布的微观结构之间的关系，采用场发射扫描电子显微镜（JSM-6700F，JEOL）和原子力显微镜（AFM，Bruker Dimension Icon）分别对其结构进行了细致而全面的观察。

为避免天然蝉翼表面黏附灰尘、油脂、蛋白质等杂质而影响试验观察的准确性，需要对蝉翼样品进行预处理，其过程如下：①将生物样品浸泡于盛有适量丙酮的烧杯中，封口后超声清洗 15min，以去除表面黏附的蛋白质及脂肪等杂质；②将生物样品取出，浸泡于盛有大量去离子水的烧杯中，封口后超声清洗 15min，随后取出样品，自然阴干备用。将清洁的蝉翼切取适当大小（约 4mm×4mm）粘贴于导电胶上，由于该生物自身导电性极差，需要对其进行喷金处理以备后续观察。

如图 3.40 所示，对于蝉翼的黑色脊脉支撑结构来说，其上分布着微米级圆锥形毛状结构，其纵深比为 5~20。与此同时，对于蝉翼透明区域组织进行观察后发现，蝉翼透明区的截面厚度仅为 8~10μm，且在结构上与脊脉完全不同，蝉翼透明区分为上下层，均匀分布着亚波长级圆顶锥状（Dome Conical，DC）阵列结构，上层结构区对应于蝉翼正面，下层结构区对应于蝉翼腹面。蝉翼正面和腹面的结构十分相近，这些 DC 阵列结构在透明区域保持了高度地一致性，每个独立的结构单元都呈现出近似于 DC 的流线型结构，其基底圆直径约为（180±10）nm，顶部圆直径约为（90±10）nm，整体高度约为（325±15）nm，相邻结构单元之间的距离，即结构周期约为（200±10）nm。该阵列结构整体排布呈现出十分规则的六角形紧密排布状态。

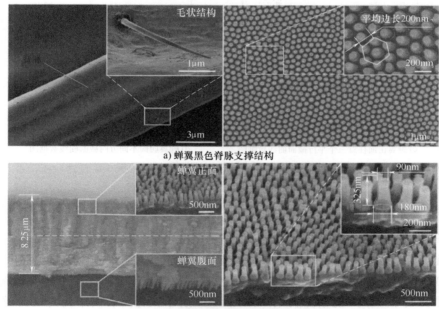

a) 蝉翼黑色脊脉支撑结构

b) 蝉翼圆顶锥状阵列结构

图 3.40   蝉翼表面微观结构

为了对蝉翼表面圆顶锥状阵列结构的形貌进行更加立体的观察，采用尖状探针的原子力显微镜对蝉翼表面进行深度精细描绘。扫描区域为蝉翼正面、腹面的透明区，扫描面积分别为 5μm×5μm。图 3.41a 和图 3.41b 分别为蝉翼正面和腹面的三维形貌成像图，图中个别位置的突出可能是由于蝉翼表面的不平整或探针在接触结构表面时由于结构单元受力发生扰动而产生了误差。在蝉翼正面任意取三个平行截面，获得的截面曲线数据如图 3.41c 所示，以 DC 阵列的平均高度作为基准，截面可以反映所涉及的个体结构单元在法向高度上的变化，将这一变化记为 Δy，在除去个别较为突出的位置后，截面 1、2、3 上的结构单元高度变化极差值均小于 30nm，截面曲线有大部分重合区，而在蝉翼的腹面，如图 3.41d 所示，改换不同方向的截取方式后也获得了类似结果，表明该蝉翼腹面同样具有较为稳定的形态分布特征。这些结果和 SEM 观测结果吻合，表明蝉翼透明区的正腹两侧均具有规则的 DC 阵列结构，这些结构体现出均一、稳定、各向同性的排布特点。

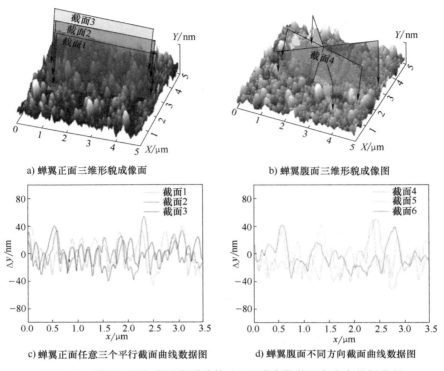

a) 蝉翼正面三维形貌成像面　　　　　　　　b) 蝉翼腹面三维形貌成像图

c) 蝉翼正面任意三个平行截面曲线数据图　　d) 蝉翼腹面不同方向截面曲线数据图

图 3.41　蝉翼正面和腹面微观结构 AFM 观察及其形态分布特征分析

三、蝉翼高透减反射表面成分测试

借助能量色谱仪（Oxford X-MaxN 150）定量描述其主要组成元素所占比例，再经过傅里叶变换红外光谱仪（Bruker EQUINOX 55）测定蝉翼组成成分中一些主要的官能团，以确定蝉翼的主要成分。EDS 能谱分析结果如图 3.42 所示，蝉翼表面结构的主要成分包括碳（C）、氮（N）、氧（O）。生物材料绝大多数含有有机成分，而碳、氮、氧正是其不可或缺的重要元素，因此这 3 种元素在元素总量中所占比例最大，其比例分别为 64.31%、14.02%、21.27%。与此同时，在众多元素强度峰之中还出现了明显的金（Au）元素特征峰，这是由于蝉翼本身并不导电，对其进行喷金处理可以改善其导电性，以便进行相应的形貌与元素成分的分析。而蝉翼表面成分中还含有极少的氯（Cl）元素和钾（K）元素，其含量几乎可以忽略不计。

在确定基本元素后，结合官能团的测定有助于进一步分析生物样本材料的主要成分，因此借助于傅里叶红外光谱对蝉翼表面官能团的种类进行确定。由于昆虫翅膀大多成分为甲壳素，因此特选取甲壳素的傅里叶红外光谱曲线作为参照，将实际测得的蝉翼成分与甲壳素成分对比，结果如图 3.43 所示，与单一甲壳素成分相比，蝉翼的特征峰有所不同，其组成成分更为复杂，在 1550cm^{-1} 和 1680cm^{-1} 处的特征峰为酰胺官能团的酰胺谱带 Ⅱ 和酰胺谱带

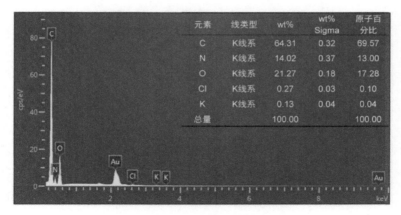

图 3.42　蝉翼的 EDS 能谱分析

Ⅰ，前者由 N—H 弯曲耦合的 C═O 伸缩振动引起，后者为 N—H 弯曲耦合的 C—N 伸缩振动引起，这两个特征峰表明蝉翼中含有甲壳素和蛋白质成分，从 $2848 \sim 2968 \mathrm{cm}^{-1}$ 之间的特征峰为 $\mathrm{CH_2}$ 和 $\mathrm{CH_3}$ 的对称伸缩振动峰及其反对称伸缩振动峰。综合以上结果可知，在蝉翼表面存在蜡质层。

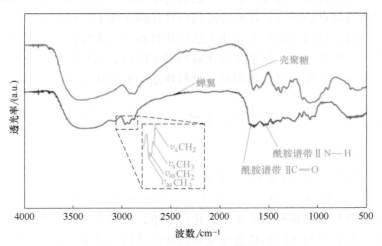

图 3.43　蝉翼与甲壳素的 FTIR 谱图

本章习题

1. 举例说明自然界具有疏水特征的生物并简述其机理。
2. 列举几种常见的结构表征测试手段。
3. 简述拉曼光谱、傅里叶红外光谱、XRD 测试能够获得的信息。
4. 举例说明生物材料常见的功能特性。

第四章
仿生结构化材料表征测试技术

　　仿生结构化材料是受生物结构信息启发设计的新型人造材料，通常保留了关键生物结构信息并表现出远超传统结构化材料的优异功能，是新材料领域发展速度最快、活力最强的分支之一，代表了仿生结构化材料技术的发展前沿与重要方向。因此，根据不同仿生结构化材料中继承的生物结构信息的特点，选取合适的现代化测试技术，有助于全面认识、深入理解生物信息与仿生结构化材料测试技术在仿生结构化材料中的重要作用。本章概述了仿生结构化材料的基本情况，着重介绍了仿生结构化材料形貌结构、物相成分、表面性能、力学性能测试表征常用技术及其在集雾器、水凝胶等材料体系中的应用实例。

第一节　仿生结构化材料概述

第四章　第一节　视频课

一、仿生结构化材料的定义与内涵

　　自然界中的动物和植物在长期的生命进化过程中，为适应各种恶劣的自然环境，维系自身的生存和发展，形成了与环境和功能需求相适应的结构与功能。长期以来，大自然是人类社会科技进步的重要灵感来源，在动植物的启发下，人类创造出了能模仿自然生物特定功能的工具或材料，并且这些生物材料表现出传统人工合成材料无法比拟的优异性能（图 4.1）。这种从自然界汲取灵感并模仿生物系统中发现的显著特性和功能的材料被称为仿生结构化材料。仿生结构化材料具有原型生物体的优良特性，并具有广泛的应用价值。目前，仿生结构化材料的设计制备与测试表征已成为化学、材料、机械、力学和医学领域共同关注的热点。

二、仿生结构化材料的研究内容

　　仿生结构化材料研究的主要特点是需要多学科交融发展以揭示大自然的奥秘，涉及生物学、材料科学、工程力学和机械设计等多学科领域。仿生结构化材料的研究一般分为 3 个阶段：①生物材料结构功能认识；②生物材料构效关系研究；③仿生结构化材料设计与性能测

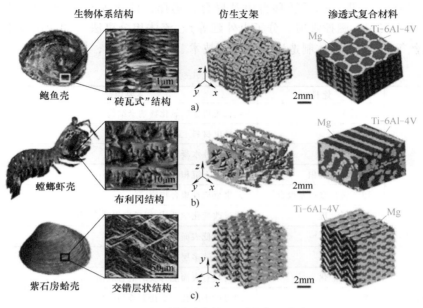

图 4.1　仿生结构化材料与天然生物材料的比较

试。第一阶段主要是从大自然中探求具有优异独特功能的生物材料作为研究对象，从中寻求新型仿生结构化材料的设计方法和灵感；第二阶段的研究内容包括探究生物材料的表面结构、截面微结构、三维构型拓扑规律及其功能形态之间的关联性等，并结合工程力学测定其力学性能参数，研究材料的性能变化规律，从而揭示生物材料的构成机理和运行机制；第三阶段深入到仿生学的高度，建立仿生结构化材料的创成技术来实现优于原生物材料的仿生设计方法和理念，由此研制新型仿生复合材料为人类所用。

仿生结构化材料的研究期望通过结构仿生和功能仿生及其理论计算与模拟，获得高效、低能耗、环境和谐与快速智能应变的新材料及其新性质。人类研究仿生的目的不仅是要去模仿生物材料的结构形式，而且要观察、分析生物结构现象，探索其规律，理解其实质，并将其用到现代材料及器件的设计和制备中。仿生结构化材料研究的方法包括：①明确目标材料存在的问题；②在自然界中寻找相关的材料体系，并研究其内部结构、性能的规律，发现其实质，直接或间接地获得灵感，启发思维建立模型并进行定量计算；③提出新材料模型，优化材料设计并用模型材料验证理论模型；④实际制备新材料，在制备应用过程中不断完善所建模型，并据此制备材料，直至可应用于实际工程中。

三、仿生结构化材料的设计方法

仿生结构化材料是参照具有独特结构、性能关联的生物材料模型，利用与生物组分类似性能的材料构建细观结构，制备出的高性能复合材料。考虑到生物材料在生长过程中形成的从纳米到宏观尺寸的多级次有序结构，仿生结构化材料中存在大量可调的结构优化参数。为了实现对仿生结构化材料力学性能的优化分析，需要有合适的方式制备仿生材料，实现对宏观大尺寸材料内部微纳仿生结构的精确控制。目前仿生结构化材料的制备方法分为化学法

（如溶剂热、等离子处理、原子转移自由基聚合、选择性催化等）、机械处理法、物理气相沉积法（如激光沉积、磁控溅射、分子束外延等）、流体相分离法（如涂层技术、呼吸图案法、静电纺丝等）、结构整体制造法（如光刻技术、3D 打印等），见表 4.1。

表 4.1　常见仿生结构化材料的制备方法

类型	途径	主要用途	方法
化学法	溶剂热法	生长无机金属氧化物纳米结构	形貌
	电化学法	在导电材料上造成腐蚀或沉积	形貌
	溶胶-凝胶法	制备柔性水凝胶或凝胶体	形貌
	化学气象沉积	在基底上沉积薄膜或纳米结构	形貌
	原子转移自由基聚合	共聚反应性聚合物刷	化学
	等离子处理	通过改变化学性质/粗糙度来改变润湿性	化学
	氟化处理	通过降低表面能获得超疏水性	化学
	层层自组装	通过组装多层膜进行修饰	化学
	选择性催化	制备具有表面能梯度的混合表面	化学
机械处理法	磨损	通过微小的化学变化调节粗糙度	形貌
物理气相沉积法	激光沉积	精准改变表面结构/组成	形貌
	磁控溅射	在基底上沉积薄膜	形貌
	分子束外延	在基底上沉积晶体膜	形貌
流体相分离法	涂层技术	用新结构覆盖原有材料	化学
	呼吸图案法	制备多孔微/纳结构	形貌
	静电纺丝	在基底上制备纳米级聚合物薄膜	形貌
结构整体制造法	光刻技术	获得柔性/坚固仿生结构	形貌
	3D 打印	复制及制备 3D 结构	形貌

四、仿生结构化材料的发展趋势

仿生结构化材料学综合了材料、生物、信息以及能源等多门学科与技术，立足于天然生物的优越性能和独特结构特征进行新材料的设计和制备，以仿生学为切入点，不断优化和改进材料性能及结构设计理念，制备出各种性能优异的工程材料。近几十年来，仿生技术从宏观向微观发展，衍生出了形貌仿生、分子仿生等研究领域。其中形貌仿生通过模仿动植物的特殊形态或宏观结构，以实现特定的功能；分子仿生则通过模仿生物体内酶的催化作用以及其他生物大分子的结构与功能，合成仿生结构化材料，用于不同的研究领域。

大自然为设计垂直结构提供了许多奇妙的原型。研究人员受到原型的强烈启发，在功能材料中设计类似的垂直排列结构，因为天然垂直结构也能承受生物体或具有其他重要功能的物质，如实现水、离子和营养的定向转移，以及具有传感和黏附能力。如图 4.2a～d 所示，天然树木垂直于地面，在宏观尺度上形成柱状结构，而在微观尺度上，树干中存在大量垂直输水的木质部导管，以确保从地面到树梢提供足够的水分。一些参天大树的树干呈放射状纹理，既保证了生长养分自下而上的传递，又确保了养分从中心向树枝的径向输送。受树木传质的这些优点的启发，人们开发出了模仿这些垂直结构的人造材料，以改善离子或溶剂的定向输运，用于能量储存或水处理。其他例子包括活体动物的器官，如野猪的胃、牦牛的角和龙虾的牙釉质（图4.2e）。这些器官的微观结构呈现出垂直于外部环境的层状结构，因此它们可以在体外经受住任何强烈的冲击和攻击，以保护自己。受这些结构的启发，一些研究人员在聚合物复合材料中制造了类似的垂直结构，可作为机械增强材料（图4.2f）。壁虎的脚趾是另一种常见的垂直结构原型（图4.2g）。脚趾上的毛发垂直于脚趾表面，对任何物体都有良好的附着力，并且可以可逆地剥离。受此启发，具有垂直触角结构的人造材料已经开发出来以改善黏附功能。

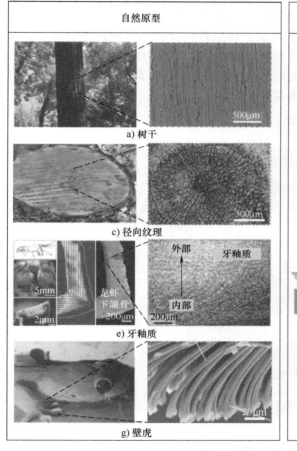 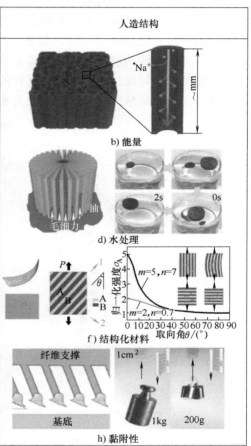

图 4.2　自然界中垂直结构原型及仿生结构化材料

　　仿生结构化材料因其独特的结构、优异的性能常用于水环境化学的研究，尤其是污染化学及污染控制化学的研究。在水环境化学领域的研究中，最初利用生物材料的方法是提取生物分子，直接使用这些分子或者从它们中分离活性亚单元构建水环境化学研究体系，如图4.3所示。

　　随着化学技术的进步与微纳材料领域的蓬勃发展，将生物或仿生活性单元与合成材料进行重组并构建为新型材料变成了可能，这一技术路径也成仿生领域的研究热点之一；更进一步地，从生物分子的结构与功能中获取灵感，直接设计新型材料成了更为直接的仿生材料合

图 4.3 分子仿生材料的大致发展路径

成途径，其优势在于既可以模仿生物分子的功能，又可以按照使用场景的需求调控材料性能。对于形貌仿生而言，随着纳米材料可控合成技术的发展，仿生结构化材料也在水环境化学研究领域中引起了广泛的关注。

这些仿生结构化材料在水环境化学领域中主要被应用在催化氧化、催化还原去除水中的污染物，以及污染物的检测方面，如图 4.4 所示。这些材料通过模仿或改进生物分子的结构，产生与其类似的功能，并在此基础上结合水环境化学领域的具体需求进行改良，以获取全新的功能与实用特性。仿生结构化材料的创造是水环境化学领域新技术开发、新原理揭示的重要途径，是该领域向前发展的推动力来源之一。

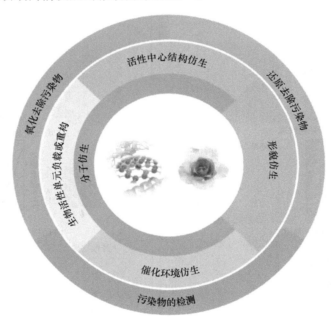

图 4.4 仿生结构化材料的构建方法及其在水环境化学研究中的应用

随着仿生 3D 打印技术的进步，通过模仿具有独特结构和性能的自然或生物物质，越来越多的高性能材料（如金属、陶瓷、聚合物、复合材料和活细胞）被制造出来，可用于各种生物医药领域。此外，纳米复合材料和水凝胶等仿生高分子材料近年来在日益发展的组织工程领域受到越来越多的关注。仿生 3D 打印技术在生物医学应用方面的最新进展包括支架、芯片实验室、药物输送、微血管网络、人造器官和组织（图 4.5）。这种受生物原型启发，通过多种生物材料和仿生结构的仿生设计为生物医学工程领域的医疗保健问题的治疗带来了新的进展。例如，传统的金属和陶瓷生物材料已被研究并应用于构建仿生支架辅助微环境。仿生 3D 打印技术的发展为开发具有前所未有功能的生物医学设备提供了潜在工具。

自然结构和材料体系为生物医学设备的新设计提供了无限的灵感，研究人员们对不同形状及结构的任意形态生物进行 3D 打印，如图 4.6 所示。先进制造和仿生设计结构和材料系统相结合，开创了新一代医疗保健生物医学设备。研究人员和科学家已经广泛开发了各种先进的增材制造技术，以生产具有仿生结构和仿生材料系统的生物医学功能器件。仿生 3D 打印技术作为一种很有前途的新技术，解决了具有仿生结构和材料的生物医学设备的一些制造挑战。

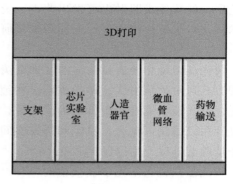

图 4.5　仿生 3D 打印在生物医学和组织工程中的应用

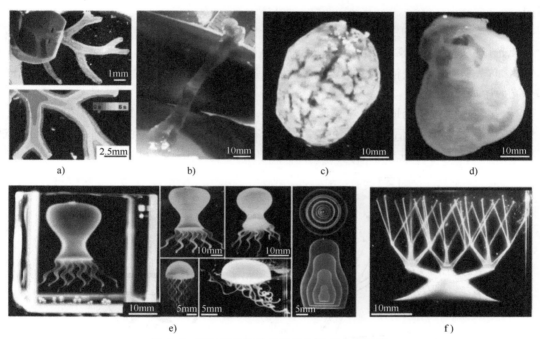

图 4.6　不同形状及结构的任意形态生物打印

第二节　常见仿生结构化材料表面性能测试技术

第四章　第二节、第三节　视频课

一、荧光显微镜技术

（一）荧光显微镜概述

荧光显微镜（Fluorescence Microscope）是以紫外线为光源，用以照射被检物体，使之发出荧光，然后在显微镜下观察物体的形状及其所在位置的仪器（图 4.7）。某些材料受紫外线照射后会自发发出荧光，另外一些物质本身虽不能发荧光，但如果用荧光染料或荧光抗体染色后，经紫外线照射也可发出荧光，荧光显微镜技术就是对这两种物质进行定性和定量研究的工具之一。

荧光显微镜和普通显微镜的区别是荧光显微镜照明方式通常为落射式，即光源通过物镜投射于样品上，荧光显微镜有两个特殊的滤光片，光源前的滤光片用以滤除可见光，目镜和物镜之间的滤光片用于滤除紫外线，用以保护人眼。

荧光显微镜也是光学显微镜的一种，其与普通显微镜的主要区别是二者的激发波长不同，由此决定了荧光显微镜与普通光学显微镜结构和使用方法不同。

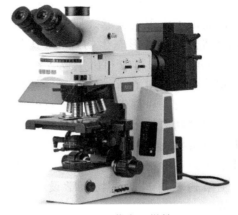

图 4.7　荧光显微镜

（二）荧光显微镜的工作原理

荧光显微镜的成像原理如图 4.8 所示。

1）首先，荧光显微镜使用的光源能够发出强烈的紫外线，经过激发滤色镜，过滤掉一部分光源中的可见光。

2）接着，通过聚光镜将紫外线聚焦于样品，诱发样品上的荧光物质发射荧光。

3）最后，经过物镜后的阻断滤色镜，阻止所有的紫外线通过，只允许通过诱发的荧光通过。

结合荧光显微镜的主要部件，荧光显微镜的光路，如图 4.9 所示。

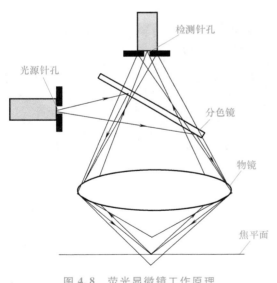

图 4.8　荧光显微镜工作原理

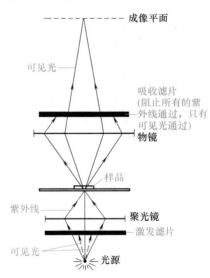

图 4.9　荧光显微镜光路图解

1）光源：超高压汞灯，可以产生强光，含有大量的紫外线和蓝紫光。

2）滤片系统：荧光显微镜也有卤素灯提供自然光源，具有和普通光学显微镜相同的功能。

3）激发滤片：过滤光源中一部分可见光，提供一定波长的激发光。

4）吸收滤片：透过相应波长范围的荧光，阻断或者吸收剩余的激发光。

5）二向分色镜：透过长波光线和反射短波光线。

6）孔径光阑：决定显微镜像的分辨力和反差的重要光学部件之一。

7）视场光阑：控制标本照明区域的大小，阻止对于像的形成所不需要的光线进入标本。

二、3D 光学表面轮廓测试技术

（一）3D 光学表面轮廓仪概述

3D 光学表面轮廓仪（图 4.10）是一款用于对各种精密器件及材料表面进行亚纳米级测量的检测仪器。它是以白光干涉技术为原理、结合精密 Z 向扫描模块、3D 建模算法等对器件表面进行非接触式扫描并建立表面 3D 图像，通过系统软件对器件表面 3D 图像进行数据处理与分析，并获取反映器件表面质量的 2D、3D 参数，从而实现器件表面形貌 3D 测量的光学检测仪器。3D 光学表面轮廓仪具有高精度、高速度、非接触式等优点，能够实现对复杂曲面的测量。可使用非接触方式，替代部分触针式轮廓形状测量仪，擅长毫米至十微米左右的测量，仅需 4s 左右即可测量数平方毫米的范围。通过使用白色 LED 发射特殊的条纹形状光，可高精度实现粗糙度、起伏及形状的测量。配备高灵敏度 CMOS，可在扫描的同时拍摄产品的实际外观形貌，能同时进行观察与测量。

（二）3D 光学表面轮廓仪的工作原理

3D 光学表面轮廓仪主要由高分辨率的光学干涉成像系统、实现相移运动的精密位移系统、图像采集系统，以及图像数据处理系统组成，其中光学干涉成像系统为 3D 光学表面轮廓仪的核心部分。

干涉成像系统的简化示意图如图 4.11 所示，在该光路结构中采用同轴照明系统，从光源发出的光束经透反射镜反射进入物镜，由分光镜分束后分别经参考镜和被测镜表面反射后汇聚并产生干涉。将参考镜沿光轴方向做位移运动，同时探测器记录干涉场各点的光强值，通过计算得到被测表面的 3D 形貌。

71

图 4.10 3D 光学表面轮廓仪

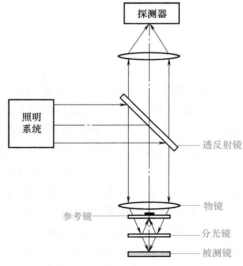

图 4.11 干涉成像系统的简化示意图

图 4.12 所示为 3D 光学表面轮廓仪测量原理图，光学系统可采用基本的 Michelson 式干涉仪结构，只是在参考镜后安装有微驱动装置，而被测样面表面代替了另一个反射镜。测量时通过计算机控制微驱动装置的进给带动参考镜的进给，这样被测样本表面的不同高度平面就会逐渐进入干涉区，如果在充足的扫描范围内进给，被测样本表面的整个高度范围都可以通过最佳干涉位置。将每步的干涉图样由图像传感器采集，视频信号通过图像采集卡转换成数字信号并存储于计算机内存中，利用与被测样品表面对应的各像素点相关的干涉数据，基于白光干涉的典型特征，通过采用某种最佳干涉位置识别算法对干涉图样数据进行分析处理，提取出特征点位置，进而很容易得到各像素点的相对高度，这样便实现了对 3D 形貌的测量。

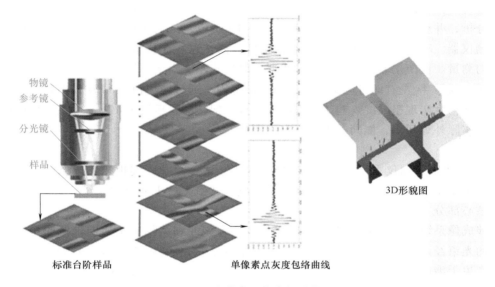

物镜
参考镜
分光镜
样品
标准台阶样品
单像素点灰度包络曲线
3D形貌图

图 4.12　3D 光学表面轮廓仪测量原理图

三、BET 比表面积测试技术

（一）BET 比表面积测试法概述

BET 比表面积测试法，简称 BET 测试法，BET 是三位科学家（Brunauer、Emmett 和 Teller）的首字母缩写，三位科学家从经典统计理论推导出的多分子层吸附公式，即著名的 BET 方程，成为颗粒表面吸附科学的理论基础，并被广泛应用于颗粒表面吸附性能研究及相关检测仪器的数据处理中。图 4.13 所示为 BET 比表面积分析仪，其利用固体材料的吸附特性，借助气体分子作为"量具"来度量材料的表面积和孔结构，可测试得到材料的比表面积、总孔容、孔径分布和吸脱附曲线等数据。

BET 多分子层吸附理论的表达方程即 BET 方程，推导所采用的模型基本假设为：①固体表面是均匀的，发生多层吸附；②除第一层的吸附热外其余各层的吸附热等于吸附质的液化热。推导有热力学角度和动力学角度两种方法，均以此假设为基础。BET 理论的最大优势是考虑到了由样品吸附能力不同带来的吸附层数之间的差异，这是与以往标样对比法最大的区别；BET 方程是现在行业中应用最广泛、测试结果可靠性最强的方法。

（二）BET 比表面积测试法原理

比表面积测试方法主要分为连续流动法（即动态法）和静态法。动态法是将待测粉体样品装在 U 形样品管内，使含有一定比例吸附质的混合气体流过样品，根据吸附前后气体浓度变化来确定被测样品对吸附质分子的吸附量。静态法根据确定吸附量方法的不同分为重量法和容量法。重量法是根据吸附前后样品重量变化来确定被测样品对吸附质分子的吸附量，由于分辨率低、准确度差、对设备要求很高等缺陷已很少使用；容量法是将待测粉体样品装在一定体积的一段封闭的试管状样品管内，向样品管内注入一定压力的吸附质气体，根据吸附前后的压力或重量变化来确定被测样品对吸附质分子的吸附量。动态法和静

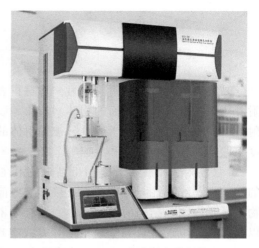

图 4.13　BET 比表面积分析仪

态法的目的都是确定吸附质气体的吸附量。吸附质气体的吸附量确定后，就可以由该吸附质分子的吸附量来计算待测粉体的比表面。

由吸附量来计算比表面的理论很多，如朗格缪尔吸附理论、BET 吸附理论、统计吸附层厚度法吸附理论等。其中 BET 理论在比表面计算方面在大多数情况下与实际值吻合较好，被比较广泛地应用于比表面测试，通过 BET 吸附理论计算得到的比表面又叫 BET 比表面。统计吸附层厚度法吸附理论主要用于计算外比表面。

四、滚动角测试技术

（一）滚动角概述

滚动角是一种表征材料表面润湿性的重要手段，它能直观反映出固体表面接触角滞后大小。滚动角的定义为一定体积的液滴从固体倾斜表面刚好发生滚落时所需的最小倾斜角度，用 α 表示（图 4.14）。一般来说，滚动角越小，固体表面对液体的黏附性越弱，液滴的滑动性能越好。

（二）滚动角测试原理

图 4.15 所示为滚动角测试仪，一般采用倾斜板法测量液滴的滚动角。倾斜板法是将一足够大体积的液滴置于待测的样品表面后，缓慢地倾斜样品表面，同时跟踪液滴形状（包括接触角值）和位置的变化。刚开始时液滴不一定立即发生移动，而只是其中的液体由上方（高位）向下方（低位）转移，使得下方的接触角不断地增大，而上方的接触角则

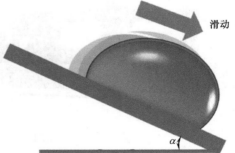

滑动

图 4.14　滚动角示意图

不断地变小。当表面倾斜到一定角度时，液滴开始发生滑动。液滴下方发生滑动前夕对应的接触角（最大）就是前进接触角，而液滴上方发生滑动前夕对应的接触角（最小）就是后退接触角。液滴整体刚刚开始发生滑动时的倾斜角 α 称为起始滚动角。

五、黏附性能测试技术

（一）黏附力概述

黏附力指某种材料附着于另一种材料表面的能力。附着材料一般指液体或粉状固体，被附着体是指具有一定表面的物体。油漆、胶水是常见的黏附材料。黏附力大小不仅取决于黏附材料的分子结构和化学成分、被黏附体的表面特性，还与发生黏附的外在条件有关，如温度、湿度、辐射、振动和风速等。

"强黏附、易脱附"是仿生黏附技术在工程应用中的基本力学需求，特别是黏脱附切换的便捷性、经济性与可靠性，直接影响界面操控自动化的实现程度。壁虎、苍蝇、蜘蛛等生物依靠足底刚毛结构的角度控制，拥有了攀岩走壁的全空间运动能力。近年来国内外学者借以热、光、电、磁及类壁虎角度等方式实现了仿生黏附-脱附控制，甚至展现出了足以媲美生物黏脱附控制的能力，为仿生黏附技术的工程应用奠定了基础。因此，仿生材料的黏附性能测试尤为重要。

（二）黏附性能测试原理

常用的黏附性能测量方法包括剥离试验、拉伸试验、划痕试验、双悬臂梁试验等。其中，剥离试验的操作和数据分析过程相对简单，是最为常用的方法，对应的剥离强度试验机如图4.16所示。剥离试验通常用于测量材料（一般为黏合剂）的结合强度。剥离强度是以180°的分离角度将结合材料分离，再结合线单位宽度上的平均载荷。剥离试验用的试件之一为柔性材料（如金属蒙皮、织物、橡胶、皮革等），另一试件可以是刚性材料（如金属梁等）或者柔性材料。当接头承受剥离力作用时，被黏物的柔性部分首先发生塑性变形，然后胶接接头慢慢被撕开。

图4.15　滚动角测试仪

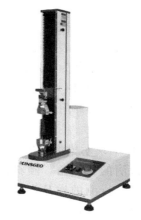

图4.16　剥离强度试验机

六、极片浸润性测试技术

（一）极片吸液速率测试概述

极片浸润性主要通过接触角测量，接触角测试仅在同样面密度条件下适用，无法准确判断极片吸液性能。极片吸液速率测试系统集成输液、计量、视觉监控系统，以及多功能软硬件控制系统，用于精密评价测量是极片、隔膜等样品的吸液速率的新型测试。

（二）极片吸液速率测试原理

极片吸液速率测试技术广泛应用于测试电解液浸润效果，电解液浸润速率测试装置示意图如图 4.17 所示，装置处于惰性气体保护氛围中。电解液容器放置在可加热的升降平台上，平台升降通过电机驱动，可以精确控制位移。极片样品悬挂在电子天平上，控制升降平台使极片样品浸没在电解液中 5mm。数据采集器实时记录样品重量增加数据，通过质量-时间（m-t）数据，分析极片的电解液浸润速率。

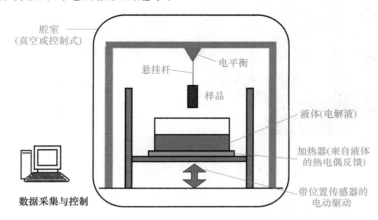

图 4.17　电解液浸润速率测试装置示意图

电极中的电解质润湿过程是由毛细管力驱动的自发液体吸附过程，忽略惯性和重力的影响，因此电极中电解液重量随时间变化的关系可用修正的 Lucas-Washburn 方程描述，即式（4.1）和式（4.2）。

$$\frac{\Delta m}{\rho_{\text{sol}} A_{\text{e}}} = K\sqrt{t} \tag{4.1}$$

$$K = P\sqrt{\frac{\bar{r}_{\text{eff}} \gamma_{\text{lv}} \cos\theta}{2\eta}} \tag{4.2}$$

式中，t 为时间；Δm 为 m-t 曲线中电解液的质量；ρ_{sol} 为溶液密度；A_{e} 为极片样品的横截面积；K 为电解液在多孔电极的浸润速率；P 为电极孔隙率；$\bar{r}_{\text{eff}}$ 为电极有效孔径；γ_{lv} 为电解液溶液表面张力；θ 为电解液与电极接触角；η 为电解液黏度。

第三节　多工况仿生结构化材料力学性能测试技术

一、轴向拉伸测试技术

材料力学性能测试试验的结果取决于试件的形状、尺寸、装夹方式以及测试方法。因此，需要统一试验流程和标准。拉伸试验作为测试材料强度的基础试验，被广泛接受。

如图 4.18a 所示，最常用的是单轴拉伸试验（沿中心轴线施加载荷），以规定的速率均匀地拉伸试样，记录拉力和伸长量。推导出应力-应变曲线、屈服强度、抗拉强度和断裂伸长率等材料参数。此外，还有双轴拉伸试验，如图 4.18b 所示。

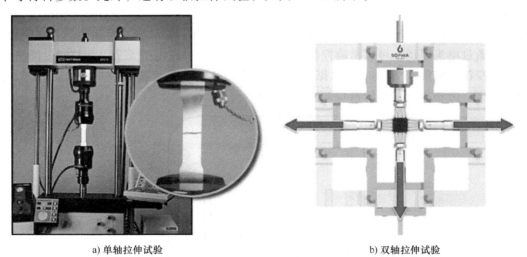

a) 单轴拉伸试验   b) 双轴拉伸试验

图 4.18　单轴拉伸试验和双轴拉伸试验

二、应力疲劳测试技术

疲劳耐久极限是通过高周疲劳试验来测定的，因此对材料应力疲劳的研究自然带动了应力控制疲劳试验机的发展和不断革新。图 4.19 所示为旋转弯曲疲劳试验机。此类装置通过控制试样端部的挠度而实现对试样工作部分的载荷（应力）控制。该机以检验试件承受恒定弯矩（或力）的情况下旋转，在交变应力作用下试件涂层抗周期性机械应力的性能进行分析。

三、断裂力学测试技术

图 4.19　旋转弯曲疲劳试验机

任何材料都不可避免地存在着类似于裂纹的缺陷，它们或是结构材料固有的，或是制造加工过程中造成的，也可能是使用过程造成的损伤。这种缺陷的存在和扩展，大大降低了结构的承载能力，甚至使其失效。相对于材料的疲劳特性测试技术来说，断裂性能测试与评价是一门较新的试验技术。常用的表征断裂特性的参量有临界应力强度因子、临界裂纹张开位移和 J 积分的断裂临界值等。断裂力学在工程中的应用已相当普遍，为了对工程结构做断裂分析，必须先通过试验，获得材料或结构的断裂特性数据。

其中，三点弯曲试验是断裂韧性测试中应用最广的一种，因试验中对试样进行三点弯曲加载而得名。三点弯曲试验如图 4.20 所示，它用于测定应力强度因子、裂纹张开位移和 J 积分等参量。试验中通过测得的载荷-位移（裂纹嘴张开位移或施力点位移）曲线，可计算出与临界条件相应的参量值。

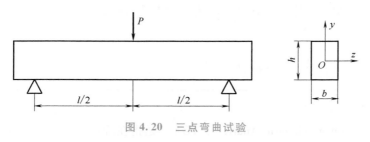

图 4.20　三点弯曲试验

四、腐蚀环境测试技术

通过腐蚀试验，可以掌握材料与环境所构成的腐蚀体系的特性，从而进一步了解腐蚀机制，然后对材料的腐蚀过程进行控制，达到延长材料寿命的目的。应力腐蚀和腐蚀疲劳试验对海上船体、海洋采油平台、核反应堆、承受腐蚀环境的飞机和汽车构件等都很有必要。最真实直接的金属材料海洋腐蚀试验方法当属室外实海腐蚀试验，图 4.21 所示为模拟深海低温超高压含侵蚀性离子应力腐蚀试验装置，该设施能够有效地模拟并实现加速腐蚀的室内模拟腐蚀试验，对研究金属材料的海洋腐蚀规律也具有重要意义。

五、高低温测试技术

高低温测试是用来确定材料在高温和低温气候环境条件下工作性能适应性的方法。超高温材料和结构被广泛应用于航空航天等高新技术领域，遭受的使役环境温度越来越高，材料的超高温力学性能理论表征与测试是研究热点。高温试验一般是将产品置于恒温箱或恒温室内进行试验，如图 4.22 所示。介质的温度用温度计在不同位置测定，取其算术平均值。但要求箱内温度尽可能均匀，通过热空气流动加热产品，不应使试验样品靠近热源。为减少辐射影响，试验箱的壁温不应高于环境温度3%。低温试验一般在低温箱（室）内进行，其温度一般靠人工制冷的方法获得。在低温箱的有效工作空间内，用强迫空气循环来保持低温条件的均匀性。

图 4.21　模拟深海低温超高压含侵蚀性离子应力腐蚀试验装置

图 4.22　高温试验箱

第四节　热力学性能表征测试技术及基本原理

一、热重分析法

（一）热重分析法概述

热重分析（Thermogravimetric Analysis，TGA）是指在程序控温条件下测量待测样品的质量与温度变化关系的一种热分析技术，可以用来研究材料的热稳定性和组分。

热重分析仪如图 4.23 所示，通过在程序控制温度下，测量物质的质量与温度或时间的关系。通过分析热重曲线，可以知道样品及其可能产生的中间产物的组成、热稳定性、热分解情况及生成的产物等与质量相联系的信息。

热重分析的主要特点是定量性强，能准确地测量物质的质量变化及变化的速率。根据这一特点，可以说只要物质受热时发生质量的变化，都可以用热重分析来研究。可用热重分析来检测物理变化和化学变化过程，这些物理变化和化学变化如升华、汽化、吸

图 4.23　热重分析仪

附、解吸、吸收和气固反应等都是存在着质量变化的。

（二）热重分析基本原理

图 4.24 所示为热重分析法实验装置示意图。热重分析的基本原理是利用样品在加热过程中发生的质量变化来研究其热分解反应。在热重分析实验中，将待测样品放置在热重分析仪中，并通过控制加热速率和加热温度来控制样品的加热过程。在加热过程中，热重仪会实时测量样品的质量变化情况，并将其记录下来。通过分析样品质量随温度的变化曲线，可以得到样品的热重曲线。

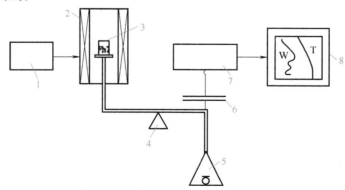

图 4.24　热重分析法实验装置示意图

1—温控　2—加热炉　3—样品杯　4—天平　5—砝码　6—电容换能器　7—放大器　8—记录仪

热重分析通常可分为两类：静态法和动态法。

（1）静态法　静态法包括等压质量变化测定和等温质量变化测定。等压质量变化测定是指在程序控制温度下，测量物质在恒定挥发物分压下平衡质量与温度关系的一种方法。等温质量变化测定是指在恒温条件下测量物质质量与压力关系的一种方法。这种方法准确度高，但是费时。

（2）动态法　动态法有微商热重分析。微商热重分析又称为导数热重分析（Derivative Thermosgravimetric，DTG），它是 TGA 曲线对温度（或时间）的一阶导数。以物质的质量变化速率（dm/dt）对温度 T（或时间 t）作图，即得 DTG 曲线。

二、差示扫描量热法

（一）差示扫描量热法概述

差示扫描量热法（Differential Scanning Calorimetry，DSC）测量的是与材料内部热转变相关的温度、热流的关系，应用范围非常广，特别是材料的研发、性能检测与质量控制。材料的特性如玻璃化转变温度、冷结晶、相转变、熔融、结晶、产品稳定性、固化/交联、氧化诱导期等，都是差示扫描量热仪的研究领域。

图 4.25 所示为差示扫描量热仪，与差热分析（Differential Thermal Analysis，DTA）相比，DSC 不仅可测定相变温度等温度特征点，其曲线上的放热峰和吸收峰面积还可分别对应到相变所释放/吸收的热量。而 DTA 曲线的放热峰和吸收峰则无确定的物理含义，只有在使用合适的参比物时，其峰面积才有可能被转换成热量。此外，因为 DSC 在实验过程中，参比物质和待测物质始终保持温度相等，所以两者之间没有热传递，在定量计算时精度比较高。

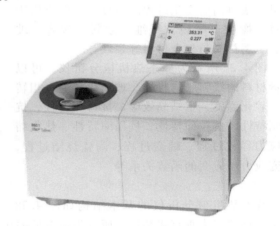

图 4.25　差示扫描量热仪

（二）差示扫描量热仪的工作原理

DSC 是在程序控制温度下，测量输给物质和参比物的功率差与温度关系的一种技术。差示扫描量热法有补偿式和热流式两种。试样和参比物容器下装有两组补偿加热丝，当试样在加热过程中由于热效应与参比物之间出现温差 ΔT 时，通过差热放大电路和差动热量补偿放大器，使流入补偿电热丝的电流发生变化，当试样吸热时，补偿放大器使试样一边的电流立即增大；反之，当试样放热时则使参比物一边的电流增大，直到两边热量平衡，温差 ΔT 消失为止。

在差示扫描量热中，为使试样和参比物的温差保持为零，在单位时间所必须施加的热量与温度的关系曲线为 DSC 曲线。曲线的纵轴为单位时间所加热量，横轴为温度或时间，曲线的面积正比于热焓的变化。图 4.26 展示了典型的 DSC 曲线。

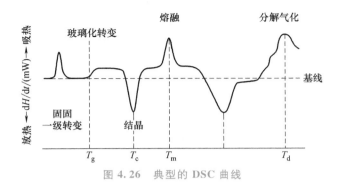

图 4.26　典型的 DSC 曲线

三、静态热机械分析法

(一) 静态热机械分析法概述

热机械分析（Thermomachanical Analysis，TMA）为使样品处于一定的温度程序（升/降/恒温及其组合）控制下，对样品施加一定的机械力，测量样品在一定方向上的尺寸或形变量随温度或时间的变化过程。该技术广泛应用于塑料、橡胶、薄膜、纤维、涂料、陶瓷、玻璃、金属材料与复合材料等领域。

图 4.27 所示为静态热机械分析仪，可以测量材料的线膨胀与收缩、玻璃化转变、相转变、软化温度、重结晶效应、抗弯曲特性、抗穿刺特性、抗拉伸特性、抗压缩特性、热收缩与应力释放过程、蠕变过程、陶瓷烧结过程，研究应力与应变的函数关系等。

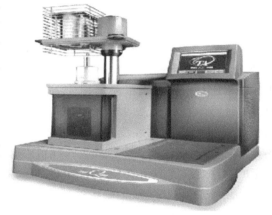

图 4.27　静态热机械分析仪

(二) 静态热机械分析仪的工作原理

静态热机械分析仪的基本结构如图 4.28 所示，该仪器为垂直式结构，所示为最常见的压缩模式。样品置于平台（样品支架）之上，由顶杆施加一定的机械力由上往下压住样品，该机械力由位于仪器下部的作用力传感器和调制器进行检测与控制。样品与支架/推杆系统处于可控温的炉体中，在程序温度过程中，使用位移传感器连续测量样品在压缩方向的长度/厚度变化（实际测量的是与样品接触的推杆的位置变化，该位置变化由样品的膨胀/收缩引起。支架与推杆系统受热后本身长度变化所引起的系统误差通过一定的方法（如标样测试）进行计算扣除，即可获得图谱。

四、动态热机械分析法

(一) 动态热机械分析法概述

动态热机械分析（Dynamic Mechanical Analysis，DMA）可测量黏弹性材料的力学性能与时间、温度或频率的关系。样品受周期性（正弦）变化的机械应力的作用和控制，发生形变。用于进行这种测量的仪器称为动态热机械分析仪（又称动态力学分析仪），如图 4.29

所示。动态热机械分析仪主要用于对无机材料、金属材料、复合材料及高分子材料（塑料、橡胶等）的玻璃化转变温度、负荷热变形温度、蠕变、储能模量（刚性）、损耗模量（阻尼性能）、应力松弛等进行测试。相比于 TMA（静态热机械分析仪），DMA 可测定黏弹性材料在不同频率、不同温度、不同载荷下动态的力学性能。

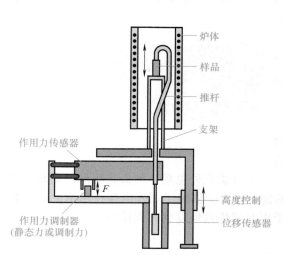

图 4.28　静态热机械分析仪的基本结构

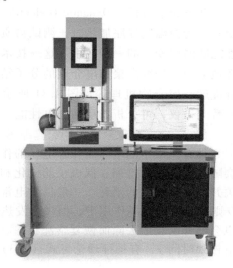

图 4.29　动态热机械分析仪

（二）动态热机械分析仪的工作原理

DMA 通过分子运动的状态来表征材料的特性，分子运动和物理状态决定了动态模量（刚度）和阻尼（样品在振动中的损耗的能量），对样品施加一个可变振幅的正弦交变应力时，将产生一个预选振幅的正弦应变，对黏弹性样品的应变会相应滞后一定的相位角 δ。

如图 4.30 所示，DMA 采用升温扫描，由辅助环境温度升温至熔融温度，$\tan\delta$ 展示出一系列的峰，每个峰都会对应一个特定的松弛过程。由 DMA 可测出 $\tan\delta$、损耗模量 E'' 与储能模量 E' 随温度、频率或时间变化的曲线，不仅给出宽广的温度、频率范围的力学性能，还可以检测材料的玻璃化转变、低温转变和次级松弛过程。

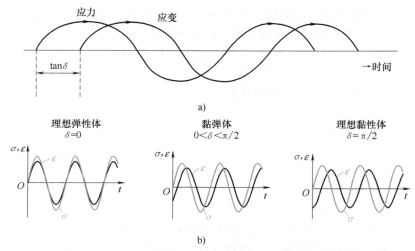

图 4.30　DMA 曲线图（图中 σ 代表应力、ε 代表应变）

五、动态介电分析法

（一）动态介电分析法概述

动态介电分析（Dynamic Dielectric Analysis，DDA）是物质在一定频率的交变电场下并受一定受控温度程序加热时，测试物质的介电性能随温度变化的一种技术。这一技术已被广泛地应用于研究高聚物电介质的分子结构、聚合程度和聚合物机理等。图4.31所示为介电常数测试仪，可分析物质的介电性能。

图 4.31 介电常数测试仪

（二）动态介电分析仪的工作原理

具有偶极子的电介质在外电场的作用下将会随外电场定向排列。偶极子的极化和温度有关并伴随着能量的消耗。一般以介电常数 ε 表示电介质在外电场下的极化程度，而介电损耗 D 则表示在外电场作用下，因极化发热引起的能量损失。偶极子在外电场作用下的定向排列也会随外电场的去除而恢复杂乱状态。偶极子由有规排列恢复到无规排列所需的时间称为介电松弛时间 τ，有德拜理论见式（4.3）：

$$\tau = \frac{4\pi\eta a^3}{KT} \tag{4.3}$$

式中，η 为介质黏度；a 为分子半径；K 为玻尔兹曼常数；T 为温度；K 与松弛时间和分子的大小、形状及介质的黏度有关。

$$\varepsilon\tan\delta = \frac{(\varepsilon_0 - \varepsilon_\infty)\omega t}{1 + \omega^2\tau^2} \tag{4.4}$$

$$\varepsilon = \varepsilon_\infty + \frac{\varepsilon_0 - \varepsilon_\infty}{1 + \omega^2\tau^2} \tag{4.5}$$

式中，$\tan\delta$ 为损耗角正切；ε_0 为静电场下介电常数；ε_∞ 为光频率下的介电常数。

由此可见，ε、$\tan\delta$ 都是和松弛时间 τ 有关的物理量，因此也和分子的结构、大小、介质黏度有关，这就是利用介电性能研究物质分子结构的依据。由式（4.4）和式（4.5）可以证明，当式（4.6）成立时，ε' 有极大值，f_0 称为极化频率。

$$\omega = \omega_0 = 2\pi f_0 = \frac{1}{\tau} \tag{4.6}$$

即当外电场频率为极化频率时，介电损耗极大。

第五节　仿生结构化材料表征测试技术综合应用实例

一、仿生集雾器

"抗旱明星"仙人掌在干旱的沙漠中也能茁壮生长，受沙漠中的仙人掌多功能的集成雾收集系统启发，研究人员通过将仙人掌的脊柱状疏水圆锥状微尖端阵列与亲水性棉基质整合在一起，大规模地制造了人造雾收集器。新颖的仙人掌式除雾器可以自发连续地收集、运输和保存雾水，展示了高除雾效率，并在饮用水短缺的地区具有广阔的应用前景。如图 4.32 所示，将均匀分布的混合物沉积在平面和几何图案化的聚苯乙烯基底上，通过使用立体显微镜观察到沿外部磁场方向形成无序和有序的锥形微尖阵列。

此外，通过 ESEM 图像能够证实，初级阵列在毛细力的驱动下，其表面上具有尖锐尖端和脊状结构的微尖端，如图 4.33 所示。

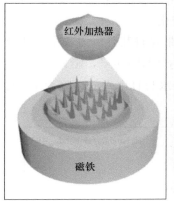
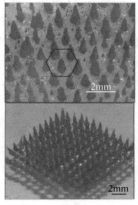

图 4.32　制备的微型锥阵列示意图和光学图片

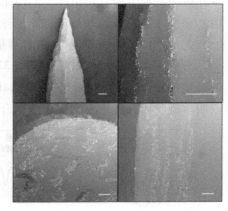

图 4.33　样品 ESEM 图像

二、仿生润滑表面

受贻贝启发，研究人员引入受生物启发的黏合剂聚多巴胺（PDA）黏附在基底上，并与液体状润滑剂 PDMS 化学结合，以构筑一种通用、稳定、光滑的润滑剂-黏合剂协同涂层（SLACC）。PDA 和 PDMS 润滑剂的普遍和强黏附性导致 SLACC 可在 100 种不同的非生物或生物基质上工作，可长期使用，并且耐紫外线辐射、冷藏、热风干燥、冷冻干燥、刀刮和磨损。

如图 4.34 所示，使用 X 射线光电子能谱法（XPS）用于表征 PDMS 和 PDA 的结合。通过 O 1s 峰上移和 Si 2p 峰下移来确认 PDMS 和 PDA 发生化学反应。

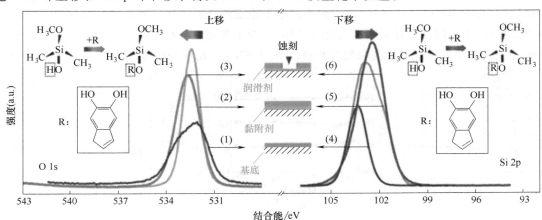

图 4.34　XPS 表征 PDMS 和 PDA 的结合

83

三、仿生水凝胶纤维

蜘蛛丝是一种典型的天然高性能结构蛋白，其抗拉强度优于钢，同时具有高弹性，比芳纶纤维表现出更大的韧性。以蜘蛛丝为灵感，研究人员提出了一种在环境条件下连续、可扩展制备具有分层结构的聚丙烯酰胺水凝胶超细纤维的方法。这种机械坚固的水凝胶纤维在能量耗散和减振方面显示出巨大的应用潜力。如图 4.35 所示，使用傅里叶变换红外光谱（FT-IR）研究水凝胶从纺丝原液到微纤维的内部结构和相互作用的变化。

此外，如图 4.36 所示，通过测量水凝胶微纤维的拉曼光谱带并将其分解为 4 个高斯分量，对应于自由水的氢键（FWH，$3200cm^{-1}$，C_1）、PAM 的 $-NH_2$（$3304cm^{-1}$，C_2）、结合水的氢键（BWH，$3363cm^{-1}$、C_3，$3448cm^{-1}$、C_4），从而计算结合水与自由水的比例为 1∶3，表明水凝胶微纤维中存在更多的结合水。

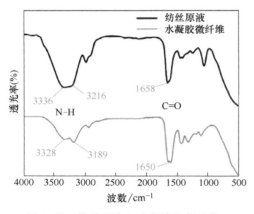

图 4.35　纺丝原液与水凝胶微纤维的
傅里叶变换红外光谱比较

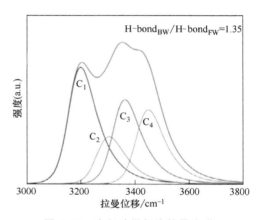

图 4.36　水凝胶微纤维拉曼光谱

图 4.37 所示为预拉伸-增强水凝胶微纤维的力学性能图。不同单体含量下的拉伸应力-应变测量显示，质量分数为 20% 的水凝胶微纤维的拉伸强度为 250MPa，拉伸应变为 122%，因此韧性为 181MJ/m³（图 4.37a）。此外，由于稳定的纤维结构，水凝胶微纤维的强度、张力和韧性在 21 天内几乎保持不变（图 4.37b）。为了提高水凝胶微纤维的力学性能，采用预拉伸的方法来操纵氢键纳米簇和聚合物链（图 4.37c）。预拉伸应变为 60% 的水凝胶微纤维

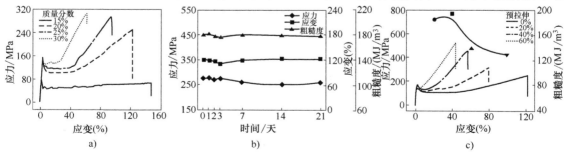

图 4.37　预拉伸-增强水凝胶微纤维的力学性能

表现出显著的结构改变，其将纤维拉伸强度显著提高至 525MPa，并将纤维伸长率降低至 43%。预拉伸应变为 20%，最大韧性达到 $196MJ/m^3$。

本 章 习 题

1. 简述仿生结构化材料的优势。
2. TMA 和 DMA 有什么区别？
3. 通过对热重的谱图分析可以得出哪些重要信息？
4. 列举更多仿生结构化材料表征测试技术应用实例。
5. 阐述荧光显微镜和普通光学显微镜之间的联系。

第五章

生物信息采集与生物识别测试方法

生物信息采集和生物识别可包括物理量、化学量和生物体固有特征的采集和识别。其中，物理量的测量主要是通过物理传感器实现的，它是利用某些物理效应，把被测量的物理量转化为便于处理的能量形式的信号的装置，其输出的信号和输入的信号有确定的关系。化学量测量主要通过化学传感器实现，它是一种对化学物质敏感并能将其转换成电信号的测定装置，其可将各种物质的化学特性（如成分、浓度等）定性或定量地转变成电信号。生物识别技术是将计算机与光学、声学、生物传感器和生物统计学等科技手段密切结合，利用生物体固有的生理特性（如指纹、脸像、虹膜等）和行为特征（如笔迹、声音、步态等）来进行生物体身份的鉴定。生物信息采集与生物识别测试技术广泛应用于航空、机械、电力、化工、建筑、汽车工业、医学、电子商务、安全防务，以及科学实验等领域。

第一节　生物信息采集中的物理量测试方法

第五章　第一节
视频课

一、应变式电阻传感器

应变式电阻传感器是利用导体或半导体材料的应变效应，把力、位移等非电量的变化量，变换成与之有一定关系的电阻值的变化，通过对电阻值的测量达到对上述非电量测量的目的。应变式电阻传感器是目前非电量检测技术中非常重要的检测手段，广泛应用于航空、机械、电力、化工、建筑、汽车工业、医学及科学实验等领域，按所用材料不同可分为金属电阻应变式传感器和半导体固态压阻式传感器两大类。

（一）金属电阻应变式传感器

金属电阻应变式传感器（Resistance Strain Gauge Sensor）由弹性元件、金属应变片和其他附件组成。其核心元件是金属应变片，使用时将应变片用黏结剂牢固地粘贴在弹性元件或被测物体上，当弹性元件或被测物体变形时，粘贴其上的电阻应变片随之变形，并把变形转化为电阻值的变化。其机理是电阻应变片的电阻应变效应。

1. 电阻应变效应

导体或半导体材料在外力作用下，会产生机械变形，其电阻值也将随着发生变化，这种现象称为应变效应。以金属材料为例，在拉伸金属材料使之产生应变的同时，测量其被拉伸部分的电阻值，可以发现：在金属导体的拉伸比例极限内，金属导体电阻的相对变化与应变成正比，即

$$\frac{\mathrm{d}R}{R} = k_0 \varepsilon \tag{5.1}$$

式中，R 为无应变时的电阻值；$\mathrm{d}R$ 为产生应变时电阻的变化量；ε 为应变；k_0 为金属材料的灵敏系数。

$\mathrm{d}R/R$ 为电阻值的相对变化率，以金属电阻丝为例，电阻值的相对变化率与金属丝的电阻率相对变化量、金属丝长度的相对变化量和金属丝截面积的相对变化量相关。

k_0 对于一种金属材料在一定范围内为常数，反映着该种材料的固有特性，其物理意义是单位应变 ε 所引起的电阻相对变化，可表示为

$$k_0 = \frac{\mathrm{d}R/R}{\varepsilon} = (1+2\mu) + \frac{\mathrm{d}\rho/\rho}{\varepsilon} \tag{5.2}$$

式中，μ 为金属材料的泊松比；ρ 为电阻率。

金属材料的灵敏系数受两个因素的影响：一个是受力后因材料的几何尺寸变化而引起的，即 $(1+2\mu)$ 项；另一个是受力后材料的电阻率发生变化而引起的，即 $\frac{\mathrm{d}\rho/\rho}{\varepsilon}$ 项，这是由于材料发生形变时，其自由电子的活动能力和数量发生变化的结果。因为难以用解析式表达，所以 k_0 只能依靠试验求出，根据对各种材料进行的试验，可以得到 k_0 受 $\frac{\mathrm{d}\rho/\rho}{\varepsilon}$ 项的影响情况。

一般的金属材料在弹性形变时，$\mu \approx 0.3$，所以 k_0 表达式第一项约为 1.6。用金属电阻材料制成的金属丝应变片和金属箔式应变片，其灵敏系数 k_0 主要取决于第一项，因电阻率的变化而引起的电阻值变化是较小的。金属应变片的灵敏系数不高，但是稳定性好，线性度高。

2. 金属应变片的结构种类

如图 5.1 所示，金属应变片主要由基底、敏感栅、覆盖层、引线等 4 部分组成。这些部分所选用的材料将直接影响应变片的性能。因此，应根据使用条件和要求合理地加以选择。

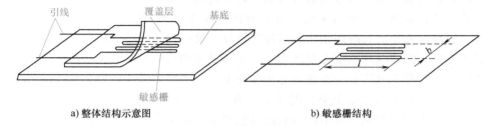

a) 整体结构示意图　　　　　　　　　b) 敏感栅结构

图 5.1　金属应变片的结构

敏感栅也称为金属丝（箔），它是应变片最重要的组成部分，由某种金属细丝绕成栅形。敏感栅在纵轴方向的长度为栅长 l，在与应变片轴线垂直的方向上，敏感栅两侧之间的距离称为栅宽 b。应变片栅长大小关系到所测应变的准确度，应变片测得的应变大小实际上是应变片栅长和栅宽所在面积内的平均轴向应变量。栅长有 100mm、200mm 及 1mm、

0.5mm、0.2mm 等规格，分别适用于不同用途。常用敏感栅材料的主要性能见表 5.1。

表 5.1　常用敏感栅材料的主要性能

材料名称	主要成分（质量分数，%）	灵敏系数 K_s	电阻率 ρ /$10^{-6}\Omega\cdot m$	电阻温度系数 α /(10^{-6}/℃)	线膨胀系数 β /(10^{-6}/℃)	最高工作温度/℃
康铜	Cu(55)	2.0	0.45~0.52	±20	15	250(静态)
	Ni(45)					400(动态)
镍铬合金	Ni(80)	2.1~2.3	1.0~1.1	110~130	14	450(静态)
	Cr(20)					800(动态)
卡玛合金（6J-22）	Ni(74)	2.4~2.6	1.24~1.42	±20	13.3	400(静态)
	Cr(20)					800(动态)
镍铬铁合金	Al(3)	3.2	1.0	175	7.2	23(动态)
	Ni(36)					
	Cr(8)					
铁铬铝合金	Mo(0.5)	2.6~2.8	1.3~1.5	±30~40	11	800(静态)
	Fe(55.5)					1000(动态)
	Cr(25)					
铂	Al(5)	4.6	0.1	3000	8.9	800(静态)
	V(2.6)					1000(动态)
铂合金	Fe(67.4)	4.0	0.35	590	13	800(静态)
						1000(动态)
铂钨合金	Pt(纯)	3.2	0.74	192	9	800(静态)
	Pt(80)					
	Ir(20)					
	Pt(91.5)					
	W(8.5)					

　　基底用于保持敏感栅、引线的几何形状和相对位置，是栅丝的依托层，同时又具有电绝缘作用的材料，基底一般可以采用酚醛树脂、环氧树脂、聚乙烯醇缩甲乙醛、聚酰亚胺等材料制成。特别应该指出的是聚酰亚胺具有良好的绝缘电阻和温度变化特性，并且还有蠕变小、线性、迟滞误差小、长时间使用零点稳定性好、灵敏度高等特点。我国已生产出这种材料制成的性能良好的应变片。覆盖层既能保持敏感栅和引线的形状和相对位置，还可保护敏感栅。基底的全长称为基底长，其宽度称为基底宽。

　　引线是从应变片的敏感栅中引出的细金属线，常用直径为 0.1~0.15mm 的镀锡铜线或扁带形的其他金属材料制成。对引线材料的性能要求为电阻率低、电阻温度系数小、抗氧化性能好、易于焊接。大多数敏感栅材料都可制作引线。

　　黏结剂用于将敏感栅固定在基片上，并将覆盖层和基片粘贴一起。使用金属应变片时，也需要用黏结剂将应变片基片粘贴在构件表面某个方向和位置上。以便将构件受力后的表面应变传递给应变计的基片和敏感栅。常用的黏结剂分为有机和无机两大类。有机黏结剂用于高温，常用的有磷酸盐、硅酸盐、硼酸盐等。

应变片与试件之间的粘贴一般可以采用下列程序：零件表面清理、涂胶、加压固化、粘贴质量检查、防潮处理。粘贴良好的传感器在 50~100V 的电压下，绝缘电阻可达 100MΩ 至数百兆欧姆，注意测量此数值时不能用过高的电压以防击穿胶膜层。

金属电阻应变片主要有两种类型：金属丝式应变片和金属箔式应变片，如图 5.2 所示。

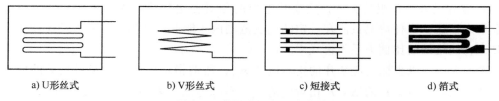

a) U形丝式　　　　　b) V形丝式　　　　　c) 短接式　　　　　d) 箔式

图 5.2　常见金属电阻应变片

金属丝式应变片是将金属丝在一定的应力作用下均匀地按栅的形状粘贴在基底上，应变丝的首尾用铜丝或银线引出，上面覆盖一层薄膜，使它们变成一个整体而制成的。图 5.2a、b 所示为回线式应变片。

为了克服回线式应变片的横向效应，可采用图 5.2c 所示的短接式应变片，通过在两根电阻丝之间用较粗的线条画出了低电阻率材料的导线，使非敏感方向的测量误差减小。

金属箔式应变片是利用光刻、腐蚀等加工工艺制成的一种很薄的金属箔栅，图 5.2d 所示是一种箔式应变片。因为这种应变片中的电阻材料被制成了箔，所以它与被粘贴的零件表面的接触面积比丝式应变片大得多，这样的应变片就能更好地"跟随"应变零件的变化。由于接触面积大，它的散热条件比丝式应变片好得多，所以可通过较大的电流。由于这些原因使得箔式应变片具有较好的灵敏度。另外，因为这种应变片可以采用光刻工艺制作，可方便地制成各种所需要的形状，特别是为制造应变花和小标距应变片提供了条件，从而扩大了应变片的使用范围，便于成批生产，箔式应变片有逐渐取代丝式应变片的趋势。

3. 金属应变片的参数与特性

（1）灵敏度系数　金属应变丝的电阻相对变化与它所感受的应变之间具有线性关系，用 k_0 表示线材的灵敏系数。当金属丝做成应变片后，由于形成了部件，其电阻-应变特性与金属单丝情况不同。因此，需用实验方法对应变片的电阻-应变特性重新测定。

实验表明，金属应变片的电阻相对变化 $\Delta R/R$ 与应变 ε 在很宽的范围内均有线性关系，即

$$\frac{\Delta R}{R} = k\varepsilon \tag{5.3}$$

$$k = \frac{\Delta R}{R\varepsilon} \tag{5.4}$$

式中，k 为金属应变片的灵敏度系数，通过特定的试验求得，也称为"标称灵敏系数"。k 是当试件受一维应力作用，应变片的灵敏轴线与主应力方向一致，且试件材料采用泊松比为 0.285 的钢材时测得的。

（2）横向效应　当金属线材受单向拉力时，由于每段都受到同样大小的拉应力，其应变也相同，故线材总电阻的增加值为各微段电阻增量之和。金属丝线材弯折成栅状制成应变片后，如果也按应变片的轴线方向施以拉力，则直线段部分的电阻丝仍产生沿轴向的拉应变，其电阻是增加的，但因存在各圆弧段电阻值减小的影响，故应变片的灵敏系数 k 要比同

样长度单纯受轴向力时的灵敏系数小。这种因弯折处应变的变化使灵敏系数减小的现象称为应变片的横向效应。

为了减小横向效应所造成的误差，经分析，敏感栅越窄，其横向效应越小，引起的误差也越小。由于箔式应变片的弯折处甚宽，因此其横向效应要比金属丝应变片小。

（3）应变极限　理想情况下，应变片电阻的相对变化与所承受的轴向应变成正比，即灵敏系数为常数，这种情况只能在一定的应变范围内才能保持。当试件表面的应变超过某一数值时，它们之间的比例关系不再成立。

在图 5.3 中，纵坐标是应变片的指示应变 $\varepsilon_{指}$，所谓指示应变是指经过校准的应变仪的应变读数，它是与应变片的 $\Delta R/R$ 相对应的。横坐标为试件表面真实应变值 $\varepsilon_{真}$，真实应变是由于工作温度变化或承受机械载荷，在被测试件内产生应力（包括机械应力和热应力）时所引起的表面应变。当应变量不大时，应变片的指示应变值随试件表面真实应变值的增加而线性增加，如图 5.3 中曲线所示。当应变不断增加时，曲线由直线逐渐弯曲，产生非线性误差，用相对误差 δ 表示为

$$\delta = \frac{|\varepsilon_{真} - \varepsilon_{指}|}{\varepsilon_{真}} \times 100\% \tag{5.5}$$

当这种非线性误差不超过一定数值时所对应的真实应变，即为应变片的应变极限。应变片的应变极限是由应变特性曲线的非线性决定的。

一般情况下，影响应变极限大小的主要因素是黏合剂和基底材料的性能，在结构的真实应变增大时，它传递形变的能力逐渐下降，使指示应变不再随真实应变而成线性变化。在制造和安装应变片时，应选用抗剪强度较高的黏结剂和基底材料。基底和黏结剂的厚度不宜过大，并应经过适当地固化处理，才能获得较高的应变极限。

（4）机械滞后　对于已安装好的应变片，在一定温度下，其指示应变与真实应变的加载特性与卸载特性不重合，如图 5.4 所示，这个加、卸载差值 ε_{xm} 称为应变片的滞后值。其产生的原因主要是敏感栅材料、基底和黏合剂在承受机械应变以后所留下的残余变形引起的。因此，要选用性能良好的黏合剂与基底材料，敏感栅材料（如金属丝或金属箔）要经过适当的热处理，这样可以减少应变片的机械滞后。为了减小新做的应变片的滞后值，最好在正式测量前对试件或结构进行两次以上的加、卸载循环测量。

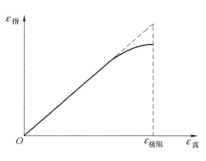

图 5.3　应变片的应变极限

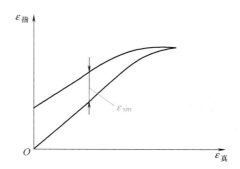

图 5.4　应变片的机械滞后

（5）动态特性　因为在动态测量时，应变是以应变波的形式在材料中传播的，它的传播速度与声波相同（对钢材 $v = 5000\text{m/s}$），因此应变片要反映应变的变化是需要经过一定时

间的。不难理解应变片的最高工作频率与应变片线栅的长度（或称基长）有关。以钢材为例，其不同基长应变片的最高工作频率见表 5.2。

表 5.2 不同基长应变片的最高工作频率

应变片基长/mm	1	2	3	5	10	15	20
最高工作频率/kHz	250	125	83.8	50	25	16.6	12.5

（6）应变片电阻值　应变片在未经安装也不受外力情况下，于室温时测得的电阻值，是使用应变片时应知道的一个特性参数。目前，国内应变片电阻系列尚无统一标准，习惯上选用 60Ω、120Ω、200Ω、350Ω、500Ω、1000Ω，其中以 120Ω 的为最常用。电阻值大，可以加大应变片承受的电压，因此输出信号可以加大。

（7）最大工作电流　最大工作电流指允许通过应变片而不影响其工作的最大电流值。工作电流大，应变片输出信号就大，因而灵敏度高。但过大的工作电流会使应变片本身过热，使灵敏系数变化，导致零漂和蠕变增加，甚至把应变片烧毁。通常允许电流值在静态测量时约取 25mA，动态测量时取值可高一些，箔式应变片可取更大一些的值。

（8）零漂和蠕变　对于已安装好的应变片，在一定温度下，不承受机械应变时，其指示应变随时间而变化的特性，称为该应变片的零点漂移（Strain Gauge Zero Shift），简称零漂。产生零漂的主要原因是敏感栅通以工作电流后的温度效应、应变片的内应力逐渐变化、黏结剂固化不充分等。

如果在一定温度下，应变片承受恒定的机械应变，指示应变随时间变化的特性称为应变片的蠕变（Strain Gauge Creep）。蠕变产生的原因是由于胶层之间的滑动使力传到敏感栅的应变量逐渐减少。

这两个指标都是衡量应变片特性对时间的稳定性的，对于长时间测量的应变片才有意义。实际上，蠕变中已包含零漂，因为零漂是不加载的情况，它是加载情况的特例。

（9）电阻应变片的温度特性　实际上应变片的阻值受环境温度（包括被测试件的温度）影响很大。在测量中，应变片电阻随温度变化的现象必然造成误差，这种误差称为应变片的温度误差。由于环境温度改变引起应变片电阻变化的原因有两个：一是应变片的金属敏感栅电阻本身随温度变化；二是因试件材料和敏感栅材料的线膨胀系数不同而造成应变片的附加变形使得电阻变化。因环境温度改变而引起的附加电阻变化除与环境温度变化有关外，还与应变片本身的性能参数（如灵敏度系数、电阻应变片的电阻温度系数、电阻丝材料的线膨胀系数，以及试件材料的线膨胀系数）有关。

电阻应变片由温度引起的电阻变化与试件应变引起的电阻变化几乎具有相同的数量级，所以必须采取相应的补偿措施，以便测量能正常进行，通常采用的是线路补偿法。

（二）半导体固态压阻式传感器

半导体固态压阻式传感器（Solid-state Piezoresistive Sensor）也称为半导体应变式传感器，利用半导体材料的压阻效应和微电子技术制成，具有灵敏度高、分辨力高、体积小、工作频带宽、易于微型化和集成化等优点，是近年来应用较广泛的新型传感器。

1. 压阻效应

半导体材料在机械应力的作用下，其电阻率发生显著变化，这种现象称为压阻效应。晶体在应力作用下，晶格间载流子（空穴、电子）的相互作用发生了变化，从能量的角度来看，原子结构中的导带和价带之间的禁带宽度发生了变化，这就影响了导带中载流子数目，同时又使载流子的迁移率发生变化，因此晶体的电阻率发生了变化。半导体晶片的压阻效应的方向性很强，对于一个给定的半导体晶片来说，在某一晶格方向上压阻效应最显著，而在其他方向上压阻效应就较小或不会出现。

半导体应变片的电阻变化率可由下式表示：

$$\frac{\Delta R}{R} = (1 + 2\mu + \Pi_e E)\varepsilon \qquad (5.6)$$

式中，μ 为材料的泊松系数；Π_e 为半导体材料的压阻系数；ε 为沿半导体应变片横向的应变量；E 为弹性模量。

式（5.6）括号内的第一、二两项是应变作用下半导体片的几何形状变化对电阻的影响，这两项的和比第三项小得多，因此式（5.6）可以简化为

$$\frac{\Delta R}{R} = \Pi_e E\varepsilon \qquad (5.7)$$

或

$$k_B = \frac{\Delta R}{R} / \varepsilon = \Pi_e E \qquad (5.8)$$

半导体应变片的应变系数 k_B 可以从 50 到 200，而一般的金属丝应变片的应变系数只有 2~4。

2. 主要类型

半导体应变元件主要有两大类型：体型半导体应变片（Bulk Type Semiconductor Strain Gauge）和扩散式半导体应变片（Diffused Semiconductor Strain Gauge）。

（1）体型半导体应变片　体型半导体应变片是采用 P 型或 N 型硅材料，按其压阻效应最强的方向切割成厚度为 0.02~0.05 mm，宽度为 0.2~0.5mm，长度为几个毫米的薄片，然后用底基、覆盖层、引出线将其组合成应变片。有 4 种典型的构成方法，如图 5.5 所示。

图 5.5a 所示为普通半导体应变片，它是将 P 型或 N 型单晶硅片切割成细条状，经腐蚀减小其断面尺寸，然后在此细条的两端蒸镀上一层黄金，这样两端可以形成重渗透以防止应变片与引出线间的二极管效应，还可以在两端焊接黄金丝内引线。将带有内引线的硅条进行第二次腐蚀达到所规定的尺度，最后将此硅条粘贴在带有引线焊接箔的底基上，焊接好内引线和外引线后，就成了半导体应变片。

图 5.5b 所示为由两种材料制成的半导体应变片，它选用配对的 P 型和 N 型两种转换元件作为电桥的相邻两臂，从而使温度特性和非线性特性有较大改善。

图 5.5c 所示为我国研究制成的一种无底基式的半导体应变片，它的基本形状及用法与金属箔式电阻应变片相似，因为元件是无底基的，所以粘贴之前应先在敏感元件的表面涂一层绝缘胶水，待固化后再将无底基应变片粘贴上去。

图 5.5d、e 所示为用于流体压力测量的半导体应变片，它们具有一个金属片底基，在金属片底基上涂有一层耐高温的绝缘层，再采用真空蒸镀的工艺将半导体材料沉积在绝缘层上，这种方法可以一次制成完整的 4 个半导体箔。半导体箔之间的连接及引出线的焊接片都是由蒸镀工艺在绝缘膜上涂覆的金属箔完成的，通过改变制作工艺过程中的条件还可以得到多种电阻值的应变片。

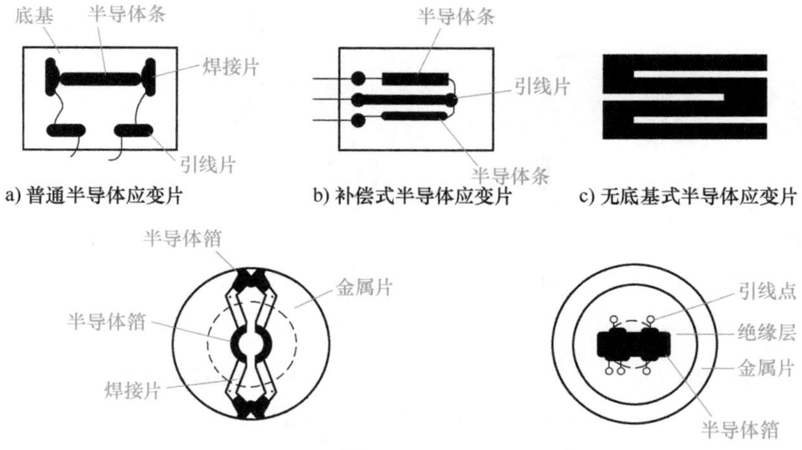

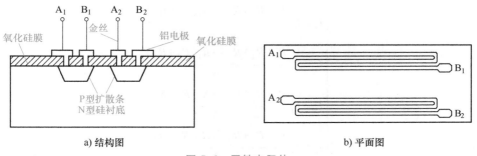

a) 普通半导体应变片　　　b) 补偿式半导体应变片　　　c) 无底基式半导体应变片

d) 金属基片的半导体压力膜片1　　　　　e) 金属基片的半导体压力膜片2

图 5.5　体型半导体应变片的构成

（2）扩散式半导体应变片　　扩散式半导体应变片是随着近代半导体工艺的发展而出现的新型元件，例如，将 P 型半导体扩散到 N 型硅基底上，从而形成了一层极薄的导电 P 型层线条，连接引线后就形成了扩散式半导体应变片，通常称为压敏电阻片。

扩散式应变元件可制作在硅圆柱、硅块或硅膜片上。硅膜片是敏感和换能元件的组合整体，真正摆脱了粘贴工艺，因此在压力测量中得到广泛应用，图 5.6 所示为我国已制成的一种半导体压敏电阻片。

a) 结构图　　　　　　　　　　　　　　b) 平面图

图 5.6　压敏电阻片

（三）电阻式传感器的测量及接口电路

电阻应变式传感器输出的是电阻信号，为了进一步处理如放大和滤波等，必须把电阻信号再转换为可处理的电压或电流信号。电桥测量电路就是把电阻变化转换成电流或电压变化的电路。不仅电阻应变式传感器，其他电阻传感器也常常利用它进行这种变换，如果电桥电路采用直流电源作为驱动电源，则称其为直流电桥。

（1）直流电桥的特性方程　　图 5.7a 所示为典型的惠斯通电桥。图中 R_1 是测量臂，R_2、R_3、R_4 是已知数值的固定电阻构成的臂。在测量某一物理量之前可以调整 R_2、R_3、R_4 的数值，使电桥的输出端 c、d 之间的电位差为零，若在 c、d 之间接入检流计，检流计中无电流通过，此时电桥达到平衡状态。可以根据 R_2、R_3、R_4 的调节值读出（或计算出）测量臂的阻值大小，这种电桥可称为平衡电桥。

根据戴维南（Thevenin）定理，可以把惠斯通电桥简化成图 5.7b 所示的等效电路，可

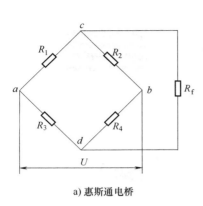
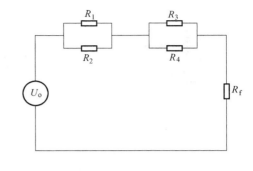

a) 惠斯通电桥

b) 惠斯通电桥等效电路

图 5.7 惠斯通电桥及其等效电路

以得到电桥的平衡条件为

$$R_1 R_4 = R_2 R_3 \ 或 \ \frac{R_1}{R_2} = \frac{R_3}{R_4} \tag{5.9}$$

由式 (5.9) 可知，平衡电桥就是桥路中相邻两臂阻值比值相等，桥路相邻两臂阻值之比相等方可使流过负载电阻的电流为 0。直流电桥使用时，初始条件是电桥保持平衡。

在传感器的设计或使用中，有时要计算功耗，以掌握测量元件的工作状态，这时就需要测量电桥中各桥臂电流的大小，特别是测量臂的电流值，因为它是保证敏感元件正常工作的重要参数。现将计算公式列出：

$$\begin{cases} I_1 = I_0 \dfrac{R_3(R_2 + R_4) + R_f(R_3 + R_4)}{N} \\[2mm] I_2 = I_0 \dfrac{R_4(R_1 + R_3) + R_f(R_3 + R_4)}{N} \\[2mm] I_3 = I_0 \dfrac{R_1(R_2 + R_4) + R_f(R_1 + R_2)}{N} \\[2mm] I_4 = I_0 \dfrac{R_2(R_1 + R_3) + R_f(R_1 + R_2)}{N} \end{cases} \tag{5.10}$$

式中，$N = R_f(R_1 + R_2 + R_3 + R_4) + (R_1 + R_3)(R_2 + R_4)$；$I_0 = \dfrac{U}{R_{ab}}$。

带入式 (5.10) 可以得出

$$\begin{cases} I_1 = U \dfrac{R_3(R_2 + R_4) + R_f(R_3 + R_4)}{M} \\[2mm] I_2 = U \dfrac{R_4(R_1 + R_3) + R_f(R_3 + R_4)}{M} \\[2mm] I_3 = U \dfrac{R_1(R_2 + R_4) + R_f(R_1 + R_2)}{M} \\[2mm] I_4 = U \dfrac{R_2(R_1 + R_3) + R_f(R_1 + R_2)}{M} \end{cases} \tag{5.11}$$

式中，$M=R_{\mathrm{f}}(R_1+R_2)(R_3+R_4)+R_1R_2(R_3+R_4)+R_3R_4(R_1+R_2)$。

（2）直流电桥灵敏度　灵敏度是电桥测量技术的一个重要指标，电桥的灵敏度可以用电桥测量臂的单位相对变化量引起输出端电压或电流的变化表示，即

$$S_U=\frac{\Delta U_{\mathrm{o}}}{\dfrac{\Delta R}{R}}\quad\text{或}\quad S_I=\frac{\Delta I_{\mathrm{o}}}{\dfrac{\Delta R}{R}}\tag{5.12}$$

式（5.12）分别表示电桥的电压灵敏度和电流灵敏度。实际测量时，微小应力引起微小电阻变化，将改变平衡状态，使输出产生微小的电压变化，即电桥输出电压 $U_{\mathrm{o}}\neq0$，称为不平衡电桥。另外实际电路还包括放大器，以便放大微弱的电压信号，通常采用高输入阻抗的差动放大器，所以此时仍视电桥为开路情况。

对于单臂工作电桥（图 5.8），第一桥臂 R_1 由电阻应变片来代替，当受应变时，若应变片电阻变化为 ΔR_1，其他桥臂固定不变，图中"↑"表示受拉情况。电桥输出电压为

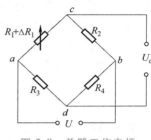

图 5.8　单臂工作电桥

$$U_{\mathrm{o}}=U\left(\frac{R_1+\Delta R_1}{R_1+\Delta R_1+R_2}-\frac{R_3}{R_3+R_4}\right)=U\frac{\dfrac{\Delta R_1}{R_1}\cdot\dfrac{R_4}{R_3}}{\left(1+\dfrac{\Delta R_1}{R_1}+\dfrac{R_2}{R_1}\right)\left(1+\dfrac{R_4}{R_3}\right)}\tag{5.13}$$

由于 $\Delta R_1\ll R_1$，起始电桥平衡条件为 $\dfrac{R_2}{R_1}=\dfrac{R_4}{R_3}$，则单臂变化的电桥电压灵敏度为

$$S_U=U\frac{n}{(1+n)^2}\tag{5.14}$$

式中，n 为桥臂比，$n=R_2/R_1$。当 n 一定时，电桥的电压灵敏度与电源电压 U 成正比，为了提高电桥的电压灵敏度必须要提高电源电压，但高电源电压将造成电路功耗的提高，而桥臂变换元件的耗散功率有限，过大将被烧坏。测量电桥的桥臂电阻一般都应该按最大灵敏度来选择，当供桥电压 U 确定后，满足电桥电压灵敏度最高时的桥臂比 $n=1$，即在供桥电压确定后，当 $R_1=R_2$，$R_3=R_4$ 时电桥的电压灵敏度最高。进一步分析发现，当电源电压 U 和电阻相对变化 $\dfrac{\Delta R_1}{R_1}$ 一定时，电桥的输出电压及其灵敏度也是定值，且与各桥臂阻值大小无关。单臂电阻变化电桥的电压灵敏度最大值为电源电压 U 的 $1/4$。

为了提高电桥的电压灵敏度可以采用差动式结构，即将电桥的一个测量桥臂改为两个或四个测量桥臂，采用两个或四个电阻应变片组成差动式半桥或全桥电路。

对于差动式半桥电路（图 5.9），两个电桥臂采用差动电阻应变片，微小应力引起电阻 R_1 变化（$R_1+\Delta R_1$）和电阻 R_2 变化（$R_2-\Delta R_2$）。图 5.9 中"↑"表示受拉情况，"↓"表示受压情况。另外两个桥臂为固定阻值不变。

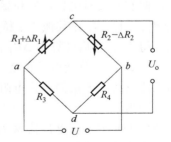

图 5.9　差动式半桥电路

95

$$U_o = U\left(\frac{R_1+\Delta R_1}{R_1+\Delta R_1+R_2-\Delta R_2} - \frac{R_3}{R_3+R_4}\right) \tag{5.15}$$

对于等臂电桥，即当 $R_1 = R_2 = R_3 = R_4 = R$ 时，假设 $\Delta R_1 = \Delta R_2 = \Delta R$，则 $U_o = \frac{1}{2}U\left(\frac{\Delta R}{R}\right)$，即

$$S_U = \frac{1}{2}U \tag{5.16}$$

差动式半桥电路的输出电压与差动电阻应变片的电阻相对变化率 $\Delta R/R$ 成正比。理论上，只要选取差动电阻应变片变化一致，差动式半桥电路无非线性误差，其灵敏度比单臂电桥提高了一倍，同时本身具有温度补偿作用。

对于差动式全桥电路（图 5.10），4 个电桥臂均采用差动的电阻应变片，微小应力引起电阻 R_1 变化（$R_1+\Delta R_1$）、电阻 R_2 变化（$R_2-\Delta R_2$）、电阻 R_3 变化（$R_3-\Delta R_3$）、电阻 R_4 变化（$R_4+\Delta R_4$），则有

$$U_o = U\left(\frac{R_1+\Delta R_1}{R_1+\Delta R_1+R_2-\Delta R_2} - \frac{R_3-\Delta R_3}{R_3-\Delta R_3+R_4+\Delta R_4}\right) \tag{5.17}$$

如果 $\Delta R_1 = \Delta R_2 = \Delta R_3 = \Delta R_4 = \Delta R$，$R_1 = R_2 = R_3 = R_4 = R$，则有 $U_o = U\left(\frac{\Delta R}{R}\right)$，即

$$S_U = U \tag{5.18}$$

差动式全桥电路的输出电压与差动电阻应变片的电阻相对变化率 $\Delta R/R$ 成正比，差动式全桥电路的灵敏度比差动式半桥电路提高了 1 倍。

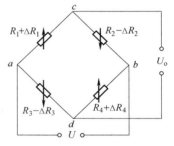

图 5.10　差动式全桥电路

（3）直流电桥的各种补偿　直流电桥经过各种补偿后可以大大改善其性能，直流电桥的补偿大体上可分为直流电桥的零位补偿、直流电桥的温漂补偿、直流电桥的灵敏度温漂补偿、直流电桥的非线性补偿和直流电桥的标准化补偿 5 类。

1）直流电桥的零位补偿。实际操作仪器时，总希望仪器在没有输入信号的状态下具有尽可能小的输出信号，通常将此输出信号称为零位输出。但元件之间的阻值难以做到绝对一致，且元件在安装工艺过程中也会出现阻值变化，以上都将导致零位输出不能达到理想状态，因此有必要对电桥的零位输出做进一步补偿（图 5.11a）。图 5.11a 中，如 $R_2 = R_3 = R_4 = R_1+\Delta R_1$，因为 R_1 比其他 3 个桥臂阻值小 ΔR_1，则电桥就会产生零位输出电压 U_o，因此可以首先测得 U_o，然后计算出 ΔR_1 值后，选用温度系数极小的锰铜电阻丝，使其值略大于 ΔR_1，串入桥臂 R_1，调节锰铜丝长度，从而得到理想的零位输出电压。该调节法适用于桥臂电阻小的直流电桥，方法简单，电阻丝体积小，通常可以安放在传感器的壳体内，但不能随时调节零位输出。

图 5.11b 中，将电位器 W 串联于桥臂 R_3 和 R_4 之间，电位器的滑动臂作为一个输出端，当改变电位器滑动处点的位置时，桥臂 R_3、R_4 的阻值同时变化，连续调节电位器并观察输出电压，直到零位输出达到理想值后调节结束。该方法适用于桥臂电阻较大的电桥线路，缺

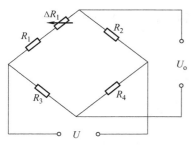

a) 小电阻串联零位补偿电路

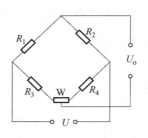

b) 大电阻串联零位补偿电路

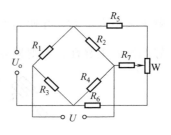

c) 并联零位补偿电路

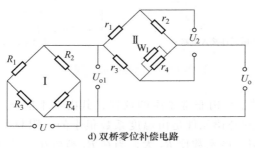

d) 双桥零位补偿电路

图 5.11   直流电桥的零位补偿

点是滑动触头容易接触不良，电位器的体积较大而一般不能放入传感器内，传感器与电位器间的连线容易产生干扰或带来引线电阻的温度漂移影响。

图 5.11c 中，电位器 W 通过 R_5、R_6 跨接于电桥的输出端，其滑动臂通过电阻 R_7 接于电桥的一个输入端，相当于在桥臂 R_2 和 R_4 上各并联了一个电阻，通过电位器的调节就可以同时改变 R_2 和 R_4 的并联电阻值，并观察零位输出使之达到理想的范围。一般以选用绕线式电位器为好，这种方法在仪器中应用较多，零位调节方便、稳定，但要注意连接线应该短而对称。

零位输出还可采用双桥零位补偿电路，如图 5.11d 所示，电桥 I 为工作电桥，它的输出端残存有一个零位输出电压 U_{o1}，通过采用补偿电桥 II 串联于电桥 I 的输出端，通过电桥 II 中并联的电位器 W_1 连续调节，使电桥 II 的输出抵消电桥 I 的零位输出。这种调节零位输出的方法精确、稳定，但采用的元件多一些，对于要求较高的仪器可以考虑。

2）直流电桥的温漂补偿。温度漂移产生的原因与电桥元件的温度系数不一致，环境温度的变化，结构零件的热膨胀系数不一致，焊点及引出线的电阻值不对称或不稳定等都有关系。通过精选元件使其阻值和温度系数尽可能一致，组装电桥时，尽量保证电桥布置和连接线对称并保持焊点一致性，在电路中抵消一部分温漂，达到一定的自补偿效果。但对于精密测量来说，还必须采取专门的补偿措施。常用的补偿方法有：

① 热敏补偿法。在电桥的某一个臂串接阻值较小的热敏元件，有时选用的热敏电阻的温度系数非常大，其阻值也比需要量大得多，因此常在热敏电阻上再并接一个非热敏的小电阻 r_1，使得 r_1 与热敏电阻 R_t 并联后达到实际所需的补偿范围，如图 5.12a 所示。如果在接受热敏补偿元件以前电桥是处于平衡状态的，为了使补偿后电桥仍处于平衡状态，在 R_2 桥

97

臂中又串入了 r_2，并使 $r_2 = \dfrac{r_1 R_t}{R_t + r_1}$。在选择热敏元件的时候，需要注意元件本身应该具有较好的温度重复性，否则将会出现新的问题。

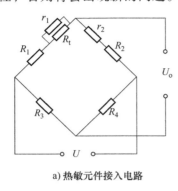 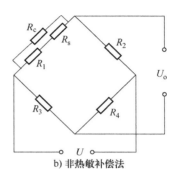

a) 热敏元件接入电路　　　　　　　b) 非热敏补偿法

图 5.12　直流电桥的温漂补偿

② 非热敏补偿法。对于结构非常紧凑的仪器，其内部不能设置补偿元件，可在仪器外引出线接入补偿元件。这些补偿元件是由温度系数很小的电阻材料制成的。在图 5.12b 中，如果传感器桥臂 R_1 的电阻温度系数比 R_2 大，当在 R_1 桥臂中串入 R_s，又并联 R_c 时，R_1 所在桥臂阻值发生变化，只有当 R_1 所在桥臂的等效阻值对应的电阻温度系数小于 R_1 的电阻温度系数时才能使电桥得到温度补偿。通过选择 R_s 和 R_c 的数值就可以达到补偿目的。但这种方法只能在电桥的温漂较小的情况下使用。如果电桥的温漂很大，则用此法达不到预期的补偿效果，而且这种补偿法也只能用于温度变化范围较小的仪器中。

3）直流电桥的灵敏度温漂补偿。灵敏度温漂产生的原因较多，一般认为是测量臂电阻本身的灵敏度随温度而变化，电桥的有关机械结构的弹性模数随温度而变化，系统的热膨胀系数的影响等因素引起。通过用一些热敏元件串入电桥的输入端来进行补偿，如图 5.13 所示，用热敏元件 R_s 控制供给电桥的电源电压的变化，从而使电桥的测量灵敏度随温度而变化。这一变化量仔细调整后可以与电桥本身的灵敏度温漂相抵消，从而达到补偿目的。

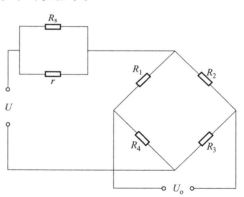

图 5.13　灵敏度温漂补偿

4）直流电桥的非线性补偿。电桥的输入-输出关系曲线的非线性产生原因包括电桥电路本身的非线性、电桥元件的非线性，以及机械结构的非线性等。以单臂工作电桥为例，假设未忽略 $\Delta R_1/R_1$，则输出电压与 $\Delta R_1/R_1$ 的关系是非线性的，对于电阻相对变化较大的情况，该误差不可忽视，必须采用其他处理方法减少非线性误差，如采用差动电桥结构，不仅可以提高灵敏度，还可以减少非线性误差。

通过电桥各臂的电流如果不恒定，也是产生非线性误差的重要原因，所以供给半导体应变片电桥的电源一般采用恒流电源。

直流电桥的非线性误差还可以通过控制电桥的电源随输入信号变化而进行补偿，电桥的输入-输出关系曲线容易出现抛物线，因此可以选择一种半导体应变片，将它与传感信号的桥臂器件安置在一起，如图 5.14 所示，为了控制补偿作用的大小，用一个小电阻 r_1 与半导体补偿片并联，调节 r_1 的数值可以在较大范围内补偿电桥的非线性。但该方法会使电桥的灵敏度有所下降，只能用提高电源电压来补偿。

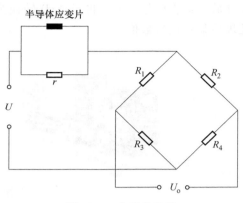

图 5.14　非线性补偿

图 5.15 所示为一种差压传感器的非线性补偿线路，采用从桥路输出正反馈到桥路电源上的方法。输出电压通过运算放大器 A_1 放大，再经运算放大器 A_2 正反馈到桥路电源电压上。当压力逐渐增加，作用在膜片上时，其输出变化趋向饱和，呈现出非线性。此非线性可通过增加电源电压使输出增加而呈现线性关系。

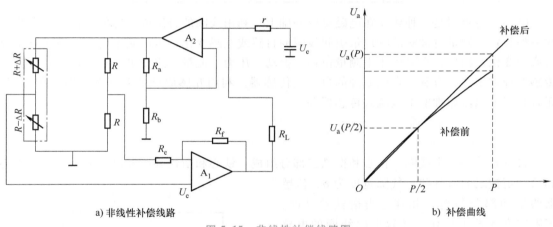

a) 非线性补偿线路　　　　　　b) 补偿曲线

图 5.15　非线性补偿线路图

5）直流电桥的标准化补偿。同一批元件制作的测量电桥，由于元件本身及加工工艺差别，使得电桥的灵敏度会存在一定差异，使得仪器互换性变差，因此需要对电桥的灵敏度做标准化补偿，如图 5.16 所示。为了使用时输入电阻变化较小，可接入一个电阻 R_i，这样由 R_i 与电桥的输入等效电阻并联，从而得到了电桥的最终输入电阻，微调 R_i 可以使电桥输入电阻达到较好的一致性。

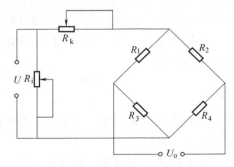

图 5.16　灵敏度及输入电阻标准化补偿

（四）应变式电阻传感器在生物信息测试技术中的应用

汽车衡也称为汽车地磅，是设置在地面上的大磅秤，通常用来称货车的载货质量，是厂矿、商家等用于大宗货物计量的主要称重设备，如图 5.17 所示。被称重物或载重汽车停在秤台上，在重力作用下，称台将重力传递至传感器，导致附着在传感器上的弹性体发生变形，则弹性体应变梁上的应变电阻片及桥路失去平衡，输出与质量数值成正比的电信号，经线性放大器将信号放大，再经 A/D 转换为数字信号，由仪表内的微处理机对质量信号进行处理后显示质量数值。

图 5.17　汽车衡

二、电感式传感器

电感式传感器是一种建立在电磁感应基础上，利用线圈的自感或互感的变化来实现测量的一种装置。测量时被测的物理量引起线圈的自感或互感变化，再由测量电路转换成电压或电流的变化量输出，它可以用来测量位移、振动、压力、流量、应变等多种物理量。电感式传感器种类很多，有利用自感原理的自感式传感器，利用互感原理的差动变压器式传感器，还有利用电涡流原理的电涡流式传感器等。

（一）自感式传感器

1. 结构和工作原理

自感式传感器由线圈、铁心和衔铁三部分组成。铁心和衔铁都由导磁材料制成，在铁心和活动衔铁之间有气隙，气隙宽度为 δ，传感器的运动部分与衔铁相连，当衔铁移动时，气隙宽度 δ 发生变化，导致电感线圈的电感值改变，然后通过测量电路测出其变化量，由此判别被测位移量的大小（图 5.18）。

根据电感的定义，匝数为 W 的电感线圈的电感量 L 为

$$L=\frac{W\Phi}{I} \qquad (5.19)$$

式中，Φ 为线圈的磁通（Wb）；I 为线圈中流过的电流（A）。

根据磁路欧姆定律，磁通为

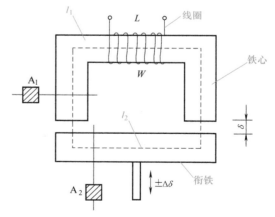

图 5.18　自感式传感器的基本结构图

$$\Phi=\frac{IW}{R_\mathrm{m}} \qquad (5.20)$$

可以得到线圈的电感 L 为

$$L=\frac{W^2}{R_\mathrm{m}} \qquad (5.21)$$

式中，R_m 是磁路的总磁阻，且 $R_\mathrm{m}=R_1+R_2+R_\delta$，其中 R_1 和 R_2 为铁心和衔铁的磁阻，R_δ 为

空气气隙磁阻。

由于 $(R_1+R_2) \ll R_\delta$，常忽略 R_1 和 R_2，则有

$$L \approx \frac{W^2}{R_m} = \frac{W^2 \mu_0 A}{2\delta} \tag{5.22}$$

式中，μ_0 为空气的磁导率，且 $R_\delta = \frac{2\delta}{\mu_0 A}$。

由式（5.22）可知，当线圈匝数确定后，只要改变气隙宽度为 δ 和气隙横截面积 A 均可导致电感的变化。因此，自感式传感器可分为变气隙宽度 δ 的传感器和变气隙面积 A 的传感器，但使用最广泛的是变气隙宽度的传感器。常见的自感式传感器还有螺线管结构的电感传感器。

2. 变气隙式自感传感器

当自感式传感器线圈匝数和气隙面积一定时，电感量 L 与气隙宽度 δ 成反比。初始电感量为 $L_0 = \frac{\mu_0 A W^2}{2\delta_0}$。

1）当衔铁下移 $\Delta\delta$ 即传感器气隙增大 $\Delta\delta$，气隙宽度为 $\delta = \delta_0 + \Delta\delta$，则电感量减小，此时电感量相对变化可表示为

$$\frac{\Delta L_1}{L_0} = -\frac{\Delta\delta}{\delta_0} + \left(\frac{\Delta\delta}{\delta_0}\right)^2 - \left(\frac{\Delta\delta}{\delta_0}\right)^3 + \cdots$$

2）当衔铁上移 $\Delta\delta$，即传感器气隙减小 $\Delta\delta$，气隙宽度为 $\delta = \delta_0 - \Delta\delta$，则电感量增大，此时电感量相对变化可表示为

$$\frac{\Delta L_1}{L_0} = \frac{\Delta\delta}{\delta_0} + \left(\frac{\Delta\delta}{\delta_0}\right)^2 + \left(\frac{\Delta\delta}{\delta_0}\right)^3 + \cdots$$

忽略二次以上的高次项，经简化，传感器的灵敏度可表示为

$$S = \left|\frac{\Delta L}{\Delta\delta}\right| = \left|\frac{L_0}{\delta_0}\right| \tag{5.23}$$

可以看出，高次项是造成非线性的主要原因。当 $\Delta\delta/\delta_0$ 变小时，高次项迅速减小，非线性得到改善，但电感量的变化量也变小，这说明输出特性与测量范围之间存在矛盾，因此，自感式传感器用于测量微小位移量是比较准确的。为了减小非线性误差，实际测量中广泛采用差动式自感传感器。

3. 差动式自感传感器

为了减小非线性，利用两只完全对称的单个自感传感器共用一个活动衔铁，构成差动式自感传感器。图 5.19 所示为差动 E 型自感传感器，其结构特点是，上下两个磁体的几何尺寸、材料、电气参数均完全一致，传感器的两只电感线圈接成交流电桥的相邻桥臂，另外两个桥臂由电阻组成，构成交流电桥的 4 个臂，电桥

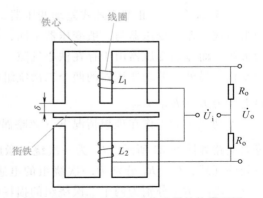

图 5.19 差动 E 型自感传感器结构原理图

激励电源为 $\dot{U}_i$，桥路输出为交流电压 $\dot{U}_o$。

初始状态时，衔铁位于中间位置，两边气隙宽度相等，因此两只电感线圈的电感量相等，接在电桥相邻臂上，电桥输出 $\dot{U}_o=0$，即电桥处于平衡状态。工作时，当衔铁偏离中心位置，向上或向下移动时，造成两边气隙宽度不同，使两只电感线圈的电感量一增一减，电桥不平衡，电桥输出电压将与 ΔL 有关，而 ΔL 与衔铁移动位移的大小近似成比例，其相位则与衔铁移动量的方向有关。因此，只要能测量出输出电压的大小和相位，就可以决定衔铁位移的大小和方向。

差动式自感传感器的灵敏度，在忽略高次项后得到

$$S = \frac{2L_0}{\delta_0} \tag{5.24}$$

4. 螺线管电感传感器

螺线管电感传感器由一空心螺线管和位于螺线管内的圆柱形铁心组成，当铁心伸入螺线管内的长度 x 发生变化时，就引起螺线管自感量 L 的变化，如图 5.20 所示。

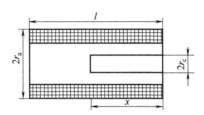

图 5.20　螺线管电感传感器原理图

由于螺线管的实际长度是有限的，而且螺线管内的磁介质是不均匀的，所以要精确计算其自感量是困难的，因而一般的工程计算大多数是近似的，其电感量可表示为

$$L = \pi\mu_0 \frac{W^2}{l^2}[r_a^2 l + (\mu_r - 1) r_c^2 x] \tag{5.25}$$

螺线管电感传感器自感量 L 是与铁心伸入螺线管内长度 x 间的线形系数做了若干近似后得出的。用于小位移测量时，铁心可以工作在螺线管的端部，也可工作在中间部分。在大位移检测时，铁心通常工作在螺线管的中间部分。增加线圈的匝数、增大铁心的直径，可以提高螺线管电感传感器的灵敏度。螺线管电感传感器的线性工作范围通常比气隙型电感传感器的线性工作范围大。

（二）　互感式传感器

1. 变隙式差动变压器

图 5.21 是一个 Ⅱ 型变隙式差动变压器，它由两个 Ⅱ 型铁心、一个活动衔铁及多个铁心绕组组成。差动变压器与一般变压器不同，一般变压器为闭和磁路，一次侧和二次侧的互感为常数，而差动变压器由于存在铁心气隙，是开磁路，且一次侧和二次侧的互感随衔铁位移而变化。另外，差动变压器的两个二次绕组的同名端反相串联，因此它按差动方式工作，输出电压为 $\dot{U}_o = \dot{E}_{21} - \dot{E}_{22}$。

差动变压器工作在理想情况下（忽略涡流损耗、磁滞损耗和分布电容等的影响），它的等效电路如图 5.22 所示。$\dot{U}_i$ 为一次绕组激励电压；M_1、M_2 分别为一次绕组与两个二次绕组间的互感；L_1、R_1 分别为一次绕组的电感和有效电阻；L_{21}、L_{22} 分别为两个二次绕组的电感；R_{21}、R_{22} 分别为两个二次绕组的损耗电阻。

1）当衔铁位于中间位置时，$M_1 = M_2$，$\dot{E}_{21} = \dot{E}_{22}$，$\dot{U}_o = 0$。

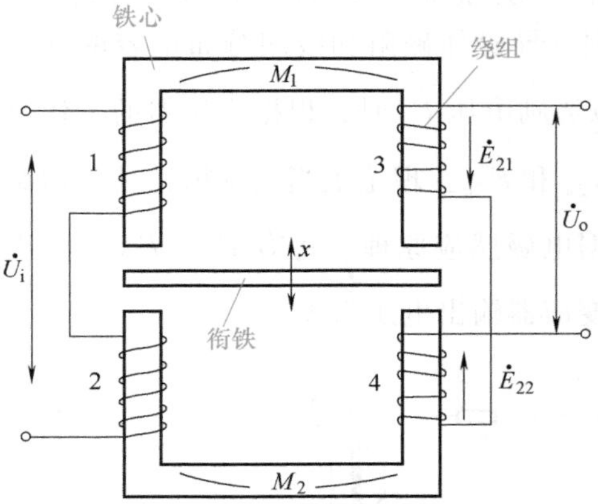

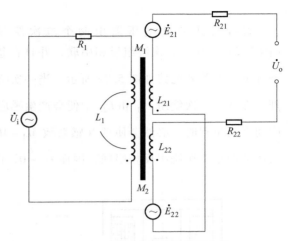

图 5.21　差动变压器的结构原理

图 5.22　差动变压器的等效电路

$$\begin{cases} \dot{E}_{21} = \dot{E}_{22} = -j\omega M \dfrac{\dot{U}_i}{R_1 + j\omega L_1} \\ \dot{E}_0 = |\dot{E}_{21}| = |\dot{E}_{22}| = \dfrac{\omega M U_i}{\sqrt{R_1^2 + (\omega L_1)^2}} \end{cases} \tag{5.26}$$

2）当衔铁向上移动时，$M_1 > M_2$，$\dot{E}_{21} > \dot{E}_{22}$，$\dot{U}_o > 0$，且 $M_1 = M + \Delta M$，$M_2 = M - \Delta M$。

$$\begin{cases} \dot{U}_o = -j\omega \dfrac{2\Delta M \dot{U}_i}{R_1 + j\omega L_1} \\ U_o = |\dot{U}_o| = \dfrac{2\omega \Delta M U_i}{\sqrt{R_1^2 + (\omega L_1)^2}} = 2E_0 \dfrac{\Delta M}{M} \end{cases} \tag{5.27}$$

3）当衔铁向下移动时，$M_1 < M_2$，$\dot{E}_{21} < \dot{E}_{22}$，$\dot{U}_o < 0$，且 $M_1 = M - \Delta M$，$M_2 = M + \Delta M$。

$$\begin{cases} \dot{U}_o = j\omega \dfrac{2\Delta M \dot{U}_i}{R_1 + j\omega L_1} \\ U_o = |\dot{U}_o| = \dfrac{2\omega \Delta M U_i}{\sqrt{R_1^2 + (\omega L_1)^2}} = 2E_0 \dfrac{\Delta M}{M} \end{cases} \tag{5.28}$$

输出阻抗及模为

$$\begin{cases} Z = R_{21} + R_{22} + j\omega L_{21} + j\omega L_{22} \\ |Z| = \sqrt{(R_{21} + R_{22})^2 + \omega^2 (L_{21} + L_{22})^2} \end{cases} \tag{5.29}$$

因此，从输出端看，差动变压器可等效为内阻抗 Z，电压为 $\dot{U}_o$ 的一个电压源，此电压大小与互感的相对变化成正比。而且当衔铁上移时，输出电压 $\dot{U}_o$ 与输入电压 $\dot{U}_i$ 反相，当衔铁下移时，输出电压 $\dot{U}_o$ 与输入电压 $\dot{U}_i$ 同相。

2. 螺线管式差动变压器

螺线管式差动变压器由两个二次绕组、一个一次绕组、活动衔铁及壳体组成（图 5.23）。两个二次绕组反相串联，并且在忽略铁损、导磁体磁阻和线圈分布电容的理想条件下，其等效电路如图 5.24 所示。当一次绕组加以激励电压 $\dot{U}_i$ 时，根据变压器的工作原理，在两个二次绕组 L_{21} 和 L_{22} 中便会产生感应电势 $\dot{E}_{2a}$ 和 $\dot{E}_{2b}$。理论上当活动衔铁处于初始中间平衡位置时，必然会使两互感系数 $M_1 = M_2$。根据电磁感应原理，将有 $\dot{E}_{2a} = \dot{E}_{2b}$。由于变压器两个二次绕组反相串联，因而 $\dot{U}_o = 0$，即差动变压器输出电压为零。

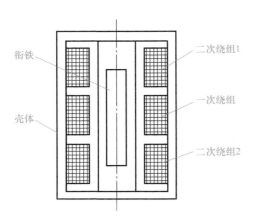

图 5.23　螺线管式差动变压器结构

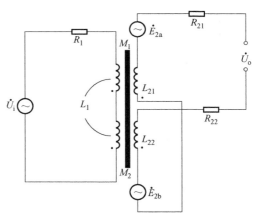

图 5.24　螺线管式差动变压器等效电路

当活动衔铁向上移动时，由于磁阻的影响，L_{21} 磁通将大于 L_{22}，使 $M_1 > M_2$，因而 $\dot{E}_{2a}$ 增加，$\dot{E}_{2b}$ 减小。反之 $\dot{E}_{2b}$ 增加，$\dot{E}_{2a}$ 减小。因 $\dot{U}_o = \dot{E}_{2a} - \dot{E}_{2b}$，所以当 $\dot{E}_{2a}$、$\dot{E}_{2b}$ 随着衔铁位移 x 变化时，$\dot{U}_o$ 也必将随 x 而变化。

当衔铁位于中心位置时，差动变压器输出电压并不等于零，而是存在零点残余电压，记作 ΔU_o，它的存在使传感器的输出特性不经过零点，造成实际特性与理论特性不完全一致。零点残余电压产生的原因，主要是由传感器的两个二次绕组的电气参数和几何尺寸不对称，以及磁性材料的非线性等引起的。

为了减小零点残余电动势可采取以下方法：

1）尽可能保证传感器几何尺寸、线圈电气参数的对称性。磁性材料要经过处理来消除内部的残余应力，使其性能均匀稳定。

2）选用合适的测量电路，如采用相敏整流电路，既可判别衔铁移动方向又可改善输出特性，减小零点残余电动势。

3）采用补偿电路减小零点残余电动势。

（三）电涡流式变换原理

1. 电涡流效应

一块金属导体放置于一个扁平线圈附近，相互不接触，如图 5.25 所示。当线圈中通有高频交变电流 $\dot{I}_1$ 时，在线圈周围产生交变磁场 ϕ_1；交变磁场 ϕ_1 将通过附近的金属导体产

生电涡流 $\dot{I}_2$，同时产生交变磁场 ϕ_2，且 ϕ_2 与 ϕ_1 的方向相反。ϕ_2 对 ϕ_1 有反作用，从而使线圈中的电流 $\dot{I}_1$ 的大小和相位均发生变化，即线圈中的等效阻抗发生了变化，这就是电涡流效应。线圈阻抗的变化与电涡流效应密切相关，即与线圈的半径 r、激磁电流 $\dot{I}_1$ 的幅值、频率 ω、金属导体的电阻率 ρ、磁导率 μ，以及线圈到导体的距离 x 有关，可以表示为 $Z=f(r, \dot{I}_1, \omega, \rho, \mu, x)$。实际应用时，控制上述这些可变参数，只改变其中的一个参数，则线圈阻抗的变化就成为这个参数的单值函数，这就是利用电涡流效应实现测量的主要原理。

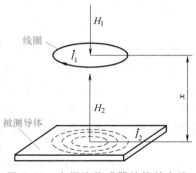

图 5.25　电涡流传感器的等效电路

利用电涡流效应制成的变换元件的优点有：灵敏度高，结构简单，抗干扰能力强，不受油污等介质的影响，可进行非接触测量等。这类元件常用于测量位移、振幅、厚度、工件表面粗糙度、导体的温度、金属表面裂纹，以及材质的鉴别等，在工业生产和科学研究各个领域有广泛的应用。

2. 等效电路分析

由电涡流效应的作用过程可知，金属导体可看作一个短路线圈，它与高频通电扁平线圈磁性相连，把高频导电线圈看成变压器一次侧，金属导体中涡流回路看成二次侧，得到等效电路如图5.26 所示。图中 R_1 和 L_1 分别为通电线圈的电阻和电感，R_2 和 L_2 分别为金属导体的电阻和电感，线圈与金属导体间互感系数 M 随间隙 x 的减小而增大。$\dot{U}_i$ 为高频激磁电压，线圈的等效阻抗为

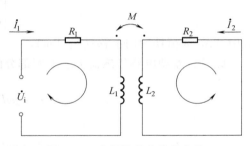

图 5.26　电涡流效应等效电路

$$\begin{cases} Z=\dfrac{\dot{U}_i}{\dot{I}_1}=R+j\omega L \\[2mm] R=R_1+R_2\dfrac{\omega^2 M^2}{R_2^2+\omega^2 L_2^2} \\[2mm] L=L_1-L_2\dfrac{\omega^2 M^2}{R_2^2+\omega^2 L_2^2} \end{cases} \qquad (5.30)$$

式中，L_1 为不计涡流效应时线圈的电感（H）；L_2 为电涡流等效电路的等效电感（H）；R 为考虑电涡流效应时线圈的等效电阻（Ω）；L 为考虑电涡流效应时线圈的等效电感（H）。

可知由于涡流效应的作用，线圈的阻抗由 $Z_0=R_1+j\omega L_1$ 变成了 Z。比较 Z_0 与 Z 可知：电涡流影响的结果使等效阻抗 Z 的实部增大、虚部减少，即等效的品质因数 Q 值减小了。这样电涡流将消耗电能，在导体上产生热量。

（四）测量电路

测量电路用来实现传感器感应的量到电量的转换，自感式传感器的测量电路有交流电桥

式、交流变压器式和谐振式等。

1. 交流电桥式测量电路

如图 5.27 所示，差动电感式传感器的两个线圈作为电桥的两个相邻桥臂 Z_1 和 Z_2，另两个相邻桥臂用纯电阻 $Z_3 = Z_4 = R_0$ 代替。电路由交流电源供电，电桥的另一对角端即为输出的交流电压。初始位置时，衔铁处于中间位置，两边的气隙相等，即 $\delta_1 = \delta_2 = \delta_0$，因此两只电感线圈的电感量在理论上相等，即

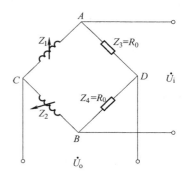

$$L_1 = L_2 = L_0 = \frac{W^2 \mu_0 S}{2\delta_0} \tag{5.31}$$

式中，L_1 为差动电感式传感器的上半部分电感（H）；L_2 为差动电感式传感器的下半部分电感（H）。

此时，上下两部分的阻抗相等，$Z_1 = Z_2$；电桥的输出电压应为零，$\dot{U}_o = 0$，电桥处于平衡状态。

当衔铁向上移动时，即

$$\begin{cases} \delta_1 = \delta_0 - \Delta\delta \\ \delta_2 = \delta_0 + \Delta\delta \end{cases} \tag{5.32}$$

图 5.27　交流电桥式测量电路

式中，$\Delta\delta$ 为衔铁的向上移动量（m）。

此时，差动电感传感器上、下两部分的阻抗分别为

$$Z_1 = j\omega L_1 = j\omega \frac{W^2 \mu_0 S}{2(\delta_0 - \Delta\delta)}$$

$$Z_2 = j\omega L_2 = j\omega \frac{W^2 \mu_0 S}{2(\delta_0 + \Delta\delta)} \tag{5.33}$$

电桥输出为

$$\dot{U}_o = \dot{U}_C - \dot{U}_D = \left(\frac{Z_1}{Z_1 + Z_2} - \frac{1}{2} \right) \dot{U}_i = \frac{\dot{U}_i}{2} \cdot \frac{\Delta\delta}{2\delta_0} \tag{5.34}$$

由式（5.34）可知，电桥输出电压的幅值大小与衔铁的相对移动量的大小成正比，当 $\Delta\delta > 0$ 时，$\dot{U}_o$ 与 $\dot{U}_i$ 相同；当 $\Delta\delta < 0$ 时，$\dot{U}_o$ 与 $\dot{U}_i$ 相反。该测量电路可以测量位移的大小和方向。

106

2. 变压器式交流电桥

如图 5.28 所示，变压器式交流电桥相邻两工作臂 Z_1 和 Z_2 是差动式自感传感器的两个线圈的阻抗，另两个臂为交流变压器二次绕组的 1/2 阻抗，其每半电压为 $\dot{U}_i/2$，输出电压取自 A、B 两点，D 点为零电位。设传感器线圈为高 Q 值，即线圈电阻远小于其感抗，则

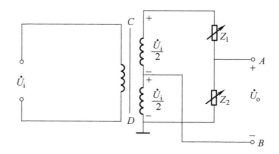

图 5.28　变压器式交流电桥测量电路

$$\dot{U}_o = \dot{U}_A - \dot{U}_B = \left(\frac{Z_2}{Z_1 + Z_2} - \frac{1}{2}\right)\dot{U}_i = \frac{\dot{U}_i}{2} \cdot \frac{Z_2 - Z_1}{Z_1 + Z_2} \qquad (5.35)$$

在初始位置，衔铁位于中间时，$Z_1 = Z_2 = Z$，$\dot{U}_o = 0$，电桥平衡。

当衔铁上移时，上线圈阻抗增加（$Z_1 = Z + \Delta Z$），下线圈阻抗减小（$Z_1 = Z - \Delta Z$），则有

$\dot{U}_o = -\dfrac{\dot{U}_i}{2} \cdot \dfrac{\Delta\delta}{\delta_0}$；同理，当衔铁下移时，则有 $\dot{U}_o = \dfrac{\dot{U}_i}{2} \cdot \dfrac{\Delta\delta}{\delta_0}$。

因此，衔铁上下移动时，输出电压大小相等、极性相反，但由于 $\dot{U}_i$ 是交流电压，输出指示无法判断出位移方向，必须采用相敏检波器鉴别出输出电压极性随位移方向变化而产生的变化。

3. 相敏检波电路

如图 5.29 所示，Z_1 和 Z_2 是差动自感传感器两个线圈的电感，作为交流电桥的相邻工作臂，C_1 和 C_2 为另两个桥臂。VD_1、VD_2、VD_3、VD_4 构成相敏整流器，R_1、R_2、R_3 和 R_4 为 4 个线绕电阻，用于减小温度误差，左边的 R_{W1} 是调节电桥平衡的，右边的 R_{W2} 是保护测量范围较小的表头的，输出信号由电压表指示，C_3 为滤波电容，供桥电压由 $\dot{U}_i$ 提供，加在 A、B 点，输出电压自 C、D 点取出。

1）当衔铁位于中间位置时，$Z_1 = Z_2$，电桥平衡，$U_C = U_D$，输出为零，电压表无指示。

2）当衔铁上移，上线圈 L_1 电感增大，下线圈 L_2 电感减小，无论输入交流电压为正半周还是负半周，D 点电位总是高于 C 点，指针正向偏转。

3）当衔铁下移，上线圈 L_1 电感减小，下线圈 L_2 电感增大，无论输入交流电压为正半周还是负半周，D 点电位总是低于 C 点，指针反向偏转。

相敏检波电路既能反映位移的大小，也能判断出位移的方向。

4. 差动整流电路

差动变压器的输出电压为交流，它与衔铁位移成正比。采用差动整流电路进行测量不仅可以得到位移大小，也可以获知移动方向。

如图 5.30 所示，该电路是根据半导体二极管单向导电原理进行解调的。进行测量时，当衔铁处于中间时，$\dot{U}_{db} = \dot{U}_{hf}$，$\dot{U}_o = 0$；当衔铁向上移动时，$\dot{U}_{db} > \dot{U}_{hf}$，$\dot{U}_o > 0$；当衔铁向下移动时，$\dot{U}_{db} < \dot{U}_{hf}$，$\dot{U}_o < 0$。因此，可根据输出电压判别衔铁移动方向。

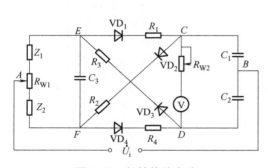

图 5.29　相敏检波电路

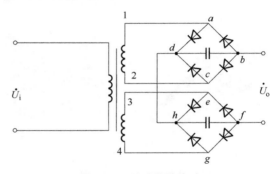

图 5.30　差动整流电路

（五）电感式传感器的应用

如图 5.31 所示，位移测量时测头的测端与被测件接触，被测件的微小位移使衔铁在差

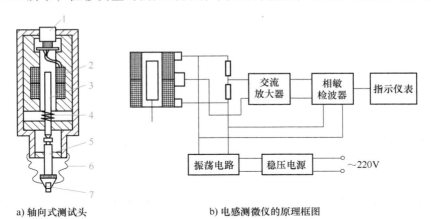

a) 轴向式测试头　　　　　b) 电感测微仪的原理框图

图 5.31　位移测量原理

1—线引线　2—线圈　3—衔铁　4—测力弹簧　5—导杆　6—密封罩　7—测头

动线圈中移动，线圈的电感值将产生变化，这一变化量通过引线接到交流电桥，电桥的输出电压就反映被测件的位移变化量。电感测微头如图 5.32 所示。

涡流式传感器的特点是结构简单，易于进行非接触的连续测量，灵敏度较高，适用性强。

1）利用位移 x 作为变换量，可以做成测量位移、厚度、振幅、振摆、转速等传感器，也可做成接近开关、计数器等。

2）利用材料电阻率 ρ 作为变换量，可以做成测量温度、判别材质等的传感器。

3）利用磁导率 μ 作为变换量，可以做成测量应力、硬度等的传感器。

4）利用变换量 x、ρ、μ 等的综合影响，可以做成探伤装置。

电感式传感器的应用如图 5.33～图 5.35 所示。

图 5.32　电感测微头

图 5.33　转速传感器

图 5.34　接近开关

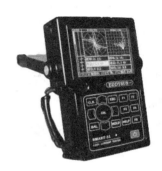

图 5.35　掌上型电涡流探伤仪

三、电容式传感器

电容式传感器（Capacitance Sensor）是一种将被测非电量的变化转换为电容变化的器件或装置。与其他类型的传感器相比，电容式传感器具有结构简单、灵敏度高、动态响应特性好、适应性强、抗过载能力大及易实现、非接触测量等优点，在力、位移、厚度、湿度等物理量的测量和成分分析等方面得到了广泛的应用。

（一）基本工作原理、结构及特点

把两块金属极板用介质隔开就构成一个简单的电容器，如图 5.36 所示。两金属极板间具有的电容为

$$C = \frac{\varepsilon S}{d} = \frac{\varepsilon_0 \varepsilon_r S}{d} \tag{5.36}$$

式中，C 为电容（F）；d 为两极板间的距离（m）；S 为两极板间相互遮盖的面积（m^2）；ε 为两极板间介质的介电常数（F/m），$\varepsilon = \varepsilon_0 \varepsilon_r$；$\varepsilon_r$ 为两极板间介质的相对介电常数；ε_0 为真空中的介电常数。

由式（5.36）可知，d、S、ε 三个参数中任意一个发生变化时，电容 C 都会随之变化，如果保持两个参数不变，而仅改变另一个参数，并且使该参数与被测量之间存在某种一一对应的函数关系，那么被测量的变化就可以直接由电容 C 的变化反映出来。再通过适当的测量电路就可以转

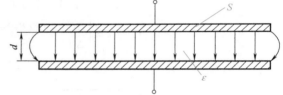

图 5.36 平行板电容器

换为相应的电量输出，这就是电容式传感器的基本原理。根据决定电容 C 变化的三个参数，电容式传感器可分为变间距型、变面积型、变介电常数型三种类型。

1. 变间距型电容式传感器

图 5.37 所示为变间距型电容式传感器的原理图，下极板 A 固定，上极板 B 为可动极板，两极板间的介电常数 ε 和相互遮盖面积 S 不变，初始间距为 d，则初始电容为

$$C_0 = \frac{\varepsilon_0 \varepsilon_r S}{d} \tag{5.37}$$

当可动极板 B 移动 Δd 时，电容量变化量为

$$\Delta C = C - C_0 = \frac{\varepsilon_0 \varepsilon_r S}{d + \Delta d} - C_0 = \frac{C_0}{1 + \frac{\Delta d}{d}} - C_0 = -\frac{\Delta d}{d}\left(1 + \frac{\Delta d}{d}\right)^{-1} C_0 \tag{5.38}$$

灵敏度为

$$k = \left|\frac{\Delta C}{\Delta d}\right| = \frac{1}{d}\left(1 + \frac{\Delta d}{d}\right)^{-1} C_0 \tag{5.39}$$

当 $\frac{\Delta d}{d} = 1$ 条件下，有

$$\frac{\Delta C}{C_0} = -\frac{\Delta d}{d}\left[1 - \frac{\Delta d}{d} + \left(\frac{\Delta d}{d}\right)^2 - \left(\frac{\Delta d}{d}\right)^3 + \cdots\right] \approx -\frac{\Delta d}{d} \tag{5.40}$$

109

ΔC 与 Δd 近似呈线性关系，即传感器的输出特性近似为线性，在此条件下，其灵敏度为

$$k = \left| \frac{\Delta C}{\Delta d} \right| \approx \frac{\varepsilon_0 \varepsilon_r S}{d^2} \tag{5.41}$$

可以得到以下两点结论：①变间距型电容式传感器的非线性与极板间距 d 成反比，只有在 $\Delta d/d$ 很小时，才有近似的线性输出，因此这种传感器适用于小范围（微米级）的位移测量；②由式（5.40）可知，采用减小初始极板间距 d 可大幅度提高灵敏度，但 d 的减小，一是将增大非线性，二是会受到电容器击穿电压的影响。

实际应用中，为了克服非线性和提高灵敏度之间的矛盾，大多采用图 5.38 所示的差动式结构。在该结构中，3 个极板构成了两个电容器，上下两极板固定，中间的极板可以移动。设在初始位置时，$d_1 = d_2 = d$，所构成的两个电容相等，则动极板向下移动 Δd 时有：

$$\Delta C = C_1 - C_2 = C_0 \left[2\frac{\Delta d}{d} + 2\left(\frac{\Delta d}{d}\right)^2 + \cdots \right]$$

$$\frac{\Delta C}{C} = 2\frac{\Delta d}{d} \left[1 + \left(\frac{\Delta d}{d}\right)^2 + \left(\frac{\Delta d}{d}\right)^4 + \cdots \right] \approx 2\frac{\Delta d}{d}$$

$$k = \left| \frac{\Delta C}{\Delta d} \right| \approx \frac{2\varepsilon_0 \varepsilon_r S}{d^2} \tag{5.42}$$

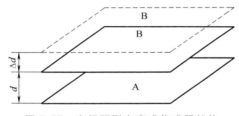

图 5.37 变间距型电容式传感器结构

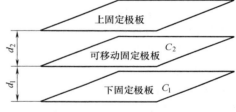

图 5.38 差动式结构

可以看出差动式结构比单电容式传感器灵敏度提高了一倍，而非线性误差却大为减小。与此同时，采用差动式结构，由于结构上的对称性，还可以减小静电引力给测量带来的影响，并有效地改善由于温度等环境影响所造成的误差。

2. 变面积型电容式传感器

图 5.39a 是角位移式电容式传感器的原理图，当动片有一角位移 θ 时，两极板间覆盖面积改变，因而改变了两极板间的电容量。

$$\begin{cases} C_0 = \dfrac{\varepsilon_0 \varepsilon_r S}{d} & \theta = 0 \\ C_\theta = \dfrac{\varepsilon_0 \varepsilon_r S(1-\theta/\pi)}{d} = C_0(1-\theta/\pi) & \theta \neq 0 \end{cases} \tag{5.43}$$

可见，角位移式电容式传感器电容 C_θ 与角位移 θ 呈线性关系。

图 5.39b 为直线位移式电容式传感器的原理图，两极板间相互遮盖面积 $S = Lb$，忽略边缘效应的条件下，初始电容为

$$C_0 = \frac{\varepsilon_0 \varepsilon_r S}{d} = \frac{\varepsilon_0 \varepsilon_r Lb}{d} \tag{5.44}$$

若电容器的两极板间可以相互移动，两极板间有效遮盖面积 S 将发生变化。设下板固定，上极板向右平移 ΔL 时，有

$$C = \frac{\varepsilon_0 \varepsilon_r (L - \Delta L) b}{d} = \frac{\varepsilon_0 \varepsilon_r L b}{d} - \frac{\varepsilon_0 \varepsilon_r \Delta L b}{d} = C_0 - \frac{\varepsilon_0 \varepsilon_r \Delta L b}{d}$$

$$\Delta C = C - C_0 = -\frac{\varepsilon_0 \varepsilon_r \Delta L b}{d}$$

$$k = \left| \frac{\Delta C}{\Delta L} \right| = \frac{\varepsilon_0 \varepsilon_r b}{d} \tag{5.45}$$

在忽略边缘效应的条件下，ΔC 与 ΔL 呈线性关系，即直线位移式电容式传感器的输出特性是线性的，灵敏度 k 为一常数；增大介电常数 ε、极板边长 b 或减小极板间距 d 都可以提高灵敏度，但与变间距型电容式传感器相比，其灵敏度较低；极板间的移动距离不宜太大，太大会因边缘效应的增加而影响线性特性。但与变间距型电容式传感器相比，因其量程不受线性范围的限制，故测量范围要大，适合于测量较大的直线位移（厘米级）和角位移（几十度）。

为了提高传感器的灵敏度和克服极板的边缘效应，变面积型电容式传感器也可采用图5.39c 所示的差动式结构，但在设计差动式变面积型电容式传感器时，必须注意保证可动极板在初始位置与两个固定极板构成的初始电容 C_1 和 C_2 为相同值。

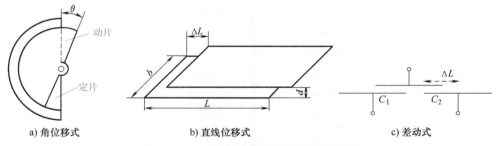

a) 角位移式　　　　b) 直线位移式　　　　c) 差动式

图 5.39　变面积型电容式传感器的原理图

3. 变介电常数型电容式传感器

变介电常数型电容式传感器是通过改变极板间介质的相对介电常数 ε_r 来实现测量的，其结构原理图如图 5.40 所示。此类传感器大多用来测量电介质的厚度、位移、液位、液量，还可根据极板间介质的介电常数随温度、湿度、容量改变而改变来测量温度、湿度、容量等。

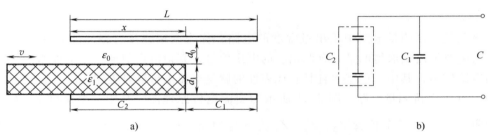

a)　　　　　　　　　　b)

图 5.40　变介电常数型电容式传感器的结构原理图

图 5.40a 所示为平板型线位移传感器的结构原理图，设平行板面积为 $S=Lb$，在忽略边缘效应的条件下，当电容器内无介电常数为 ε_1 的电介质时，电容器的电容为

$$C_0 = \frac{\varepsilon_0 S}{d} = \frac{\varepsilon_0 Lb}{d_0 + d_1} \tag{5.46}$$

插入介电常数为 ε_1 的电介质后，电容器的等效电路如图 5.40b 所示，电容变为

$$C = C_1 + C_2 = \frac{\varepsilon_0 (L-x) b}{d_0 + d_1} + \frac{xb}{\dfrac{d_0}{\varepsilon_0} + \dfrac{d_1}{\varepsilon_1}} = C_0 + \frac{(\varepsilon_1 - \varepsilon_0) d_1 C_0}{(\varepsilon_1 d_0 + \varepsilon_0 d_1) L} x \tag{5.47}$$

可见，电容 C 与介电常数为 ε_1 的电介质的位移 x 呈线性关系。

常见物质的相对介电常数见表 5.3。

表 5.3 常见物质的相对介电常数

物质名称	相对介电常数 ε_r	物质名称	相对介电常数 ε_r
水	80	玻璃	3.7
甘油	47	硫磺	3.4
甲醇	37	沥青	2.7
乙二醇	35~40	苯	2.3
乙醇	20~25	松节油	3.2
白云石	8	聚四氟乙烯塑料	1.8~2.2
盐	6	液氮	2
醋酸纤维素	3.7~7.5	纸	2
瓷器	5~7	液态二氧化碳	1.59
米及谷类	3~5	液态空气	1.5
纤维素	3.9	空气及其他气体	1~1.2
砂	3~5	真空	1
砂糖	3	云母	6~8

（二） 电容式传感器的测量电路

电容式传感器把被测量转换成电容参数 C，为了使信号能便于传输、处理、显示和记录，还需借助于一定的测量电路，将电容参数 C 进一步转换为与其测量值成正比的电压、电流、频率等电量参数。目前这样的测量电路种类很多，一般可归为调幅、调频、脉冲调制三大类型。

1. 调幅测量电路

用被测量调制测量电路中输出量幅度的电路，称为调幅测量电路。配有这种电路的系统，在其电路输出端取得的是具有调幅波的电压信号，其幅值近似地正比于被测信号。实现调幅的电路较多，其中，最基本且具有代表性的就是交流电桥测量电路。

（1）交流电桥测量电路　图 5.41 所示为交流电桥原理图，其中一个桥臂 Z_1 为电容式传感器阻抗，另外三个桥臂 Z_2、Z_3、Z_4 为固定阻抗，$\dot{U}_S$ 为电源电压（设电源内阻抗为零），$\dot{U}_o$ 为电桥输出电压，图中所示的极性为设定电压的参考方向。因为一般电桥输出都接

入运算放大器，所以可视其输出为开路。

设电桥初始处于平衡状态，有 $Z_1Z_4=Z_2Z_3$，$\dot{U}_o=0$，当被测量变化时，将引起电容式传感器阻抗 Z_1 变化 ΔZ，电桥失去平衡，根据分压原理，可得输出电压为

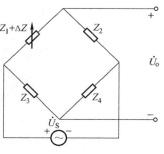

图 5.41 交流电桥

$$\dot{U}_o=\left(\frac{Z_1+\Delta Z}{Z_1+\Delta Z+Z_2}-\frac{Z_3}{Z_3+Z_4}\right)\dot{U}_S \tag{5.48}$$

代入 $Z_1Z_4=Z_2Z_3$，设桥臂比 $\dfrac{Z_1}{Z_2}=n$，并考虑 $\Delta Z\ll Z_1$，整理式（5.48）得

$$\dot{U}_o\approx\frac{(\Delta Z/Z_1)(Z_1/Z_2)}{[1+(Z_1/Z_2)]^2}\dot{U}_S=\frac{n}{(1+n)^2}\cdot\frac{\Delta Z}{Z_1}\dot{U}_S=K\beta\dot{U}_S \tag{5.49}$$

式中，K 为电桥的桥臂系数，$K=\dfrac{n}{(1+n)^2}$；β 为传感器阻抗相对变化率，$\beta=\dfrac{\Delta Z}{Z_1}$。$K$、$\beta$、$\dot{U}$ 一般均为复数，对于电容式传感器，Z_1 为容抗，则有

$$\beta=\frac{\Delta Z}{Z_1}=\left[\frac{1}{j\omega C}-\frac{1}{j\omega(C+\Delta C)}\right](j\omega C)=\frac{\Delta C}{C+\Delta C}\approx\frac{\Delta C}{C} \tag{5.50}$$

可见，电容式传感器阻抗相对变化率是一个实数，且与 ΔC 近似呈线性关系。而桥臂比

$$n=\frac{Z_1}{Z_2}=\frac{|Z_1|e^{j\theta_1}}{|Z_2|e^{j\theta_2}}=ae^{j\theta} \tag{5.51}$$

式中，a 为桥臂比 n 的模，$a=\dfrac{|Z_1|}{|Z_2|}$；θ 为桥臂比 n 的相角，$\theta=\theta_1-\theta_2$。桥臂比 n 是一个复数，是信号频率的函数。

由于桥臂比 n 为复数，故桥臂系数 K 也为复数，它可表示为 $K=|K|e^{j\varphi}$，将式（5.51）代入桥臂系数公式，可得

$$\begin{cases}|K|=\dfrac{a}{1+2a\cos\theta+a^2}=f_1(a,\theta)\\[3mm]\varphi=\arctan\dfrac{(1-a^2)\sin\theta}{2a+(1+a^2)\cos\theta}=f_2(a,\theta)\end{cases} \tag{5.52}$$

图 5.42a 给出了对于不同 θ 值时，桥臂系数 K 的模 $|K|$ 与桥臂比 A 的模 a 的关系曲线，每条 $|K|=f_1(a,\theta)$ 曲线对坐标 1 对称，有 $f_1(a)=f_1(1/a)$，所以图中只绘出 $a>1$ 的情况。可以看出，$a=1$ 时，$|K|$ 为最大值 K_m，且 K_m 又随 θ 而变化。当 $\theta=0°$ 时，$K_m=0.25$，输出电压 $\dot{U}_o$ 与电源电压 $\dot{U}_S$ 同相位；当 $\theta=\pm90°$ 时，$K_m=0.5$，输出电压 $\dot{U}_o$ 相对电源电压 $\dot{U}_S$ 发生 90°相移；当 $\theta=\pm180°$ 时，$K_m\to\infty$，此时电桥发生谐振，输出电压 $\dot{U}_o$ 趋于无限大。

图 5.42b 给出了对于不同 θ 值时，$\varphi=f_2(a,\theta)$ 的关系曲线，可以看出：

当 $a=1$ 时，无论 θ 为任何值，φ 始终为零，即输出与电源同相位。

当 $a\to\infty$ 时，$\varphi=\varphi_m$（最大值），且 $\varphi_m=\theta$。

当 $\theta=0$ 时，$\varphi=0$，这意味着当桥臂 Z_1、Z_2 是相同性质元件时，无论 a 为任何值，输出

113

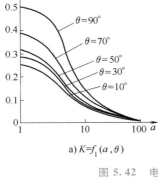 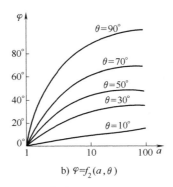

a) $K=f_1(a,\theta)$ b) $\varphi=f_2(a,\theta)$

图 5.42 电桥性能特性曲线

电压 $\dot{U}_{\circ}$ 与电源电压 $\dot{U}_{S}$ 同相位。

图 5.43 所示为几种电容式传感器常用的交流电桥。

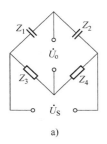 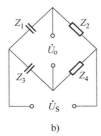 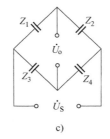 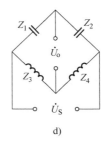 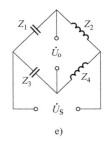

  a)   b)   c)   d)   e)

图 5.43 电容式传感器常用的交流电桥

在电容式传感器使用交流电桥为测量电路时，电桥设计、桥臂元件和参数值选择及桥臂的连接方式等方面应有如下要求与特点：

1）为了使桥路平衡，在 4 个桥臂中必须接入两个电容（一个单电容式传感器和一个固定电容，或接入差动型电容式传感器），另外两个桥臂接入其他类阻抗元件，如：两个电阻、两个电感或两个电容。

2）电容电桥同样有两种对称形式，即 $Z_1 = Z_2$ 对称（二者同是电容）和 $Z_1 = Z_3$ 对称。交流不平衡电桥不宜作为单电容式传感器的测量电路。

3）对于 Z_1、Z_2 为电容，另外两臂（Z_3、Z_4）由任意阻抗元件组成的电桥，输出相移为零时，其桥臂系数的最大值为 0.25；当电桥的两臂 Z_1、Z_2 为电容式传感器与电阻时，其桥臂系数的最大值为 0.5，此时输出的信号有 90° 的相移；当电桥的两臂 Z_1、Z_2 为电容式传感器与电感时，桥臂比的相角 $\theta = \pm 180°$ 时，桥臂系数达到最大值，成为谐振电桥，不可用作测量电路。

目前采用较多的是图 5.44 所示的变压器式交流电桥，使用元件最少，桥路内阻最小。该电桥两臂是电源变压器二次绕组，设感应电动势为 $\dot{E}$，另两臂为差动电容式传感器的两个电容，设容抗分别为 $\dfrac{1}{j\omega C_1}$、$\dfrac{1}{j\omega C_2}$，电桥所接的放大器的输入阻抗即为本电桥的负载 R_L，则电桥输出为

$$\dot{U}_o = \frac{j\omega(C_1 - C_2)}{1 + j\omega(C_1 + C_2)R_L}\dot{E}R_L \tag{5.53}$$

当 $R_L \to \infty$ 时，有

$$\dot{U}_o = \frac{C_1 - C_2}{C_1 + C_2}\dot{E} \tag{5.54}$$

若在该电路中接入的电容式传感器为变间距型，则在极板间距变化 Δd 时，设 C_1 增大，C_2 减小，且初始极板间距 $d_1 = d_2 = d$，有

$$\dot{U}_o = \frac{\Delta d}{d}\dot{E} \tag{5.55}$$

若在该电路中接入的电容式传感器为变面积型，则在两极板间有效遮盖面积 S 发生变化 ΔS 时，设 C_1 增大，C_2 减小，且初始极板间有效遮盖面积 $S_1 = S_2 = S$，有

$$\dot{U}_o = \frac{\Delta S}{S}\dot{E} \tag{5.56}$$

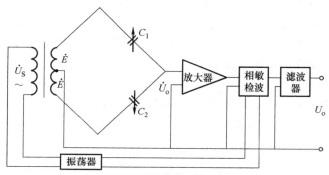

图 5.44　变压器式交流电桥测量电路

上述说明，差动电容式传感器接入变压器式交流电桥中，当放大器输入阻抗极大时，对任何类型的电容式传感器，电桥的输出电压与输入量均呈线性关系。但由于电桥输出电压与电源电压成比例，因此要求电源电压的波动极小，需要采用稳频、稳幅措施。需要指出的是，上述讨论是在理想电容元件情况下进行的，实际上传感器存在寄生分布电容和漏电阻，将引起输出特性的非线性，且使灵敏度下降，为了保证线性，要求传感器必须工作在平衡位置附近；同时，接有电容式传感器的交流电桥输出阻抗很高（一般在兆欧级以上），输出电压幅值又小，所以必须后接高输入阻抗放大器将信号放大后才能测量；此外，因为电桥输出为交流信号，故不能判断输入传感器信号的极性，只有将电桥输出信号经交流放大后，再采用相敏检波器和滤波器，最后才能得到反映输入信号极性的输出电压 $\dot{U}_o$，相敏检波器是一个同步检波，参考电压由交流振荡器提供。

（2）运算放大器测量电路　图 5.45 所示为运算放大器测量电路原理图，它是将电容式传感器 C 作为电路的反馈元件接在运算放大器的输入端和输出端之间，C_0 为一固定电容。

由运算放大器的反馈原理可知，当运算放大器的输入阻抗很高、增益很大时，则可以认为运算放大器的输入电流 $\dot{I} \approx 0$，则有

$$\dot{U}_o = -\frac{C_0}{C}\dot{U}_i \tag{5.57}$$

如果传感器的电容是由平行板构成，则式（5.57）可写成

$$\dot{U}_{o} = -\frac{C_{0}d}{\varepsilon S}\dot{U}_{i} \qquad (5.58)$$

式（5.58）表明，运算放大器的输出电压与平行板电容器的极板间距成正比。这就是说：对于变间距型电容式传感器，它虽然是一个非线性元件，但是当它采用运算放大器测量电路后，其输出电压 $\dot{U}_{o}$ 与极板间距 d 的变化成正比，克服了单独使用变间距型电容式传感器存在的非线性问题，这是运用运算放大器测量电路的最大优点。但是，式（5.58）也表明：

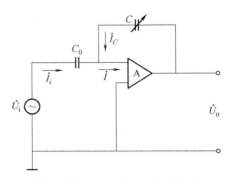

图 5.45　运算放大器测量电路

输出电压 $\dot{U}_{o}$ 还与电源电压 $\dot{U}_{i}$ 和固定电容 C_{0} 有关，且是交流输出。因而在实际应用中，对运算放大器测量电路要求：①需要有高精度的交流稳压电源；②配置的固定电容 C_{0} 必须稳定；③需配置整流电路才能得到直流电压输出。另外，由于实际的运算放大器增益和输入阻抗均为有限值，因此输出总存在一定的非线性误差，但因增益和输入阻抗一般都很大，这种误差很小，总可以控制在测量误差要求范围内。

2. 调频测量电路

用被测量调制测量电路中输出量频率的电路，称为调频测量电路，如图 5.46 所示。当被测量没有变化时，$\Delta C = 0$，则 $C = C_{0} + C_{P} + C_{g}$ 为一常数，此时振荡器的频率为其固有频率，即

$$f = f_{0} \frac{1}{2\pi\sqrt{L(C_{0} + C_{P} + C_{g})}} \qquad (5.59)$$

式中，L 为振荡回路的电感；C 为振荡回路的总电容，且 $C = (C_{0} \pm \Delta C) + C_{P} + C_{g}$，其中 C_{0} 为传感器的起始电容，ΔC 为传感器电容变化量，C_{P} 为传感器及引线的寄生分布电容，C_{g} 为振荡回路的固定电容。

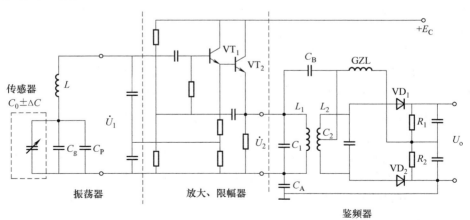

图 5.46　电容式传感器调频测量电路

在被测量改变时，$\Delta C \neq 0$，振荡器频率随之有个相应的改变量 Δf，称为频偏。此时振荡

器的频率为

$$f_0 \frac{1}{2\pi\sqrt{L(C_0 \mp \Delta C + C_P + C_g)}} = f_0 \mp \Delta f \tag{5.60}$$

整理得

$$\Delta f \approx \frac{1}{2} \frac{\Delta C}{C_0 + C_P + C_g} f_0 \tag{5.61}$$

可见，当输入量导致传感器电容发生改变时，振荡器的振荡频率 f 也随之发生相应变化，实现了由电容到频率的转换，由于振荡器的频率受到电容式传感器电容的调制，故称为调频电路。

在调频测量电路中，伴随频率的改变，振荡器输出幅值也要改变，为克服后者，在振荡器之后要加入限幅环节。VT_1、VT_2 等元件组成的放大限幅器，其作用就是把振荡器输出的调频信号 $\dot{U}_1$ 放大并限幅，以避免幅度大小不齐反映到鉴频器输入信号 $\dot{U}_2$ 中去，可减小测量误差。

L_1C_1、L_2C_2、VD_1、VD_2 及高频扼流圈 GZL 等元件组成的鉴频电路，一是将频率的变化转换为振幅的变化，经放大器放大后进行显示；二是用鉴频电路可调整的非线性特性去补偿测量电路中其他部分的非线性，使整个测量系统获得线性特性。

调频测量电路的优点在于：频率输出易得到数字量输出而不需 A/D 转换；灵敏度较高，可测量 $0.01\mu m$ 级的位移变化；能获得伏特级直流电压信号，直接与微机匹配；抗干扰能力强，可长距离发送与接收，为遥测、遥控服务。但是，调频测量电路的频率输出受寄生分布电容影响较大，稳定性较差；此外，直接输出频率信号，其非线性较大，为此需要进行误差补偿。因此在使用中，要求元件参数稳定，直流电源电压稳定，并要求消除温度和电缆电容的影响。

3. 脉冲调制测量电路

用被测量调制测量电路中输出脉冲高度或宽度的电路，称为脉冲调制测量电路。基本工作原理是传感器的电容器充放电时，电容量的变化使电路输出的脉冲高度或宽度随之变化，然后通过低通滤波器，最终得到与被测量变化相应的直流信号。

（1）二极管 T 形网络　二极管 T 形网络又称为二极管双 T 型交流电桥，其组成如图 5.47a 所示，$\dot{U}_i$ 为一对称方波的高频电源电压；C_{x1} 和 C_{x2} 可为电容式传感器的两差动电容，也可使其之一为固定电容，另一个为电容式传感器的电容；VD_1、VD_2 为两个特性相同的理想二极管；R_1、R_2 为阻值相同的两个固定电阻；R_L 为负载。

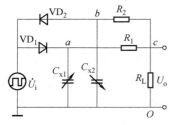
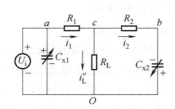
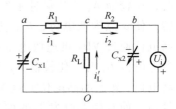

　　　a) 二极管 T 形网络　　　　　　b) $\dot{U}_i$ 处于正半周期等效电路　　　　c) $\dot{U}_i$ 处于负半周期等效电路

图 5.47　二极管 T 形网络及其等效电路

当 $\dot{U}_i$ 处于正半周时，二极管 VD_1 导通，VD_2 截止，于是电容 C_{x1} 被立即充电至 $\dot{U}_i$，其等效电路如图 5.47b 所示；当 $\dot{U}_i$ 处于负半周时，则二极管 VD_2 导通，VD_1 截止，这时电容 C_{x2} 被立即充电至 $-\dot{U}_i$，其等效电路如图 5.47c 所示。

设电路刚接通时电源电压 $\dot{U}_i$ 处于正半周。当 $t=t_1$ 时进入负半周，C_{x2} 被立即充电至 $-\dot{U}_i$，但此时 C_{x1} 上的电荷还来不及通过负载电阻 R_L 放电，电压仍为 $\dot{U}_i$，图 5.47c 可知，由于 $R_1=R_2=R$，在 t_1 瞬间，c 点与 O 点电位相等，$i'_L=0$；随着 C_{x1} 放电，c 点电位越来越比 O 点电位低，即 i'_L 逐渐增大。当 $t=t_2$ 时，$\dot{U}_i$ 又处于正半周，情况与负半周类似，在 t_2 瞬间，c 点与 O 点电位相等，$i''_L=0$；随着 C_{x2} 放电，c 点电位越来越比 O 点电位高，i''_L 逐渐增大，但其方向与 i'_L 相反。当 $C_{x1}=C_{x2}$ 时，由于电路对称，所以 i'_L 和 i''_L 波形相同，方向相反，通过 R_L 上的平均电流为零；当 $C_{x1} \neq C_{x2}$ 时，i'_L 和 i''_L 波形将不相同，导致通过 R_L 上的平均电流不为零，因此产生输出电压 U_o。

输出电流在一周期内的平均值为

$$I_L \approx \frac{1}{T} \cdot \frac{R(R+2R_L)}{(R+R_L)^2} U_i (C_{x1} - C_{x2}) \tag{5.62}$$

输出电压平均值为

$$U_o = I_L R_L = \frac{RR_L(R+2R_L)}{(R+R_L)^2 T} U_i (C_{x1} - C_{x2}) \tag{5.63}$$

二极管 T 形网络测量电路的输出电压不仅与电源电压 $\dot{U}_i$ 的幅值大小有关，而且还与电源频率 $(f=1/T)$ 有关，因此为了保证输出线性，除了稳压外，还要稳频。这种电路的特点是线路简单，不需要附加其他相敏整流电路，只需经过低通滤波器或求均值电路简单的引出，便可直接得到较高的直流输出电压，特别适用于具有线性特性的单极或差动电容式传感器，如变面积型电容式传感器等。

（2）脉冲宽度调制电路　脉冲宽度调制电路原理图如图 5.48 所示，该电路由两个比较器 A_1 和 A_2、双稳态触发器，以及两个充放电回路 $C_{x1}R_1VD_1$ 和 $C_{x2}R_2VD_2$ 组成。其工作过程是：若初始状态双稳态触发器的 a 端为高电位，b 端为低电位，则 a 点通过 R_1 对 C_{x1} 充电，直至 c 点的电位高于参考电位 U_f 时，比较器 A_1 产生脉冲触发双稳态触发器翻转，使 a 点为低电位，b 点为高电位，c 点的

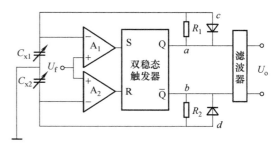

图 5.48　脉冲宽度调制电路原理图

高电位通过 VD_1 迅速放电至零；而同时 b 点的高电位经 R_2 向 C_{x2} 充电，当 d 点的电位高于参考电位 U_f 时，比较器 A_2 产生脉冲触发双稳态触发器又翻转，则使 b 点为低电位，a 点为高电位，d 点的高电位通过 VD_2 迅速放电至零；而同时 a 点通过 R_1 对 C_{x1} 充电，如此周而复始，使双稳态触发器的两个输出端 a 和 b 各自产生一宽度受 C_{x1}、C_{x2} 调制的方波，如图 5.49 所示。

脉冲宽度调制电路具有如下特点：

1）双稳态触发器两输出端输出的方波宽度分别取决于 C_{x1}、C_{x2} 的充电时间。

2）在 $R_1 = R_2$ 的条件下：当 $C_{x1} = C_{x2}$ 时，双稳态触发器输出的电压 U_{ab} 只有交流成分，而无直流成分；当 $C_{x1} \neq C_{x2}$ 时，双稳态触发器输出的电压 U_{ab} 既有交流成分也有直流成分。

3）该测量电路应用于差动电容式传感器时，无论是变间距型还是变面积型，其输出特性均为线性，所以它可以适应任何类型的差动电容式传感器，且具有很好的线性特性，但对单电容式传感器却不存在线性关系。

4）由于低通滤波器的作用，对输出波形纯度要求不高，但要求有一电压稳定度较高的直流电源，这比其他测量电路要求高稳定的稳频、稳幅交流电源易于做到。

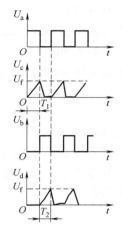

图 5.49　脉冲宽度调制电路波形

5）该测量电路便于与传感器一起使用，从而使传输误差和导线分布电容的影响大为减小。

（三）电容式传感器的误差分析

在实际应用中，电容器总会存在诸多不可忽视的因素而使传感器产生误差，影响传感器的线性度和灵敏度。

1. 等效电路

在电容器的各种损耗、电场边缘效应、寄生与分布电容等因素不可忽视时，实际的电容式传感器的等效电路模型如图 5.50 所示：C 为传感器的电容；R_p 为损耗并联电阻，它包含电容极板间的漏电和介质损耗；R_s 是由引线、极板和金属支座等引起的串联损耗电阻；L_s 是传感器接线端之间的电流回路的总电感；C_p 为寄生电容，

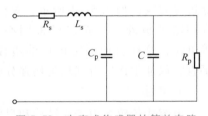

图 5.50　电容式传感器的等效电路

与传感器电容并联，在分析时可视为含于传感器电容 C 之中。由于传感器并联电阻 R_p 一般都很大，而 R_s 又相对较小，则该等效电路的等效电容可表示为

$$C_e = \frac{C}{1-\omega^2 CL_s} = \frac{C}{1-(f/f_0)^2} \tag{5.64}$$

式中，f_0 为电路的谐振频率，$f_0 = \dfrac{1}{2\pi\sqrt{L_s C}}$。

则电容的实际相对变化量为

$$\frac{\Delta C_e}{C_e} = \frac{\Delta C / C}{1-\omega^2 L_s C} \tag{5.65}$$

由式（5.65）可知：①电容转换元件的实际相对电容变化量与转换元件的固有电感（包括引线、电缆等的电感）有关，因而在实际应用时需保持电容式传感器的标定和测量在相同条件下进行，即要求线路中导线实际长度等条件在测试和标定时必须保持一定；②由于

119

等效电路有一谐振频率，在激励信号频率接近或等于谐振频率时将破坏电容的正常作用，因此，只有在激励信号频率远离谐振频率时，才能获得电容式传感元件的正常工作；③电容式传感器的电容 C 和电感 L_s 一般都很小，因而其谐振频率 f_0 一般很大（几十兆赫兹以上），故在激励信号频率较低时，$f/f_0 \approx 0$，此时才可视为 $C_e = C$，电容传感元件本身才可用纯电容表示。

2. 边缘效应

在前述各种电容式传感器的公式推导中，都略去了电容器边缘效应的影响，但在实际应用中，边缘效应总是存在的。如图 5.51 所示，电容器两极板间的电力线中间部分是均匀的，而到了边缘会发生弯曲，这种弯曲程度与极板厚度、极板间距等有关。考虑边缘效应影响时，其电容值为

$$C = \frac{\varepsilon \pi r^2}{d} + \varepsilon r \left[\ln \frac{16\pi r}{d} + 1 + f\left(\frac{h}{d} \right) \right] \tag{5.66}$$

式中，r 为圆形平板电容器的半径；h 为极板厚度；d 为极板间距。

式（5.66）中前项为忽略边缘效应时的电容，后项是边缘效应引起的附加电容，它将引起传感器的灵敏度下降和非线性增加。因此，为克服边缘效应影响，应尽量增大前项，减小后项，即增大极板面积、减小极板间距，极板的厚度要尽量小于极板间距。此外还可以在结构上增设等位环来消除边缘效应，如图 5.51 所示，等位环安放在固定极板外，与固定极板同心、绝缘、等电位，这样就使固定极板的边缘电力线平直，保证工作区得到均匀场强分布，从而克服边缘效应的影响。

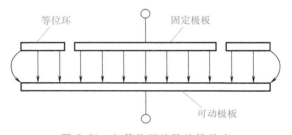

图 5.51　加等位环消除边缘效应

3. 寄生和分布电容

电容式传感器由于受结构和尺寸的限制，其电容通常在 $1 \sim 10^2 \text{pF}$ 范围内变化，所以它极易受极板与周围物体之间产生的寄生与分布电容（电缆寄生与分布电容、极板与元件甚至人体间的寄生与分布电容）的影响，如图 5.52 所示，此寄生与分布电容和传感器电容并联，且随机变化，有时可达传感器电容的几倍到几十倍，使传感器工作很不稳定，严重影响传感器的输出特性，甚至会淹没有用信号而使传感器不能正常工作。

消除寄生与分布电容影响，一是可从改善传感器结构和尺寸上入手，即采用增加初始电容值的方法可使寄生与分布电容相对传感器的影响减小，或者将传感器与测量电路的前置级或全部装在一个壳体内，省去传感器的电缆引线，或进一步利用集成工艺，把传感器和测量电路集成于同一芯片，构成集成电容式传感器；二是使用各种屏蔽技术，目前常用的有驱动电缆法和整体屏蔽法。

（1）驱动电缆法　它实际上是一种等电位屏蔽法。当电容式传感器的电容值很小，而因某些原因（如环境、温度等使用条件）必须使测量电路与传感器分开时，可采用此技术。如图 5.52 所示，在电容式传感器与测量电路的前置级之间采用双层屏蔽电缆，其内屏蔽层与信号传输导线（即电缆芯线）通过增益为 1 的放大器（称为驱动放大器）相连而为等电位，从而消除了芯线对内屏蔽的容性漏电，克服了寄生与分布电容的影响。电缆外屏蔽层接

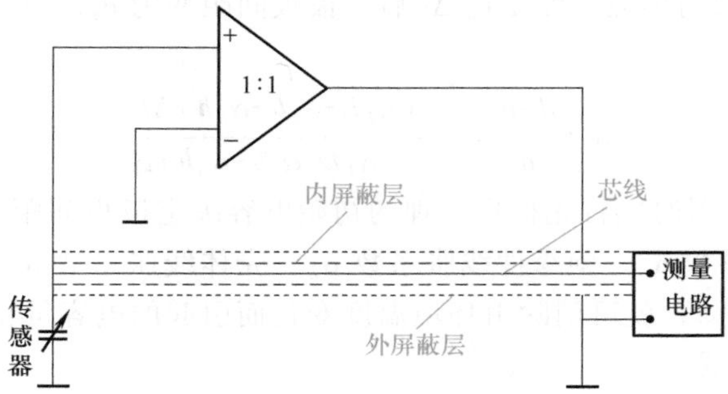

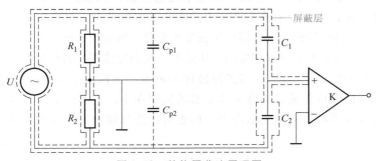

图 5.52　驱动电缆法原理图

大地，用来防止外界电场的干扰。由于内屏蔽线上有随传感器输出信号变化而变化的电压，因此称为"驱动电缆"，采用这种技术可使电缆线长达 10m 之远也不影响仪器的性能。此外，由于内、外层屏蔽之间的电容是驱动放大器的负载，因此它与传感器的电容无关，但要求驱动放大器是一个输入阻抗很高且输入电容极小、具有大容性负载驱动能力、放大倍数为 1 的同相放大器。驱动电缆法的难处在于，要求驱动放大器在很宽的频带上严格实现放大倍数等于 1，且输出与输入的相移为零，可通过驱动电缆补偿技术弥补。

（2）整体屏蔽法　所谓整体屏蔽法就是将电容式传感器和所采用的测量电路、传输电缆等用同一个屏蔽壳屏蔽起来。图 5.53 所示为差动电容式传感器交流电桥所采用的整体屏蔽系统，C_1 和 C_2 构成差动电容式传感器，与平衡电阻 R_1 和 R_2 组成测量电桥，C_{p1} 和 C_{p2} 为寄生分布电容。正确选取接地点可减小和消除寄生与分布电容的影响，防止外界干扰。

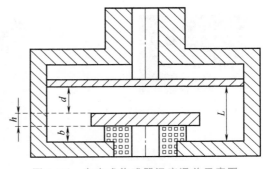

图 5.53　整体屏蔽法原理图

4. 环境温度

电容式传感器由于极板间距很小而对结构尺寸变化特别敏感，因而在传感器各部件材料线胀系数不匹配的情况下，当环境温度变化时，传感器的输出相对被测输入量的单值函数关系就会改变，从而产生较大的温度误差。如图 5.54 所示，设固定极板厚度为 h，线胀系数为 α_h；绝缘件厚度为 b，线胀系数 α_b；可动极板至绝缘层底部的壳体长为 L，线胀系数 α_L；当环境温度为 t 时，极

图 5.54　电容式传感器温度误差示意图

121

板间距为 $d=L-b-h$。则当环境温度变化 Δt 后，极板间距变为 d_t，由于温度变化而引起的电容量相对误差为

$$\delta_t = \frac{d-d_t}{d_t} = -\frac{(\alpha_L L-\alpha_b b-\alpha_h h)\Delta t}{d+(\alpha_L L-\alpha_b b-\alpha_h h)\Delta t} \tag{5.67}$$

在设计电容式传感器时应首先根据合理的初始电容决定极板间距 d，然后根据材料的线胀系数（固定板线胀系数 α_h、绝缘件线胀系数 α_b、壳体线胀系数 α_L），适当地选择绝缘件厚度 b 和固定极板厚度 h，就可消除由环境温度变化而引起的电容量相对误差。

（四）电容式传感器的应用

电容式传感器是把被测的机械量如位移、压力等转换为电容量变化的传感器。它的敏感部分就是具有可变参数的电容器，广泛应用于各个领域，如：

1）压力变送器（图 5.55）：PT 系列产品中，内置陶瓷电容式传感器。它可以自由选配模拟、数字现场显示表头，有多种过程连接件，可以现场调零点、满量程，广泛应用于自动化工业中对液体、气体和蒸汽的测量。

图 5.55　PT 系列压力变送器

2）电容式触摸屏（图 5.56）：已经广泛应用于消费电子、便携式产品领域。从理论上说，一根走线、间隔、另一根走线，这就是组成一个电容式传感器的全部所需，直接在这些走线上覆盖一层绝缘透明塑料膜即可使其成为电路板的一部分。当手指、某物体或人接近或者碰触传感器时，电容式传感器会检测（或称感测）到电容值的变化。

3）电容式传声器（图 5.57）：其核心是平板电容器，振动膜片是一片表面经过金属化处理的轻质弹性薄膜，当膜片随着声波压力的大小产生振动时，膜片与后极板之间的相对距离发生变化，膜片与极板所构成电容器的量就发生变化。极板上的电荷随之变化，电路中的电流也相应变化，负载电阻上也就有相应的电压输出，从而完成了声音信号与电信号的转换。

4）电容式液位计（图 5.58）：当被测液体的液面上升时，引起棒状电极与导电液体之间的电容变化。液位限位传感器与液位变送器的区别在于：它不给出模拟量，而是给出开关量。当液位到达设定值时，它输出低电平，但也可以选择输出为高电平的型号。

图 5.56　电容式触摸屏

图 5.57　电容式传声器

图 5.58　电容式液位计

四、压电式传感器

压电式传感器是利用压电体的压电效应来实现从机械量到电量转换的传感器。压电式传感

器是一种有源传感器。压电式传感器的特点是结构简单、体积小、重量轻、工作频带宽、性能稳定、输出线性好；不足是输出阻抗高，低频响应差。对此可以在电路上采取措施予以解决，如采用前置放大器将高阻抗输出转换成低阻抗输出，或采用电荷放大器改善其低频响应特性。

（一）电效应

1. 压电效应

通常，某些物质沿一定方向受到外力作用而产生机械变形时，内部会产生极化现象，同时在其表面产生电荷；在撤掉外力时，这些物质又重新回到不带电的状态，这种将机械能转换成电能的现象称为压电效应。相反，在某些物质的极化方向上施加电场，这些物质会产生机械变形；在撤掉外加电场时，这些物质的机械变形随之消失，这种将电能转换成机械能的现象称为逆压电效应或电致伸缩效应。具有压电效应的物质称为压电材料或压电元件，常见的压电材料有石英、压电陶瓷等。

2. 石英晶体的压电效应

石英晶体呈六角形晶柱，在晶体中切割出一个平行六面体，长、宽、高分别为 a、b、c，晶面分别平行于 X、Y、Z 轴，如图 5.59 所示。当沿 X 方向对石英晶片施加作用力 F_X 时，晶片将产生厚度变形，并在与 X 轴垂直的晶片表面上产生电荷 Q_X。通常，将沿电轴方向的力作用下产生电荷的压电效应称为纵向压电效应；当沿 Y 轴方向对石英晶片施加作用力 F_Y 时，晶片将产生长度变形，电荷 Q 仍然出现在与 X 轴垂直的晶片表面上。通常，将沿机械轴方向的力作用下产生电荷的压电效应称为横向压电效应；当沿光轴方向对石英晶片施加作用力 F_Z 时，晶体表面没有电荷出现。

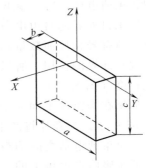

图 5.59　石英晶体切片

石英晶体具有压电效应，是由其内部结构决定的。图 5.60 显示了当石英晶体受到外力作用时，晶体表面的电荷极性与所受外力之间的关系。图 5.60a 表示沿 X 轴方向受到压力，图 5.60b 表示沿 X 轴方向受到拉力，图 5.60c 表示沿 Y 轴方向受到压力，图 5.60d 表示沿 Y 轴方向受到拉力。

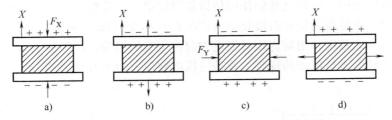

a)　　　　　　　b)　　　　　　　c)　　　　　　　d)

图 5.60　石英晶体切片上电荷符号与受力方向的关系

而根据逆压电效应，当在石英晶体上施加电场，石英晶体将产生机械变形（伸长或缩短）。如果在石英晶体上施加交变电场，则石英晶体会交替出现伸长和缩短，从而产生机械振动。

3. 压电陶瓷的压电效应

压电陶瓷属于铁电体一类的物质，是人工制造的多晶压电材料，它具有类似铁磁材料磁畴结构的电畴结构。电畴是分子自发形成的区域，它有一定的极化方向，从而存在一定的电场。在无外电场作用时，各个电畴在晶体上杂乱分布，它们的极化效应被相互抵消，因此原始的压电陶瓷内极化强度为零，如图 5.61 所示。

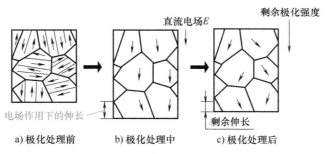

图 5.61　压电陶瓷极化过程示意图

但是，当把电压表接到陶瓷片的两个电极上进行测量时，却无法测出陶瓷片内部存在的极化强度。这是因为陶瓷片内的极化强度总是以电偶极矩的形式表现出来，即在陶瓷的一端出现正束缚电荷，另一端出现负束缚电荷。由于束缚电荷的作用，在陶瓷片的电极面上吸附了一层来自外界的自由电荷。这些自由电荷与陶瓷片内的束缚电荷符号相反而数量相等，它屏蔽和抵消陶瓷片内极化强度对外界的作用。所以，电压表不能测出陶瓷片内的极化程度（图 5.62）。

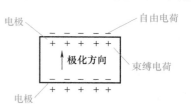

图 5.62　陶瓷片内束缚电荷与电极上吸附的自由电荷示意图

如果在陶瓷片上加一个与极化方向平行的压力 F，如图 5.63 所示，陶瓷片将产生压缩形变（图中虚线），片内的正、负束缚电荷之间的距离变小，极化强度也变小。因此，原来吸附在电极上的自由电荷，有一部分被释放，而出现放电现象。当压力撤消后，陶瓷片恢复原状（这是一个膨胀过程），片内正、负电荷之间的距离变大，极化强度也变大，因此电极上又吸附一部分自由电荷而出现充电现象。这种由机械效应转变为电效应，或者由机械能转变为电能的现象，就是正压电效应。

同样，若在陶瓷片上加一个与极化方向相同的电场，如图 5.64 所示，由于电场的方向与极化强度的方向相同，所以电场的作用使极化强度增大。这时，陶瓷片内的正负束缚电荷之间距离也增大，就是说陶瓷片沿极化方向产生伸长形变（图中虚线）。同理，如果外加电场的方向与极化方向相反，则陶瓷片沿极化方向产生缩短形变。这种由于电效应转变为机械效应或者由电能转变为机械能的现象，就是逆压电效应（电致伸缩效应）。

124

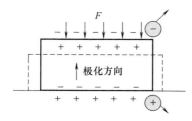

图 5.63　正压电效应示意图

注：实线代表形变前的情况，虚线代表形变后的情况。

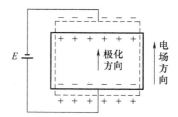

图 5.64　逆压电效应示意图

注：实线代表形变前的情况，虚线代表形变后的情况

由此可见，压电陶瓷之所以具有压电效应，是由于陶瓷内部存在自发极化。这些自发极化经过极化工序处理而被迫取向排列后，陶瓷内即存在剩余极化强度。如果外界的作用（如压力或电场的作用）能使此极化强度发生变化，陶瓷就出现压电效应。此外，还可以看出，陶瓷内的极化电荷是束缚电荷，而不是自由电荷，这些束缚电荷不能自由移动。所以在陶瓷中产生的放电或充电现象，是通过陶瓷内部极化强度的变化，引起电极面上自由电荷的释放或补充的结果。

（二）压电材料及主要性能参数

1. 压电材料及特点

目前常用的压电材料有压电单晶体、压电多晶体（即压电陶瓷）、压电半导体和压电高分子聚合物。

（1）压电单晶体 压电单晶体包括石英（SiO_2）、铌酸锂（$LiNbO_3$）、硫酸锂（$LiSO_4$）、酒石酸钾钠（$NaKC_4H_4O_6 \cdot 4H_2O$）等。

石英是一种具有良好机械强度和压电特性的压电晶体。虽然其压电系数较小（$d_{11} = 2.3 \times 10^{-12} C/N$），但其压电系数的时间和温度稳定性好。在 $20 \sim 200℃$ 内，温度每升高 $1℃$，压电系数仅减小 0.016%，升高到 $200℃$ 时，压电系数仅减小 5%。当温度达到 $573℃$ 时，石英便失去压电特性，此温度称为石英的居里点。

铌酸锂具有良好的压电性，其居里点为 $1210℃$，因此适用于高温环境。但是铌酸锂机械强度不如石英，抗冲击性能差。

酒石酸钾钠的压电系数较大（$d_{11} = 3 \times 10^{-9} C/N$），但是其机械强度、电阻率、居里点均较低，易受潮，性能不是十分稳定。

（2）压电陶瓷 压电陶瓷的压电系数一般比石英高数百倍，因此现代压电元件大多采用压电陶瓷。压电陶瓷包括钛酸钡（$BaTiO_3$）、锆钛酸铅 [$Pb(Zr_x \cdot Ti_{1-x})Q_3$，简称PZT] 等。

钛酸钡是碳酸钡和二氧化钛按 $1:1$ 的比例混合烧结而成的。这种压电陶瓷具有很高的介电常数（1200）和较大的压电常数（约为石英的 50 倍），但是居里温度较低（约为 $120℃$），并且温度稳定性和机械强度不如石英晶体。

锆钛酸铅是由钛酸铅和锆酸铅组成的固溶体，其性能和稳定性均超过钛酸钡，其压电系数为 $70 \sim 80 \times 10^{-12} C/N$，居里温度在 $300℃$ 左右。锆钛酸铅系压电陶瓷是目前压电式传感器中应用最广泛的压电材料。

（3）其他压电材料 压电半导体包括氧化锌（ZnO）、硫化镉（CdS）等，它具有压电和半导体两种特性，相对于其他压电材料，其优点是易于集成。

压电高分子聚合物包括聚二氟乙烯（PVF_2）、聚氟乙烯（PVF）、聚氯乙烯（PVC）、聚偏二氟乙烯（PVDF）等，其优点是具有很好的柔韧性，适于做大面积的传感阵列器件。

2. 主要性能参数

压电材料的性能参数很多，这里仅介绍几个与传感器性能紧密相关的重要参数。

1）压电常数 d_{ij}：表示电场与作用力之间的关系，下角 i 表示产生电荷的方向，即电效应方向，j 表示作用力方向，即机械效应方向。d_{ij} 的大小反映压电体转换性能的优劣，决定传感器灵敏度的大小。

2）弹性刚度系数 C_{ij}：表示应力和应变之间的关系，反映压电体的弹性性质。下角 i 表示应力的方向，j 表示应变的方向。弹性刚度系数与压电元件的固有频率有关，而固有频率（谐振频率）决定压电元件的频响上限，即决定其频响范围。

3）介电常数 ε_{ij}：表示电位移矢量和电场强度之间的关系，下角 i 表示电位移矢量的方向，j 表示电场强度的方向。它反映压电材料的极化性质。对具有一定几何形状的压电元件，ε_{ij} 决定压电式传感器的固有电容，而传感器的频响下限与固有电容有关，随固有电容的增加而降低。

4）介质损耗（介电损耗）$\tan\delta$：指压电元件在电场的作用下，由极化弛豫过程和介质漏导等原因在电介质内所消耗的能量。

极化弛豫：指压电元件突然受到极化电场作用时，极化强度要经过一段时间后才能达到稳定值。这个时间称为弛豫时间，这种现象称为极化弛豫，主要是由于电畴取向极化和空间电荷极化所造成。另外压电元件随高频交流电场的变化，极化强度要经过一段弛豫时间才能达到最高值。这样极化滞后引起了能量的损失。

介质漏导：通过发热消耗能量，通常用一个损耗电阻 R 表示电介质的电能损耗，而用并联电容 C 表示不消耗电能的部分，则介电损耗 $\tan\delta$ 为有功电流 I_R 与无功电流 I_C 之比：

$$\tan\delta = \frac{I_R}{I_C} = \frac{1}{\omega RC} \tag{5.68}$$

式中，ω 为交变电场的角频率。

由此可以计算介电损耗功率为

$$P = \frac{U^2}{R} = U^2 \omega C \tan\delta \propto \tan\delta \tag{5.69}$$

因此介电损耗越大，材料性能越差。接收型压电式传感器对此参数要求不高。

5）机电耦合系数 k：压电振子在振动过程中将机械能转变为电能或将电能转变为机械能，表示能量相互转变的程度用机电耦合系数表示，即

$$k^2 = \frac{通过压电效应转换的电能}{输入的机械能总量} = \frac{E_p}{E_m}$$

$$k^2 = \frac{通过逆压电效应转换的机械能}{输入的总电能} = \frac{E_c}{E_e} \tag{5.70}$$

k 作为能量转换效率的一种量度，它不直接等于效率，而是效率的平方根。它相当于在输入能量一定时，在输出端一定阻抗上所得到信号大小的一种量度，可作为压电体压电效应强弱的一种无量纲表示。

机电耦合系数 k 不仅与压电材料有关，还与压电振子的振动模式和形状有关，它是综合反映压电材料性能的重要参数，是判别其性能优劣的重要依据。

6）机械品质因数 Q_m：表示压电材料在谐振时的机械损耗的大小，是综合评价压电材料性能的重要参数。Q_m 越大，机械损耗越小，材料性能越好。Q_m 的定义为

$$Q_m = 2\pi \frac{E_s}{E_L} \tag{5.71}$$

式中，E_s 为谐振时压电元件储存的机械能量；E_L 为谐振时压电元件机械损耗能量。Q_m 与振子的振动模式有关，它决定压电式传感器的通频带。

7）居里温度（居里点）：代表压电材料具有压电性的上限温度，压电体温度超过居里

点后，其压电性质就会完全丧失，一般的压电材料其居里点均大于 100℃。

8）频率常数 N：压电振子的基本谐振频率与沿振动方向的振子长度的乘积为一常数，称为频率常数，即

$$N = fl = \frac{1}{2} G_T \tag{5.72}$$

式中，G_T 为压电振子中振动的传播速度。

当传感器（材料、振动模式、尺寸）一定时，可根据 N 的大小得到其频响范围。

选择合适的压电材料是设计高性能的压电式传感器的关键，上面介绍的特性参数为材料选择提供了可靠的依据，一般在选择材料时应考虑以下几个性能：

1）转换性能：要求具有较高的机电耦合系数和较大的压电系数，以得到较高的灵敏度。

2）力学性能：要求力学性能高，弹性刚度系数大，以得到较高的谐振频率和较宽的频响范围。

3）电性能：希望有较高的电阻率和较大的介电常数，以减弱外部分布电容的影响，并得到良好的低频特性。

4）稳定性：要求湿度、温度稳定性好，且压电特性不随时间发生变化，以得到良好的稳定性。

（三）压电式传感器的等效电路和测量电路

1. 等效电路

压电晶片的构造如图 5.65a 所示，可以把压电式传感器看作静电荷发生器，其电量为 Q。由于在压电元件的两个电极面上有电荷聚集，并且电极面间的物质可以等效为电介质，因此也可以把压电式传感器看作电容器，其电容量 $C = \frac{\varepsilon S}{\delta}$，其中 ε 是介质的介电常数，S 是极板面积，δ 是压电晶体的厚度。因此，压电式传感器可等效为一个电荷源 Q 和一个电容器 C 并联的电路，如图 5.65b 所示。

当两极板聚集异性电荷时，两极板间呈现出电压 $U = \frac{Q}{C}$，因此压电式传感器可以等效为一个电压源 U 和一个电容 C 的串联电路，如图 5.65c 所示。

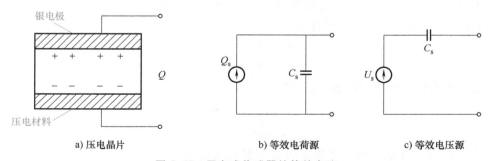

|a) 压电晶片　　　　　　　　　　b) 等效电荷源　　　　　　　　　　c) 等效电压源|

图 5.65　压电式传感器的等效电路

在实际的测量电路中，由于泄漏作用的存在，压电元件两极板上聚集的电荷会按照指数规律放电，只有施加较高频率的外力，压电元件上的电荷才能得到补充，因此从这个意义上

讲，压电元件不适合做静态测量。

2. 测量电路

由于压电式传感器本身产生的电荷量很小，且传感器本身的内阻很大，因此输出信号十分微弱，给后续测量电路提出了很高的要求。由于传感器的内阻和后续测量电路的输入电阻 R_i 不能无限大，将导致压电元件聚集的电荷按指数规律放电，从而造成测量误差。为减小测量误差，要求前置放大器的输入阻抗尽可能高。

压电式传感器的前置放大器作用包括：一是放大传感器输出的微弱电信号，另一个是将压电式传感器的高输出阻抗变换成低输出阻抗。压电式传感器的前置放大器具有两种形式：电压放大器和电荷放大器。

（1）电压放大器（阻抗变换器）　压电式传感器与电压前置放大器连接的等效电路如图 5.66a 所示，简化电路如图 5.66b 所示。

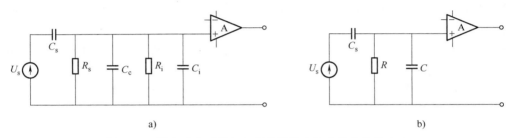

a)　　　　　　　　　　　b)

图 5.66　压电式传感器与电压前置放大器连接的等效电路

图 5.66b 中，等效电阻、等效电容和压电式传感器开路电压分别为

$$R = \frac{R_s R_i}{R_s + R_i}$$

$$C = C_c + C_i \tag{5.73}$$

$$U_s = \frac{Q_s}{C_s}$$

式中，R_s 为传感器绝缘电阻；R_i 为前置放大器输入电阻；C_s 为传感器内部电容；C_c 为电缆等的分布电容；C_i 为前置放大器输入电容。

如果沿电轴方向对压电元件施加作用力 $F = F_m \sin\omega t$，压电元件的压电系数为 d_s，则在力 F 作用下，产生电荷 $Q_s = d_s F$，则其电压为

$$U_s = \frac{Q_s}{C_s} = \frac{d_s F}{C_s} = \frac{d_s F_m}{C_s}\sin\omega t \tag{5.74}$$

前置放大器输入电压的幅值 U_{im} 为

$$U_{im} = \frac{d_s F_m \omega R}{\sqrt{1+(\omega R)^2(C_s + C_c + C_i)^2}} \tag{5.75}$$

由式（5.74）可知，如果希望前置放大器输入电压的幅值 U_{im} 与外力频率无关，则需要回路时间常数 $\tau = R(C_s + C_c + C_i)$ 必须足够大，使得 $\omega\tau \gg 1$，则输入电压可以简化为

$$U_{im} = \frac{d_s F_m}{C_s + C_c + C_i} \tag{5.76}$$

一般认为 $\omega\tau\gg3$，可近似看作输入电压和作用力频率无关。

根据电压灵敏度 K_m 定义，在 $\omega\tau\gg1$ 时，传感器灵敏度 K_u 为

$$K_u = \frac{U_{im}}{F_m} = \frac{d_s}{C_s + C_c + C_i} \tag{5.77}$$

由式（5.77）可知，传感器的电压灵敏度 K_u 与回路电容成反比。通过增大电容来增大时间常数，会导致传感器电压灵敏度下降。所以，通常将具有高输入电阻的前置放大器引入测量电路中，利用其高输入阻抗增大时间常数。分布电容 C_c 对输出电压和灵敏度影响较大，所以在设计测量电路时，应当将电缆长度设为常数值。如果在使用时需要改变电缆长度，灵敏度应当重新校正。采用压电系数高的材料，传感器电容 C_s 可以做得较大，这样可以减弱 C_c 对输出电压和灵敏度的影响，同时降低对前置放大器输入电阻的要求。

（2）电荷放大器　电荷放大器是一个具有深度负反馈的高增益放大器，其等效电路如图 5.67 所示。

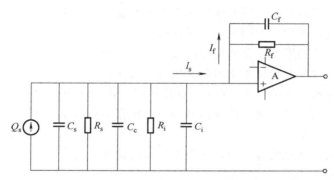

图 5.67　压电式传感器与电荷放大器连接的等效电路

经电荷放大器放大后的输出电压的幅值可近似为

$$U_{om} = \frac{-A_0}{C_s + C_c + C_i + (1 + A_0)C_f}Q_s \approx \frac{Q_s}{C_f} \tag{5.78}$$

式中，A_0 为开环放大倍数。

由式（5.78）可知，电荷放大器的输出电压主要取决于反馈电容 C_f 和传感器产生的电荷量 Q，在一定范围内与分布电容 C_c 等无关，这就提供了增长传输电缆的可能性。也就是说，电缆分布电容的变化不会影响传感器灵敏度和测量结果。

在电荷放大器的实际电路中，反馈电容 C_f 通常在 $100\sim10000pF$ 之间进行选择，这样可以有效地防止因输入信号过大而导致的后续电路放大器件的饱和。

采用电容负反馈，电荷放大器对直流工作点相当于开环，因此零点漂移较大。为了减小零点漂移，通常在反馈电容两端并联大反馈电阻以提供直流反馈，上述反馈电阻的阻值通常在 $10^{10}\sim10^{14}\Omega$ 之间。

3. 压电元件的级联方式

实际应用中为了增大输出值，压电传感器通常将两个或两个以上的压电元件组合在一起，由于压电元件是有极性的，因此组合形式有两种：并联和串联。

（1）并联接法　对纵向效应压电双叠片要求同极性的两个电极面互相胶合形成公共电极，外侧非胶合的电极相并联，如图 5.68a 所示。

129

横向效应压电双叠片要求反极性的两个电极面相胶合组成公共电极，并使压电长条片一端固定，一端自由，构成悬臂梁弯曲振动压电双叠片，外侧的非胶合电极并联，也可类似地两端简支构成简支梁。

当压电传感器两片压电材料采用并联连接时，其输出电荷和输出电容变成原来的两倍，输出电压保持不变。由此可见，当采用并联连接时，由于压电传感器具有较大的输出电荷和时间常数，因此适于测量缓变信号和以电荷作为输出量的场合。

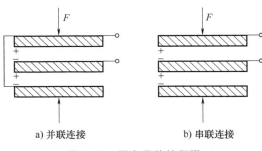

a) 并联连接　　　　b) 串联连接

图 5.68　压电元件的级联

（2）串联接法　对纵向效应压电双叠片要求反极性的两个电极面胶合，在外侧两边的反极性电极上引出信号电压。此时胶合面上的电荷相互抵消，如图 5.68b 所示。

对横向效应压电双叠片要求同极性的两个电极面胶合，外侧非胶合的同极性电极上引出信号电压，并使压电长条片一端固定，一端自由，构成悬臂梁或两端简支构成简支梁。实际应用中，由于结构设计的限制，常采用横向效应的这两种形式。

当压电传感器两片压电材料采用串联连接时，其输出电荷保持不变，输出电压变成原来的 2 倍，输出电容变成原来的 1/2。采用串联连接时，由于压电传感器具有较大的输出电压和较小的时间常数，因此适于测量高频信号和以电压作为输出量的场合。

（四）压电式传感器的应用

压电传感元件是力敏感元件，所以它能测量最终能变换为力的物理量，如力、压力、加速度、机械冲击和振动等。

1. 压电式测力传感器

该传感器用于机床动态切削力的测量，当外力作用时，它将产生弹性形变，将力传递到石英晶片上，利用其纵向压电效应，实现力电转换。压电式测力传感器的结构类型很多，与压电式加速度计相比的突出特点是：它必须通过弹性膜、盒等，把压力收集、转换成力，再传递给压电元件，如图 5.69 所示。

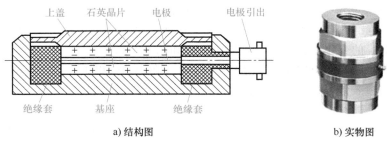

上盖　石英晶片　电极　　电极引出

绝缘套　基座　绝缘套

a) 结构图　　　　　　　b) 实物图

图 5.69　压电式测力传感器

2. 压电式加速度传感器

如图 5.70 所示，压电陶瓷和质量块为环形，通过螺母对质量块预先加载，使之压紧在压电陶瓷上，测量时传感器基座与被测对象牢牢地紧固在一起，输出信号由电极引出。当传感器受到振动时，质量块将感受与传感器基座相同的振动，并受到与加速度方向相反的惯性力，该惯性力作用在压电陶瓷片上产生电荷，电荷量将直接反映加速度的大小。

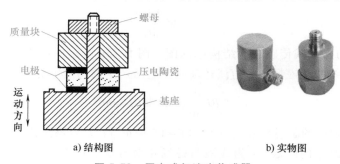

a) 结构图　　　　　　　　b) 实物图

图 5.70　压电式加速度传感器

3. 压电式玻璃破碎报警器

将高分子压电测振薄膜粘贴在玻璃上，可以感受到玻璃破碎时发出的振动，并将电压信号传送给集中报警系统，如图 5.71 所示。

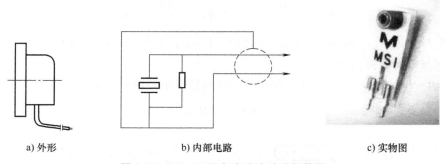

a) 外形　　　　　　b) 内部电路　　　　　　c) 实物图

图 5.71　BS-D2 压电式玻璃破碎报警器

4. 煤气灶电子点火装置

图 5.72 所示为煤气灶电子点火装置，它是让高压跳火来点燃煤气。当使用者将开关往里压时，把气阀打开；将开关旋转，则使弹簧往左压。此时，弹簧有一很大的力撞击压电晶体，则产生高压放电使燃烧盘点火。

五、磁电式传感器

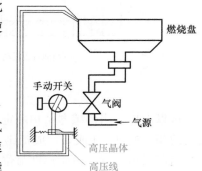

图 5.72　煤气灶电子点火装置

磁电式传感器（Magnetoeletric Sensor）也称为电动式传感器或感应式传感器，它是利用电磁感应原理将运动速度转换成线圈中的感应电势输出。由于它的输出大、性能稳定，又具有一定的带宽，所以在工农业生产、医学诊断和治疗、环境保护、生物工程等方面得到广泛的应用。

（一）磁电式传感器的基本原理

根据电磁感应定律，当穿过 W 匝线圈的磁通量 Φ 随时间变化时，其感应电势 e 正比于

磁通量 φ 对时间的变化率，即

$$e = -W\frac{\mathrm{d}\Phi}{\mathrm{d}t} \tag{5.79}$$

图 5.73 所示为磁电式传感器的结构原理图。图 5.73a 所示的结构是线圈做直线运动的磁电式传感器。当线圈在磁场中做直线运动时，它所产生的感应电势 e 为

$$e = WBL\frac{\mathrm{d}x}{\mathrm{d}t}\sin\theta = WBLv\sin\theta \tag{5.80}$$

式中，B 为工作气隙中的磁感应强度（T，$1\mathrm{T} = 1\mathrm{Wb/m^2}$）；$L$ 为每匝线圈有效长度（m）；W 为工作气隙中线圈绕组的匝数；v 为线圈与磁场相对直线的速度（m/s），$v = \mathrm{d}x/\mathrm{d}t$；$\theta$ 为线圈运动方向与磁场方向的夹角。

当 $\theta = 90°$ 时，式（5.80）可写成

$$e = WBLv \tag{5.81}$$

图 5.73b 所示的结构是线圈做旋转运动的磁电式传感器，它的工作方式类似于发电机。线圈在磁场中转动产生的感应电势 e 为

$$e(t) = -W\frac{\mathrm{d}(BA\cos\theta)}{\mathrm{d}t} = WBA\sin\theta\frac{\mathrm{d}\theta}{\mathrm{d}t} = WBA\omega\sin\omega t \tag{5.82}$$

式中，ω 为角频率，$\omega = \mathrm{d}\theta/\mathrm{d}t$，当 $\omega =$ 常数时，$\theta = \omega t$；A 为线圈所包围的面积；θ 为线圈面的法线方向与磁场方向的夹角。

当 $\theta = \omega t = 90° + 360°k$（$k$ 为自然数）时，可得感应电势的最大值 E_m，即

$$e = E_m = WBA\omega \tag{5.83}$$

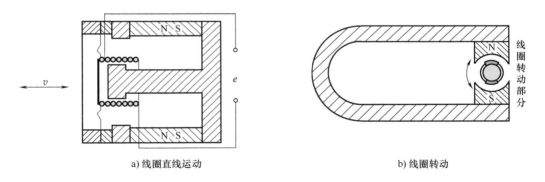

a) 线圈直线运动　　　　　　　　　　　　　　b) 线圈转动

图 5.73　磁电式传感器的结构原理图

可以看出，当传感器结构一定时，B、A、W、L 均为常数。因此，感应电势 e 与线圈对磁场的相对速度 v（或 ω）成正比，所以这种换能器的基型是一种速度传感器，能直接测量出线速度或角速度。由于速度与位移和加速度之间分别存在着积分和微分的关系，假如在感应电势的测量电路中接一积分电路，则其输出电势就与位移成正比；如果在测量电路中接一微分电路，则其输出电势就与加速度成正比。这样，磁电式传感器还可以用来测量运动的位移或者加速度。

（二）磁电式传感器的结构与分类

磁电式传感器从结构上可分为恒定磁通式和变磁阻磁式两大类。

1. 恒定磁通磁电式传感器

恒定磁通磁电式传感器是工作磁场恒定，线圈和磁铁两者之间产生相对运动（动线圈或动磁铁），切割磁力线产生感应电势而工作的。图 5.74 为这种磁电式传感器的工作原理图。恒定磁通磁电式传感器通常用于测量振动速度。

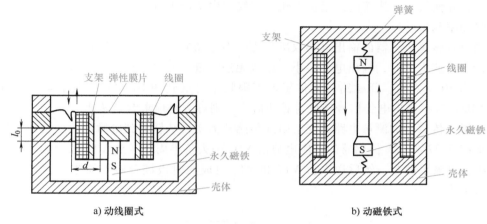

图 5.74　恒定磁通磁电式传感器结构图

因恒定磁通磁电式传感器的工作频率不高，传感器能输出较大的信号，所以对变换电路要求不高，采用一般交流放大器就能满足要求。传感器输出信号经过直接放大或微积分电路可分别得到与速度、加速度或位移量相关的信号。

2. 变磁阻磁电式传感器

这类传感器的线圈和磁铁都是静止不动的。利用磁性材料制成齿轮，在运动中它不断地改变磁路的磁阻，因而改变了贯穿线圈的磁通量 $d\Phi/dt$，因此在线圈中感应出电动势。

变磁阻磁电式传感器一般都做成转速传感器，产生的感应电势的频率作为输出，其频率值取决于磁通变化的频率。变磁阻式转速传感器在结构上分为开磁路和闭磁路两种。

（1）开磁路变磁阻式转速传感器　如图 5.75 所示，传感器由永久磁铁、感应线圈、软铁组成。齿轮安装在被测转轴上，与转轴一起旋转。当齿轮旋转时，由齿轮的凹凸引起磁阻变化，而使磁通发生变化，因而在线圈中感应出交变电势，其频率等于齿轮的齿数 z 和转速 n 的乘积再除以 60，即 $f=zn/60$。

133

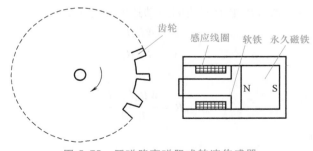

图 5.75　开磁路变磁阻式转速传感器

当齿轮的齿数 z 确定以后，若能测出 f 就可求出转速 n。这种传感器结构简单，但输出信号小，转速高时信号失真也大，在振动强或转速高的场合，往往采用闭磁路变磁阻式转速传感器。

（2）闭磁路变磁阻式转速传感器 闭磁路变磁阻式转速传感器的结构如图5.76所示。它是由安装在转轴上的内齿轮和永久磁铁、外齿轮及线圈构成。内、外齿轮的齿数相等。测量时，转轴与被测轴相连，当有旋转时，内、外齿的相对运动使磁路气隙发生变化，因而磁阻发生变化并使贯穿于线圈的磁通量变化，在线圈中感应出电势。与开磁路相同，也可通过感应电势频率测量转速。

变磁阻式转速传感器的输出电势取决于线圈中磁场的变化速度，因而它与被测速度成一定比例，当转速太低时，输出电势很小，以致无法测量。所以这种传感器有一个下限工作频率，一般为50Hz左右，闭磁路转速传感器下限频率可低到30Hz左右。其上限工作频率可达到100Hz。若将输出电势信号转化为脉冲信号，则可方便地求解出转速的大小。

变磁阻式传感器的测量电路：变磁阻式传感器需实现从转速到电脉冲的变换，实用的变换电路如图5.77所示。传感器的感应电势由VD_1削去负半周，送到VT_1进行放大，再经过VT_2组成的射极跟随器，然后送入由VT_3和VT_4组成的射极耦合触发器进行整形，这样就得到方波输出信号。

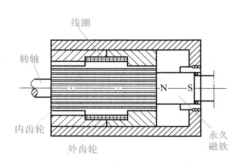

图5.76　闭磁路变磁阻式转速传感器

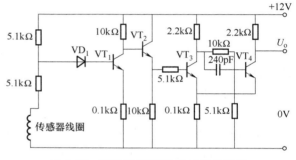

图5.77　变磁阻式转速-脉冲变换电路

（三）磁电式传感器的误差与补偿

当磁电式传感器后接测量电路的输入电阻为R_i时，传感器的输出电流i_o为

$$i_o = \frac{e}{R+R_i} = \frac{WB_\delta L_a v}{R+R_i} \tag{5.84}$$

式中，R为传感器的内阻；L_a为线圈的平均周长。

电流灵敏度k_i为传感器输出电流同线圈运动速度的比值，表示为

$$k_i = \frac{i_o}{v} = \frac{WB_\delta L_a}{R+R_i} \tag{5.85}$$

输出电压为

$$u_o = i_o R_i = \frac{WB_\delta L_a v R_i}{R+R_i} \tag{5.86}$$

电压灵敏度k_u为

$$k_u = \frac{u_o}{v} = \frac{WB_\delta L_a R_i}{R+R_i} \tag{5.87}$$

当传感器的工作环境温度发生变化、受到外磁场干扰、受到机械冲击或振动时，其灵敏

度将发生变化而产生测量误差。相对误差公式可由下式表示：

$$\delta = \frac{dk_i}{k_i} = \frac{dk_u}{k_u} = \frac{dB_\delta}{B_\delta} + \frac{dL_a}{L_a} - \frac{dR}{R+R_i} \qquad (5.88)$$

式中，d 为各分量随工作环境发生变化所产生的变化，即误差值。

1. 温度误差

温度会同时对式（5.88）右边三项产生影响，在忽略 R_i 影响的前提下，对于常规材料而言，这个数值可达 $-0.45\%/℃$，甚至更高。所以，在实际使用中需要进行温度补偿。

磁电式传感器温度补偿可从两方面进行，一方面在电路上，可以将负温度系数的热敏电阻与线圈串联，近似地从线圈电阻随温度变化方面进行温度补偿，另一方面在磁路上可以采用热磁分路的方法，以补偿工作磁通密度随温度的变化。

热磁分路是由具有很大负温度系数的特种磁性材料——热磁合金制成，用其制成磁分路片搭装在磁系统的两极掌上，它对气隙中的磁通起分流作用。在正常工作温度下，它将气隙中的磁通分流掉一部分；温度升高时，热磁分路的磁导率显著下降，它分流掉的磁通急剧减少，从而保持空气隙中的工作磁通不随温度变化或使空气隙中的工作磁通随温度升高而增加，维持传感器灵敏度为常数。

2. 磁电式传感器的非线性误差

磁电式传感器的非线性产生的原因是由于传感器线圈内有电流 i 流过时，将产生一定的磁通（φ_i），叠加在永久磁铁所产生的工作磁通（φ）上而减弱工作磁通，如图 5.78 所示。

当传感器线圈相对于永久磁铁磁场的运动速度增大时，将产生较大的感应电势 e 和较大的电流 i，因此减弱磁场的作用也将加强，从而使传感器的灵敏度 k 随被测速度 v 的增加而降低或增加。其结果是使传感器灵敏度在线圈运动的不同方向上具有不同的数值，因而传感器输出的基波能量降低而谐波能量增加，即这种非线性特性同时伴随着传感器输出的谐波失真。显然，换能器灵敏度越高，线圈中电流越大，则这种非线性将越严重。

为了补偿传感器线圈中电流 i 的上述作用，可以在传感器种加入"补偿线圈"，如图 5.79 所示，其中通以经放大后的电流 i_k，若传感器线圈中电流为 i，放大倍数为 A，则电流 $i_k = Ai$，且使其产生的交变磁通与传感器线圈本身所产生的交变磁通相互抵消。

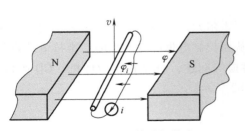

图 5.78　电流 i 的磁场效应

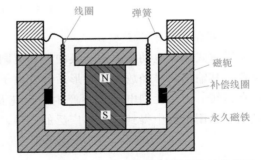

图 5.79　磁电式振动速度传感器中的补偿线圈

（四）磁电式传感器的应用

1. 霍尔式转速传感器

在被测转速的转轴上安装一个齿盘，也可选取机械系统中的一个齿轮，将线性霍尔器件及磁路系统靠近齿盘。齿盘的转动使磁路的磁阻随气隙的改变而周期性地变化，霍尔元件输出的微小脉冲信号经隔直、放大、整形后可以确定被测物的转速。如图 5.80a 所示，当齿对准霍尔元件时，磁力线集中穿过霍尔元件，可产生较大的霍尔电动势，放大、整形后输出高电平；反之，当齿轮的空档对准霍尔元件时，输出为低电平。霍尔式转速传感器在汽车防抱死制动系统（Anti-lock Braking System，ABS）中的应用，可用来检测车轮的转动状态，有助于控制制动力的大小，以免汽车在制动时车轮被抱死而产生危险，如图 5.80b 所示。

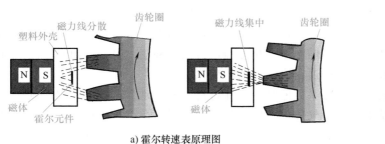

a) 霍尔转速表原理图　　　　　　　　　　　　　　　b) 实物图

图 5.80　霍尔式转速传感器

2. 霍尔式电流传感器

将被测电流的导线穿过霍尔式电流传感器的检测孔。当有电流通过导线时，在导线周围将产生磁场，磁力线集中在铁心内，并在铁心的缺口处穿过霍尔元件，从而产生与电流成正比的霍尔电压，如图 5.81 所示。

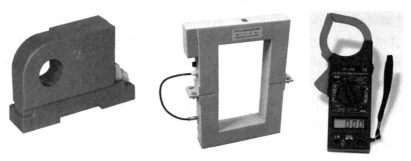

图 5.81　霍尔式电流传感器

3. 霍尔式无刷电动机

霍尔式无刷电动机取消了换向器和电刷，而采用霍尔元件来检测转子和定子之间的相对位置，其输出信号经放大、整形后触发电子线路，从而控制电枢电流的换向，维持电动机的正常运转。由于无刷电动机不产生电火花及电刷磨损等问题，所以它在录像机、CD 唱机、光驱等家用电器中得到越来越广泛的应用，如图 5.82 所示。

六、光电式传感器

光电式传感器亦称为光敏传感器，它是以光为媒介、以光电效应为物理基础的一种能量转换器件，是利用光敏材料的光电效应制作的光敏器件。常见的光电式传感器有光电管、光电倍增管、光敏电阻、光电池、光电二极管、光电晶体管，以及光电耦合器件等。

a) 霍尔式接近开关

b) 电动自行车

c) 测量磁场强度

图 5.82　霍尔式无刷电动机应用

（一）光电效应

根据光的量子学说，光可以被看成是具有一定能量的粒子流，这些粒子即光子，每个光子所具有的能量 E 正比于光的频率 ν，即 $E=h\nu$，其中 h 为普朗克常量。

光照射到物体上可看成是一连串的具有能量的粒子轰击到物体上，光电效应就是由于物体吸收了光子的能量而产生的电效应。它通常被分为外光电效应和内光电效应两大类。

1. 外光电效应

在光线作用下，物质内的电子逸出物体表面向外发射的现象，称为外光电效应。基于外光电效应的光电器件属于光电发射型器件，有光电管、光电倍增管、紫外光电管、光电摄像管等。

紫外光电管：当入射紫外线照射在紫外管阴极板上时，电子克服金属表面对它的束缚而逸出金属表面，形成电子发射。紫外管多用于紫外线测量、火焰监测等。

2. 内光电效应

受光照物体（通常为半导体材料）电导率发生变化或产生光生电动势的效应称为内光电效应。内光电效应按其工作原理分为两种：光电导效应和光生伏特效应。

（1）光电导效应　光电导效应是指半导体材料受到光照时会产生电子-空穴对，使其导电性能增强，光线越强，阻值越低，这种光照后电阻率发生变化的现象称为光电导效应。基于这种效应的光电器件有光敏电阻。

（2）光生伏特效应　光生伏特效应指半导体材料 PN 结受到光照后产生一定方向的电动势的效应。因此光生伏特型光电器件是自发电式的，属于有源器件。以可见光作为光源的光电池是常用的光生伏特型器件，硒和硅是光电池常用的材料，也可以使用锗。

（二）光电器件的主要特性参数

光电传感器是利用光敏材料的光电效应将光辐射能量变换成相应的电信号的器件，光辐射的变化决定了光电器件产生的电学性能的变化（大小、快慢），用来表征这些性质的量值关系，称为光电器件的特性参数。这些特性参数是每个光电器件的固有性能，虽然各类光电器件有各自的特性参数，但有几个基本特性参数是共性的，而且是选用光电器件时的主要参数。

1. 灵敏度 K

灵敏度亦称响应度，是表征光电器件输出信号能力的特征量，定义为光电器件的输出信

137

号电压 U_S 与入射的光功率 P_S 之比，即

$$K = \frac{U_S}{P_S} = \frac{U_S}{HA_d} \qquad (5.89)$$

式中，U_S 为器件的输出电压；P_S 为入射在光敏面上的辐射功率；A_d 是器件的受光面积；H 为光敏面上的辐射照度。

2. 光谱特性

光电器件对于各种波长的同强度辐射所产生的响应度并不相同。某一种光电器件的响应度与入射波长的关系，是该光电器件的光谱特性。通常用直角坐标系的横轴表示输入辐射光的波长，而纵轴表示归一化的响应度。不同辐射波长对某一器件的响应度描绘的曲线，就是该器件的光谱特性曲线。曲线峰值对应的波长称为峰值波长，表征该器件对这一波长最灵敏。越过峰值，响应度下降到一半时所对应的波长称为截止波长。光谱特性曲线实际上给出了光电器件的工作范围。

3. 等效噪声功率和探测度 D

在光电器件中，除了由于入射光辐射引起的输出信号电压外，还有自由起伏的随机电压值，称为噪声电压。该噪声电压指光电器件本身产生的，而不是由于电源不稳定等因素作用下产生的随机电压。将入射到光电器件上的光辐射强度不断减少时，光电器件的输出信号也会相应地减少，但是当光辐射强度减少到某一值后，再继续减小光辐射强度，其输出信号也不会再减小，这时的输出信号电压即为噪声电压，而因光辐射引起的输出信号电压已淹没于噪声之中。

若入射到光电器件光敏面上的辐射功率所产生的响应电压，恰好等于该器件的噪声电压，那么这个辐射功率称为等效噪声功率（Noise Equivalent Power，NEP），单位为瓦（W）。其计算公式为：

$$NEP = P_S \frac{U_S}{U_n} \qquad (5.90)$$

式中，U_S 为输出电压的有效值；U_n 为噪声均方根电压；U_S/U_n 为信号噪声比；P_S 为入射到器件上的光功率。

噪声等效功率是描述器件品质优劣的重要物理量，等效噪声功率越小，光敏器件的性能越好。但 NEP 的倒数是衡量光电器件探测能力的指标，NEP 的倒数称为光电器件的探测度 D，即

$$D = \frac{1}{NEP} \qquad (5.91)$$

因为各光电器件的光谱响应分布都有选择性，对于响应度，必须指出某一标准光源下的响应度。光源光谱范围与光敏器件光谱响应匹配越好，探测度 D 也就越高。此外，某些光电器件的噪声也是与频率有关的，所以选用具体器件时应注意各器件性能参数的测试条件。

4. 响应时间 τ

响应时间是描述光电器件对入射光辐射响应快慢性能的参数，也称为时间常数。响应时间的物理意义有两种：

一是在阶跃输入光功率条件下，光电器件输出电流 i_s 为

$$i_s(t) = i_\infty \left(1 - e^{-t/\tau}\right) \qquad (5.92)$$

$i_s(t)$ 上升到稳态值（i_∞）的 0.63 时的时间（即 $t = \tau$），称为器件的响应时间。

二是当光辐射信号是交变的连续信号时，在其光作用于器件表面上，光敏器件的输出也是交变的电压信号。当辐射交变信号频率 f 上升时，光敏器件的响应度 k 下降。从峰值处下降到 3dB 时所对应的频率为截止频率 f_0。截止频率 f_0 对应的时间即为时间常数 τ_0，即

$$\tau_0 = \frac{1}{2\pi f_0} \tag{5.93}$$

响应时间 τ 是衡量光电器件能否应用于快速变化的光辐射信号检测，或能否作用于交变光辐射信号检测的一个重要指标。响应时间 τ 决定了器件频率响应的带宽。

5. 线性度

线性度是指光电器件的输出电流或电压与输入光功率成线性变化的程度和范围，一般来说，在弱光照射时，光电器件输出的光电压或光电流都能在较大范围内与输入光功率（辐射强度）呈线性关系，其下限往往由暗电流和噪声等因素决定，而上限通常由饱和效应或过载决定。另外，光电器件的线性范围的大小还与其工作状态有很大关系，如偏置电压、光信号调制频率、信号输出电路等，因此要获得宽的线性范围，必须使光电器件工作在最佳工作状态。

6. 温度特性

温度的变化将会引起光电器件光、电性质的改变，是引起测量系统灵敏度不稳定的一个重要因素。使用中应注意其工作温度范围。

（三）光电管和光电倍增管

1. 光电管

光电管由一个阴极和一个阳极构成，并密封在一支真空玻璃管内，如图 5.83 所示。光电管的阴极接受光的照射，它决定了器件的光电特性。阳极由金属丝做成，用于收集电子。

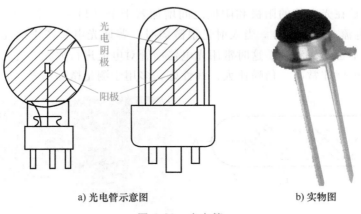

a) 光电管示意图　　　　b) 实物图

图 5.83　光电管

工作原理：当阴极受到适当波长的光线照射时，电子克服金属表面对它的束缚而逸出金属表面，形成电子发射。电子被带正电位的阳极所吸引，在光电管内就有了电子流，在外电路中便产生了电流。光电管工作时，必须在其阴极与阳极之间加上电势，使阳极的电位高于阴极。光电流的大小与照射在光电阴极上的光强度成正比。

光电管的主要特性包括：

1）伏安特性。在一定的光照射下，对光电器件的阴极所加电压与阳极所产生的电流之间的关系称为光电管的伏安特性。它是应用光电传感器参数的主要依据，如图 5.84 所示。

139

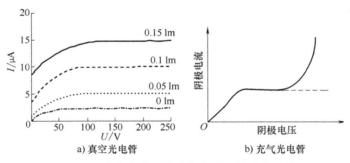

a) 真空光电管　　　　b) 充气光电管

图 5.84　真空光电管和充气光电管的伏安特性

2）光照特性。当光电管的阳极和阴极之间所加电压一定时，光通量与光电流之间的关系称为光电管的光照特性。如图 5.85 所示，曲线 1 表示氧铯阴极光电管的光照特性，光电流与光通量呈线性关系；曲线 2 为锑铯阴极的光电管光照特性，它呈非线性关系。光照特性曲线的斜率（光电流与入射光光通量之比）称为光电管的灵敏度。

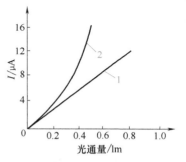

3）光谱特性。一般对于光电阴极材料不同的光电管，它们有不同的红限频率 ν_0，因此它们可用于不同的光谱范围。且同一光电管对于不同频率的光的灵敏度不同，这就是光电管的光谱特性。

图 5.85　光电管的光照特性

2. 光电倍增管

光电倍增管是在光电管的阳极和阴极之间增加若干个（11~14 个）倍增极（二次发射体），来放大光电流（图 5.86）。当入射光很微弱时，普通光电管产生的光电流很小，只有零点几微安，很不容易探测到。这时常用光电倍增管对电流进行放大。光电倍增管有放大光电流的作用，灵敏度非常高，信噪比大，线性好，多用于测量微弱信号。

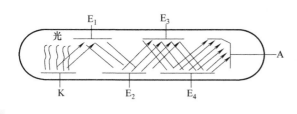

a) 光电倍增管原理图　　　　　　　　　　b) 实物图

图 5.86　光电倍增管

光电倍增管的主要特性：光电倍增管的实际放大倍数或灵敏度如图 5.87 所示。极间电压越高，灵敏度越高；但极间电压也不能太高，太高反而会使阳极电流不稳。另外，由于光电倍增管的灵敏度很高，所以不能受强光照射，否则将会损坏。光电倍增管的光谱特性与相同材料的光电管的光谱特性很相似。

（四）光敏电阻

光敏电阻的主要参数包括暗电阻、亮电流和光电流，其中光敏电阻在不受光照射时的阻值称为暗电阻，此时流过的电流称为暗电流；光敏电阻在受光照射时的电阻称为亮电阻，此时流过的电流称为亮电流；亮电流与暗电流之差称为光电流，光电流表征了光敏电阻灵敏度的大小。

光敏电阻又称光导管，它大多是用半导体材料制成的光电器件。光敏电阻没有极性，是一个电阻器件，使用时既可加直流电压，也可以加交流电压，如图 5.88 所示。

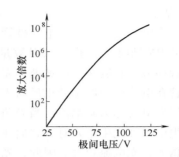

图 5.87　光电倍增管的光谱特性

光敏电阻的工作原理：无光照时，光敏电阻值（暗电阻）很大，电路中电流（暗电流）很小。当光敏电阻受到一定波长范围的光照时，它的阻值（亮电阻）急剧减小，电路中电流迅速增大。一般希望暗电阻越大越好，亮电阻越小越好，此时光敏电阻的灵敏度高。实际光敏电阻的暗电阻值一般在兆欧量级，亮电阻值在几千欧以下。

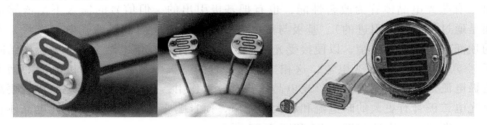

图 5.88　光敏电阻结构

光敏电阻的特点：光敏电阻具有光谱特性好、允许的光电流大、灵敏度高、使用寿命长、体积小等优点，所以应用广泛。此外许多光敏电阻对红外线敏感，适宜于红外线光谱区工作。光敏电阻的缺点是型号相同的光敏电阻参数参差不齐，并且由于光照特性的非线性，不适宜于测量要求线性的场合，常用作开关式光电信号的传感元件。

（五）光电池、光电二极管和光电晶体管

1. 光电池

光电池是一种直接将光能转换为电能的光电器件。光电池在有光线作用时实质就是电源，电路中有了这种器件就不需要外加电源，如图 5.89 和图 5.90 所示。

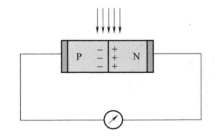

图 5.89　光电池工作原理图

图 5.90　光电池外形

2. 光电二极管和光电晶体管

光电二极管和光电晶体管的工作原理与光敏电阻是相似的，其差别只是光照在半导体

141

PN 结上。

光电二极管：将光电二极管的 PN 结设置在透明管壳顶部的正下方，光照射到光电二极管的 PN 结时，电子-空穴对数量增加，光电流与照度成正比。光电二极管的结构与一般二极管相似。它装在透明玻璃外壳中，其 PN 结装在管的顶部，可以直接受到光照射。光电二极管在电路中一般是处于反向工作状态，在没有光照射时，反向电阻很大，反向电流很小，这反向电流称为暗电流。当光照射在 PN 结上时，光子打在 PN 结附近，使 PN 结附近产生光生电子和光生空穴对，它们在 PN 结处的内电场作用下做定向运动，形成光电流。光的照度越大，光电流越大。因此，光电二极管在不受光照射时处于截止状态，受光照射时处于导通状态，如图 5.91~图 5.93 所示。

光电晶体管：与普通晶体管相似，它由两个 PN 结组成，有 NPN 型和 PNP 型，以 NPN 型为多见。与普通晶体管不同的是，在内部结构上，光电晶体管的集电面积较大，发射结较小，目的是扩大光照面积；在外形上多数只有 c、e 两个引脚，基极 b 作为光敏感极，无引线接出（有些光电晶体管为改善性能，也有把基极引出的，但信号的输入不是依靠基极引线，而是通过投射窗口引进的）。基极与集电极之间相当于反向偏置的光电二极管，光电晶体管的顶部有透射窗和透镜，以便接受光的照射。当光照射在集电结上时，就会在结附近产生电子-空穴对，从而形成光电流，这相当于晶体管的基极电流，由于基极电流的增大，因此集电极电流是光生电流的 β 倍，光电晶体管有放大作用，其灵敏度比光电二极管要高，但同时比光电二极管有更大的暗电流和较大的噪声，而且响应速度相对较慢。光电晶体管的外形与结构简图及基本电路如图 5.94 和图 5.95 所示。

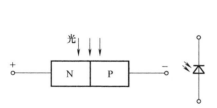

图 5.91　光电二极管结构简图和符号

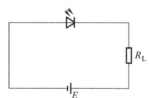

图 5.92　光电二极管接线图

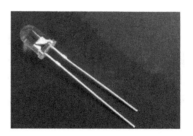

图 5.93　光电二极管外形

图 5.94　光电晶体管外形

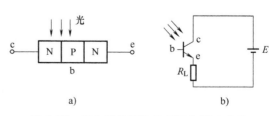

图 5.95　光电晶体管结构简图和基本电路

（六）光电式传感器的应用

1. 红外线辐射温度计

红外线辐射温度计由光学系统、光电探测器、信号放大器及信号处理、显示输出等部分组成。光学系统汇聚其视场内的目标红外辐射能量，红外能量聚焦在光电探测器上并转变为相应的电信号，该信号再经换算变为被测目标的温度值。其中激光仅用于瞄准，在非接触体温测量中的应用如耳温仪、人体额温测量，如图 5.96a、b 所示，非接触温度测量中的应用如集成 IC 温度测量（利用红色激光瞄准被测物，如冷藏牛奶和面食等）、温度采集系统（利用红色激光瞄准被测物，如电控柜、天花板内的布线层等），如图 5.96c、d 所示。

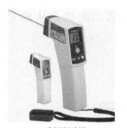

a) 额温测量　　　　b) 耳温测量　　　　c) 实物温度测量　　　　d) 温度采集系统

图 5.96　红外线辐射温度计

2. 在人体检测、报警中的应用

光电式传感器可用于能产生远红外辐射的人体检测，如防盗门、宾馆大厅自动门、自动灯的控制等，如图 5.97 所示。光电式传感器在智能空调中可检测出屋内是否有人，微处理器据此自动调节空调的出风量，以达到节能的目的。空调中，光电传感器的菲涅尔透镜做成球形，从而能感受到屋内一定空间角范围里是否有人，以及人是静止着还是走动着。

设定按钮　　高分贝扬声器　　　　　　　　　　　　　　　　　　　菲涅尔透镜

a) 防盗门　　　　　　b) 顶式光电报警器　　　　　c) 光电感应灯

图 5.97　在人体检测、报警中的应用

3. 光电式浊度计和含沙量测量

浊度计是测定水浊度的装置，有散射光式、透射光式和透射散射光式等，通称光电式浊度计。其原理为，当光线照射到液面上时，入射光强、透射光强、散射光强相互之间的比值和水样浊度之间存在一定的关系，通过测定透射光强、散射光强和入射光强的比值或透射光强和散射光强的比值来测定水样的浊度。光电式浊度计如图 5.98 所示。以积分球式浊度测定为例，浊度 = 比例常数 × 散射光强/入射光强。含沙量测量原理与之相同。

图 5.98　光电式浊度计

4. 光电鼠标

利用 LED 与光电晶体管组合可以测量位移。光电鼠标内部有一个发光二极管，通过它发出的光线，可以照亮光电鼠标底部表面（这是光电鼠标底部总会发光的原因）。此后，光电鼠标经底部表面反射回的一部分光线，通过一组光学透镜后，传输到一个光感应器件（微成像器）内成像。这样，当光电鼠标移动时，其移动轨迹便会被记录为一组高速拍摄的连贯图像，被光电鼠标内部的一块专用图像分析芯片（数字信号处理器）分析处理。该芯片通过这些图像上特征点位置的变化进行分析，来判断鼠标的移动方向和移动距离，从而完成光标的定位。光电鼠标实物及结构如图 5.99 所示。

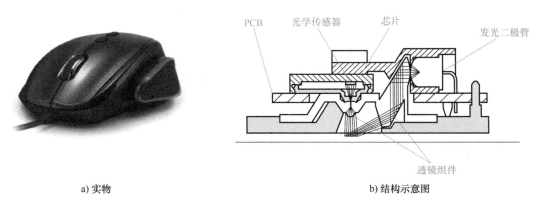

a) 实物   b) 结构示意图

图 5.99　光电鼠标

5. 亮度传感器

亮度传感器（图 5.100）通过检测周围环境的亮度，再与内部设定值相比较，调整光源的亮度和分布，有效利用自然光线，达到节约电能的目的。

6. 光电式转速表

光电式转速表可以在距被测物数十毫米外非接触地测量其转速，如图 5.101 所示。以直射式光电转速传感器为例，输入轴（被测轴）上装有开孔圆盘，圆盘一边设置光源，另一边设置光敏元件（光电管），圆盘随输入轴转动，当光线通过小孔时，光电管产生一电脉冲。转轴连续转动，光电管就输出一系列与转速及圆盘上的孔数成正比的点脉冲数。在孔数一定时，该列电脉冲数就和转速成正比。电脉

图 5.100　亮度传感器

冲经测量电路放大和整形后再送入频率计计数和显示。经换算或标定后，可直接读出被测转轴的转速。

7. 光电传感器

如图 5.102 所示，超市收银台用激光扫描器是利用激光扫描器发出激光并被条形码反射实现检测商品条形码的；洗手间红外反射式干手机发出红外光，并被手所反射，从而起动热风装置。

  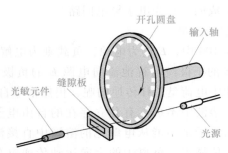

a) 实物　　　　b) 工作场景　　　　c) 直射式光电转速传感器结构示意图

图 5.101　水泵转速测量

图 5.102　光电传感器

第二节　生物信息采集中的化学量测试方法

一、电化学的基本原理

第五章　第二节
视频课 1

(一) 电化学基本概念

电化学体系由电极、电解质和外部电路组成。电极是电化学反应发生的地方，电解质则是离子导电的介质。在外部电路中，电子流动形成电流，而在电解质中，离子流动形成电解流。下面介绍常见的 3 种导电回路，分析这 3 种回路的导电机理。

1. 电子导电回路

在图 5.103 中，E 是电源，R 是负载（如灯泡）。这是大家熟悉的最简单的导电回路。暂且不考虑电源内部的导电机理。在外电路中，电流 I 从电源 E 的正极流向负极。电流经过负载时，一部分电能转化为热能，使灯丝加热而发光。回路中形成电流的载流子是自由电子。

凡是依靠物体内部自由电子的定向运动而导电的物体，即载流子为自由电子（或空穴）的导体，叫作电子导体，也称为第一类导体，如金属、合金、石墨及某些固态金属化合物。所以，图 5.103 中的外电路是由第一类导体（导线、灯

145

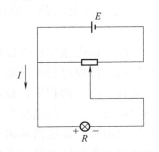

图 5.103　电子导电回路图

丝）串联组成的，称为电子导电回路。

2. 电解池回路

在图 5.104 中，E 仍为电源，负载则为电解池 R（如电镀槽）。同样，在外电路中，电流从电源 E 的正极经电解池流向电源 E 的负极。已知在金属导线内，载流子是自由电子。但在电解池中电荷是怎样传递的呢，仍然依靠自由电子的流动吗？实验表明，溶液中不可能有独立存在的自由电子，因而来自金属导体的自由电子是不能从电解池的溶液中直接流过的。在电解质溶液中，是依靠正、负离子的定向运动传递电荷的，即载流子是正、负离子而不是电子。凡是依靠物体内的离子运动而导电的导体叫作离子导体，也称为第二类导体，如各种电解质溶液、熔融态电解质和固体电解质。由此可见，图 5.104 中的外电路是由第一类导体和第二类导体串联组成的，可称之为电解池回路。

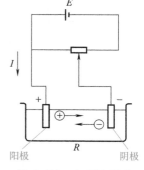

图 5.104　电解池回路

现在，又有了新的问题：既然存在着两类导体，有不同的载流子，那么不同载流子之间又是怎样传递电荷的呢？如果仔细观察电解池通电时，如电镀时的现象，就容易发现：在导电的同时，电解池的两个极板上有气体析出或金属沉积，也就是在极板上有化学反应发生。

在电解过程中，外部电源 E 的负极释放出的电子流向电解池的负极板。在这些电子的作用下，负极板附近发生了还原反应，电子与溶液中的正离子结合，导致溶液中的负电荷数量增加。此时，溶液中的正离子向负极移动，而负离子则向正极移动，从而在溶液中形成了电流，实现了电荷的传递。在电解池的正极，发生了氧化反应，溶液中的负离子失去电子，这些电子被正极板接收，并在电极上积累。随后，这些积累的自由电子通过导线回流到外部电源 E 的正极，完成了电路的闭合。

在电化学中，通常把发生氧化反应（失电子反应）的电极叫作阳极；把发生还原反应（得电子反应）的电极叫作阴极。因此，电解池中的正极通常叫作阳极，负极称为阴极，氧化反应是指物质失去电子，还原反应是指物质获得电子。在生物信息采集中，电极反应通常涉及生物分子（如 DNA、蛋白质、酶等）的氧化还原。

3. 原电池回路

在图 5.105 中，R 为负载，E 为电源，称作原电池。原电池和电解池类似，也是由两个极板和电解质溶液组成的，在原电池内部是离子导电，同时在阳极上发生氧化反应，在阴极上发生还原反应。不同的是，电解池中的氧化还原反应是由电源 E 供给电流（电能）而引发的，原电池中的氧化还原反应则是自发产生的。

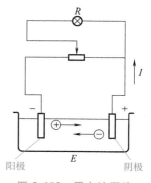

图 5.105　原电池回路

因此，原电池中化学反应的结果是在外电路中产生电流，供负载使用，即原电池本身是一种电源。原电池的阳极上，因氧化反应而有了电子的积累，故电位为负，是负极；阴极上则因还原反应而缺乏电子，故电位为正，是正极。在外电路中，电子就由阳极流向阴极，即电流从阴极（正极）流出，经外电路流入阳极（负极）。整个原电池回路也是由第一类导体和第二类导体串联组成的。

通过对上述 3 个回路的分析，可以得出以下结论：

这 3 个回路都是导电的回路，但是导电的机理因组成回路的导体类型不同而不同。在电子导电回路中，回路的各部分（除 *E* 外）都是由第一类导体组成的，因此只有一种载流子——自由电子。在电解池和原电池回路中，有两类不同的导体串联，第一类导体的载流子是自由电子，第二类导体的载流子是离子。导电时，电荷的连续流动是依靠在两类导体界面上，两种不同载流子之间的电荷转移来实现的。而这个电荷转移过程，就是在界面上发生的得失电子的化学反应。第一种回路（图 5.103）是电工和电子学研究的对象。而电解池和原电池具有共同的特征，即都是由两类不同导体组成的，是一种在电荷转移时不可避免地伴随有物质变化的体系。这种体系叫作电化学体系，是电化学科学研究的对象。两类导体界面上发生的氧化反应或还原反应称为电极反应，也常常把电化学体系中发生的伴随有电荷转移的化学反应统称为电化学反应。

所以，可以将电化学科学定义为研究电子导电相（金属和半导体）与离子导电相（溶液、熔盐和固体电解质）界面上所发生的各种界面效应，即伴有电现象发生的化学反应的科学。这些界面效应所具有的内在特殊矛盾性就是化学现象和电现象的对立统一。具体地讲，电化学的研究对象包括三部分：第一类导体、第二类导体、两类导体的界面及其效应。第一类导体已属于物理学研究范畴，在电化学中只需引用它们所得出的结论；电解质溶液理论则是第二类导体研究中最重要的部分，也是经典电化学的重要领域；而两类导体的界面性质及其效应，则是现代电化学的主要内容。

（二）生物信息采集中的电化学方法

在生物信息采集中，电化学方法可以用于检测生物分子（如 DNA、蛋白质、酶等）的浓度、活性、结构等信息。具体应用方法包括：

1. 电化学发光法

电化学发光（Electrochemiluminescence，ECL）法是一种将电化学反应与发光反应结合的具有高灵敏度的检测技术，如图 5.106 所示。它利用生物分子在电极表面氧化还原反应时产生的能量来激发发光物质，从而产生可检测的发光信号。这种技术在生物信息采集中，尤其是在低浓度生物分子的检测中，显示出了极高的灵敏度和特异性。

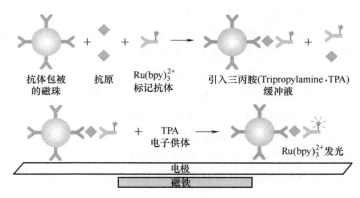

图 5.106　ECL 法

ECL 的基本原理涉及两个主要步骤：电化学氧化还原反应和发光反应。

1）电化学氧化还原反应。在这一步骤中，生物分子（如抗体、酶、DNA）在电极表面发生氧化还原反应。这些生物分子通常通过特定的标记（如电化学发光标记物）与电极表面连接。氧化还原反应会导致电子转移，并可能产生能量。

2）发光反应。在电化学氧化还原反应的基础上，发光物质被激发并发出光信号。这个过程可以是通过电化学氧化还原反应直接激发发光物质，也可以是通过电化学产生的物质与发光物质反应产生发光物质。

ECL 技术的关键在于选择合适的发光标记物。常用的发光标记物包括三联吡啶钌 [Ru(bpy)$_3$] 配合物及其衍生物。这些标记物在电化学反应中被氧化还原，然后在电极表面或附近区域产生光信号。ECL 能够检测极低浓度的生物分子，其检测限通常在皮摩尔（pmol）到飞摩尔（fmol）级别。通过特定的生物分子识别过程（如抗体-抗原反应），ECL 可以实现高度特异性的检测。ECL 的信号强度与电化学反应中产生的发光物质的量成正比，因此具有较宽的检测范围。与放射性同位素标记相比，ECL 使用的是非放射性的发光标记物，因此更加安全。

在生物信息采集中，ECL 技术已经被广泛应用于各种生物分子的检测，包括 DNA、RNA、蛋白质、酶、细胞等。例如，在临床诊断中，ECL 技术可以用于检测病原体、肿瘤标志物、激素等。在科研领域，ECL 技术也被用于研究生物分子的相互作用、酶活性、细胞信号传导等。

2. 电化学阻抗谱法

电化学阻抗谱（Electrochemical Impedance Spectroscopy，EIS）法是一种强大的非破坏性电化学技术，用于分析电子传输过程和界面现象。在生物信息采集中，EIS 通过测量生物分子与电极表面相互作用引起的电化学阻抗变化，提供关于生物分子与电极表面结合的动力学信息，从而分析生物分子的结构和功能。

EIS 的基本原理是对电化学系统施加一个小幅度正弦波电压或电流扰动，测量由此产生的电流或电压的响应。通过这种方式，可以获得系统的阻抗谱，即阻抗随频率的变化关系。阻抗谱中包含了关于电极过程和界面现象的丰富信息，如电荷转移电阻、双电层电容、扩散阻抗等。

在生物信息采集中，EIS 主要应用于研究和优化生物传感器的性能，例如，通过测量电极表面与生物分子（如抗体、酶、DNA 等）相互作用的阻抗变化，可以实现对目标分子的定量检测。EIS 提供的信息有助于理解生物分子与电极表面之间的相互作用机制，从而提高传感器的灵敏度和选择性。EIS 还可以用于研究生物分子之间的相互作用，如蛋白质-蛋白质、蛋白质-核酸、蛋白质-小分子等。通过监测这些相互作用引起的阻抗变化，可以获得关于生物分子结合的动力学参数，如结合常数、解离速率等。同时 EIS 可以用于研究生物膜的性质和细胞的行为。例如，通过测量细胞与电极表面相互作用的阻抗变化，可以研究细胞的生长、附着和死亡等过程。此外，EIS 还可以用于研究生物膜的电导性和渗透性。其优势在于，EIS 测量过程中对样品的影响非常小，可以实现对样品的实时、原位监测。EIS 提供的是阻抗谱，包含了多个参数的信息，可以同时获得关于电子传输、物质传输和界面现象的综合信息。

3. 电位法

电位法（Potentiometry）是一种电化学分析方法，电位法的基本原理是利用电极与溶液之间的电荷作用，通过测量电极系统中的电位变化来定量分析溶液中的生物分子浓度。当一

个生物分子与电极表面结合时，它会影响电极表面
的电荷分布，从而导致电位的变化，如图 5.107
所示。

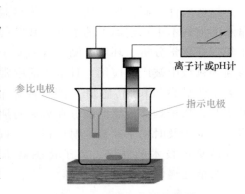

这种电位变化可以通过电位计或电势计进行测
量，并且与生物分子的浓度成正比。电位法的测量
系统通常由一个指示电极和一个参比电极组成。指
示电极对溶液中的生物分子浓度变化敏感，参比电
极提供一个稳定的电位参考点。当指示电极与溶液
中的生物分子发生作用时，电位计会测量指示电极
与参比电极之间的电位差。

图 5.107　电位分析示意图

电位法广泛用于检测溶液中的离子浓度、pH
值、离子强度等。例如，pH 值检测是一种常见的电位法应用，它利用氢离子与电极表面结
合时产生的电位变化来测量溶液的酸碱性。电位法还可以用于检测生物分子（如蛋白质、
核酸、抗体等）的浓度。通过特定的识别元素（如抗体、酶、受体等）与电极表面结合，
可以实现对目标生物分子的定量检测。电位法还可以用于检测细胞和微生物的存在和活性，
例如，通过测量细胞膜电位的变化，可以评估细胞的状态和功能。

4. 安培法

安培法（Amperometry）是一种电化学分析方法，它通过测量生物分子氧化还原反应产
生的电流来定量分析生物分子的浓度。这种方法具有较高的灵敏度和准确度，适用于生物分
子的高精度检测。

安培法可以用于检测生物分子（如葡萄糖、乳酸、尿酸等）的浓度。通过特定的识别
元素（如酶、抗体等）与电极表面结合，可以实现对目标生物分子
的定量检测。安培法还可以用于检测细胞和微生物的存在及活性，
例如，通过测量细胞代谢产生的氧化还原物质的电流，可以评估细
胞的状态和功能。安培法可以用于药物和毒素的检测，通过特定的
识别元素与电极表面结合，可以实现对目标药物或毒素的定量检测。

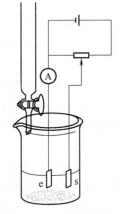

安培法的基本原理是利用生物分子在电极表面的氧化还原反应。
当一个生物分子在电极表面发生氧化还原反应时，它会释放或吸收
电子，从而在电路中产生电流。通过测量这个电流的大小，可以定
量分析生物分子的浓度。安培法的测量系统通常由一个工作电极、
一个指示电极 e 和一个参比电极 s 组成，如图 5.108 所示。工作电极
是生物分子氧化还原反应发生的地方，辅助电极用于提供电子，而
参比电极提供一个稳定的电位参考点。当生物分子在工作电极表面
发生氧化还原反应时，电流计会测量通过电路的电流。

图 5.108　安培法装置

二、离子传感器

离子传感器是一种利用离子选择电极，将接收到的离子量转换成可用输
出信号的传感器，其组成包括传感膜、参比电极、工作电极，以及电路和信
号处理单元等关键部分，如图 5.109 所示。

149

这些组件共同协作，使得离子传感器能够精确测量水溶液样本中选定离子的浓度。其发展至今已有几十年，在化学分析、环境监测、食品安全检测、医学诊断等领域中被广泛应用，日常生活中常使用玻璃膜式离子传感器（pH 传感器）测量液体 pH 值，火灾发生时，离子烟雾传感器能够在火灾初期阶段发出警报，有助于及时逃生并减少财产损失。近年来，由于半导体集成技术的发展，离子传感器也在朝着多元化、智能化遥测方向发展。

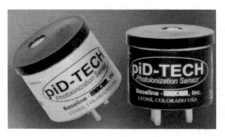

图 5.109　离子传感器

（一）离子传感器的工作原理

1. 离子选择电极

离子选择电极（Ion Selective Electrode，ISE）是离子传感器的核心部件。离子选择电极通常由电极体、离子选择性膜和参比电极组成。离子选择性膜是关键部分，具有特定的选择性，只允许目标离子通过。当目标离子在离子选择性膜上发生反应时，会引起电位的变化。这个电位变化可以被测量并与标准曲线进行比较，从而确定溶液中目标离子的浓度。离子选择电极通过离子选择性膜对目标离子的选择性反应，测量电位变化来间接测量样品中目标离子的浓度。这种传感器在分析化学领域中有着广泛的应用，并在实验室和工业现场中发挥着重要作用。例如，pH 计就是一种常见的离子选择电极，玻璃膜式离子传感器就是一种 pH 计，利用玻璃膜对氢离子的选择性来测量溶液的 pH 值。

2. 参比电极

除了离子选择电极外，离子传感器还包括一个参比电极。参比电极在离子传感器中的作用类似于标尺，在测量时提供一个稳定的基准电位，有助于准确测量待测样品中的电位变化，从而推断出目标离子浓度。例如：银/氯化银电极是一种常见的参比电极，其中银电极与氯化银电极相互反应，提供基准电位。

3. 电位测量

当目标离子浓度发生变化时，离子选择电极的电位也会相应改变。通过测量离子选择性电极和参比电极之间的电位差，可以确定目标离子的浓度。通常使用电位计或其他电子仪器来测量电位差，通过测量样品与参比电极之间的电位差来确定目标离子的浓度。

4. 校准

为了确保准确性，离子传感器通常需要进行校准。根据标准曲线对测量结果进行校准，确保测量结果的准确性和可靠性。通过电位测量和校准，离子传感器可以准确测量样品中目标离子的浓度，从而为化学分析和其他实验提供重要的数据支持。常见的校准方法有两种：①标准曲线法，通过使用标准溶液制作标准曲线，将已知浓度的标准溶液与对应的电位变化关系建立起来，用于后续测量的参考；②零点校准，在进行测量之前，对离子传感器进行零点校准，即在无离子存在的溶液中调零，确保测量的准确性。

（二）离子传感器的分类

1. 基于工作原理的分类

1）离子选择电极（ISE）：根据不同的选择性敏感膜可以选择特定类型的离子进行测量。

2) 离子交换膜电极：通过离子交换膜来实现离子浓度的测量。

3) 离子敏场效应晶体管（Ion Sensitive Field Effect Transistor，ISFET）：基于场效应晶体管的离子传感器。

2. 基于测量离子种类的分类

1) 氢离子传感器（pH 传感器）：用于测量溶液的 pH 值。

2) 金属离子传感器：用于测量金属离子（如铁离子、铜离子等）的浓度。

3) 氟离子传感器：用于检测氟离子浓度，常用于环境监测和水质检测。

3. 基于测量范围的分类

1) 微型离子传感器：用于微流体系统中的离子浓度测量。

2) 大范围离子传感器：用于处理大体积样品或高浓度离子的测量。

这些分类方式并不是互斥的，离子传感器可能同时符合多种分类标准。不同类型的离子传感器适用于不同的应用领域和测量需求，选择适合的离子传感器对于确保准确的离子浓度测量至关重要。

（三）离子选择电极

离子选择电极（ISE）是一种电化学传感器，专门设计用于测定溶液中特定离子的活度或浓度。当离子选择电极与含被检测离子的溶液相接触时，其敏感膜与溶液界面将形成一个与其活性直接相关的膜电位。该电位是指两相（敏感膜与溶液）之间的界面电位，在此电位下，电荷在两相之间迁移，最终形成电位差。

此电位差与溶液中某一离子活性的对数呈线性相关，因此可通过测定电位差来测定其活性或浓度。其中，离子选择电极主要包括：①电极腔，一般为玻璃或聚合物；②参比电极，一般为银/氯化银电极；③一种内部参比溶液，其包括一种氯化物和一种强烈的电解质溶液，如图 5.110 所示。

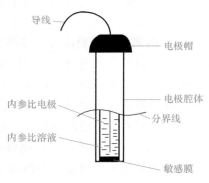

图 5.110 离子选择电极结构图

（导线、电极帽、电极腔体、分界线、内参比电极、内参比溶液、敏感膜）

1. 离子选择电极的分类

（1）玻璃膜式离子传感器 这类传感器使用玻璃膜作为敏感元件，玻璃膜的成分变化可以使其对特定的离子具有选择性。pH 玻璃电极是最早出现的离子选择电极，其关键部分是敏感玻璃膜。

（2）液态膜式离子传感器 这类传感器使用液态膜作为离子感应部分，其特性是对某些离子具有较高的选择性和灵敏度。液态膜式离子传感器基于离子在电场中的运动行为而工作。它通常由离子选择电极和参比电极组成。当离子与敏感膜层发生化学反应时，会产生电位变化，这个电位变化可以通过参比电极和电桥电路来测量，如 PVC（聚氯乙烯）膜电极。

（3）固态膜式离子传感器 这类传感器使用固态膜来测量离子浓度，固态膜具有较好的稳定性和耐用性。固态膜式离子传感器主要由固态敏感膜、参比电极、工作电极，以及电荷转移层组成。其中，固态敏感膜是核心部分，负责与待测离子发生反应，如基于 ZnS 纳米粒子的固态膜传感器、固态膜电位传感器。

（4）隔膜式传感器 这类传感器以离子传感器为基本体，通过隔膜来感应和测量离子浓度。当外界压力或液位发生变化时，隔膜会产生相应的形变，这种形变进一步被转换成电信号输出，从而实现对压力或液位的精确测量。例如，隔膜压力传感器、隔膜式液位传感器。

2. 离子选择电极的主要特点

1）高选择性：能够选择性地测量溶液中的某一种离子，而不受其他离子的干扰。

2）灵敏度高：即使离子浓度很低，也能准确测量。

3）响应速度快：可以在短时间内给出准确的测量结果。

4）操作简便：使用离子选择电极进行测量相对简单，不需要复杂的样品前处理。

5）应用广泛：离子选择电极可用于水质监测、生物医学、环境监测。

总的来说，离子选择电极是一种高效、准确且易于使用的工具，对于需要快速、准确测量离子浓度的应用场合非常有用。

（四）离子交换膜电极

离子交换膜电极是一种基于离子交换膜技术的电化学传感器，用于测量和监控离子浓度或活度。这种传感器将离子交换膜的选择性离子传输特性和电化学检测技术相结合，从而在多个应用领域中实现精确、快速测量离子浓度。离子交换膜电极的核心组成部分是离子交换膜，起到选择性透过离子的作用。其工作原理是利用离子交换膜的选择透过性，膜的一侧与待测溶液接触，另一侧与内参比溶液接触。当待测溶液中的离子浓度发生变化时，这些离子会通过离子交换膜进行传输，从而在膜两侧产生电势差。这个电势差与待测离子的浓度或活度有着直接的关系。通过测量这个电势差，就可以确定待测离子的浓度或活度。

1. 离子交换膜电极的分类

（1）阳离子交换膜电极　能够选择性地吸附阴离子。基于阳离子交换膜的选择透过性，只允许特定的阳离子通过。当溶液中的阳离子与阳离子交换膜接触时，它们会通过膜的交换基团进行交换，从而进入膜内部。这个过程会导致膜两侧的电荷分布发生变化，进而产生电势差。通过测量这个电势差，可以推算出溶液中阳离子的浓度。这类传感器在药物传输和离子选择等领域有着广泛的应用，如电导率传感器、离子浓度传感器。

（2）阴离子交换膜电极　能够选择性地吸附阳离子。基于阴离子交换膜的选择透过性，只允许特定的阴离子通过。当溶液中的阴离子通过交换膜时，会引起膜两侧的电位变化。这个电位变化可以通过电极进行测量，并转换成相应的电信号输出，从而实现对阴离子浓度的检测。这类传感器适用于环境污染监测等领域，如水质监测传感器、生物传感器。

2. 离子交换膜电极的主要特点

1）防止副反应：离子交换膜电极的离子选择性传输和离子交换功能有助于防止副反应的发生，提高电化学过程的效率和产物的浓度。

2）应用广泛性：由于其独特的离子选择性传输能力、电化学反应能力、离子交换功能和防止副反应的能力，离子交换膜电极在能源、环保、化工、冶金等多个领域都有着广泛的应用。例如，在能源领域，离子交换膜电极可用于燃料电池、太阳能电池等能源转换装置中；在环保领域，离子交换膜电极可用于废水处理、重金属回收等环保工程中；在化工和冶金领域，离子交换膜电极则可用于电渗析、电镀等生产过程中。

总的来说，离子交换膜电极是一种高效、精确且多功能的离子浓度测量工具，在多个领域发挥着重要作用。

（五）离子敏场效应晶体管

离子敏场效应晶体管（ISFET）是一种微电子离子选择性敏感器件。它结合了电化学和晶体管的特性，具有高灵敏度、快速响应、小样品消耗、易于批量制造和低成本等优点。其主要利用半导体场效应原理和离子选择性的敏感膜技术实现，基本结构与工作原理如下：

1）核心结构：ISFET的核心部分是金属-氧化物-半导体场效应晶体管（Metal-oxide-semiconductor Field Effect Transistor，MOSFET），与普通的MOSFET不同的是，ISFET在栅极上引入了一层特殊的灵敏膜。

2）离子浓度转换：这层灵敏膜选择性地响应于特定离子，当被测液体中的离子与灵敏膜接触时，会引起膜表面的电势变化。灵敏膜将离子浓度的变化转换成膜表面的电荷密度变化。

3）电信号输出：这个电荷密度的变化影响晶体管的导通电流或阻断电流，从而实现对离子浓度的测量。最终，ISFET会将这种变化以电信号的形式输出，供外部电路读取和处理。

通过这种方式，ISFET能够高灵敏地检测液体中的离子浓度变化，在生物传感器、化学传感器等领域具有广泛的应用。

1. 离子敏场效应晶体管的分类

根据敏感膜类型分类：

1）无机ISFET：其敏感膜为无机绝缘栅、固态膜或有机高分子PVC膜。这类ISFET主要用于检测NH_4^+、H^+、K^+、Na^+、F^-、Cl^-等无机离子。

2）酶FET（Enzyme FET）：由一层含酶的物质及ISFET相结合所构成，在敏感栅表面固定一层酶膜。当待测底物与酶接触时，会反应生成新的物质，引起敏感膜附近局部的离子浓度变化，从而检测特定的生化反应。

3）免疫FET（Immuno FET）：由具有免疫反应的分子识别功能敏感膜与ISFET相结合所构成，包括非标记免疫FET和标记免疫FET两种，用于检测特定的生物分子。

根据离子选择性分类：

1）氢离子敏感场效应晶体管（pH-ISFET）：对H^+离子敏感。

2）钾离子敏感场效应晶体管（K-ISFET）：对K^+离子敏感。

2. 离子敏场效应晶体管的主要特点

1）高灵敏度：ISFET的敏感膜对特定离子具有极高的灵敏度，能够实现对低浓度离子的准确检测。

2）选择性好：ISFET的敏感膜可以针对特定离子进行设计，实现对特定离子的高选择性检测。

3）便于集成：ISFET作为一种半导体器件，可以与其他电子元器件进行集成，形成高性能的离子检测系统。

总的来说，ISFET以其敏感区面积小、响应快、灵敏度高、输出阻抗低、样品消耗量少、易于批量制造和成本低等优势，在众多领域发挥着重要作用。

（六）离子传感器的应用场景及案例分析

离子传感器的应用场景非常广泛，以下是一些主要的应用领域：

（1）环境监测、水质监测 离子传感器可以用于检测水体中的离子浓度，如河流、湖

153

泊、海洋等自然水体的污染情况监测。通过测量水体中的离子浓度变化，及时发现和预测污染，保护水资源。空气质量监测：特定的离子传感器如离子流氧传感器，可以实时监测空气中的氧气含量，为改善环境质量提供数据支持。

（2）工业和实验室分析　离子传感器在工业中可以用于监测和控制化学反应中的离子浓度，确保产品质量和生产的稳定性。在实验室分析中，离子传感器用于研究离子之间的相互作用及化学反应，帮助科学家更深入地了解离子行为。

（3）生物医学领域　离子选择性电极被广泛应用于测量生物体液（如血液）中的离子（如钾离子、钠离子、氯离子等）浓度，在指导临床治疗和药物使用方面具有重要意义。在生物医学研究中，离子传感器用于实时监测生物体内的离子浓度变化，以研究生物体的生理功能。

（4）食品和饮料行业　离子传感器可以用于检测食品和饮料中的离子含量，盐分、矿物质等，以确保产品的质量和安全。

（5）安全监测系统　在火灾监测中，离子传感器能够灵敏地检测火焰中的离子变化，从而触发警报系统，保障人们的生命财产安全。此外，在煤矿、石油、化工等行业，离子传感器也用于安全监测系统，预防事故发生。

综上所述，离子传感器在环境监测、工业和实验室分析、生物医学、食品和饮料，以及安全监测等多个领域都发挥着重要作用。随着技术的不断进步，离子传感器的应用范围还在进一步扩大。

（七）离子传感器选型

离子传感器的选型需要考虑多个因素，以下是一些关键的选型要点：

（1）测量目标　首先需要明确要测量的离子种类和浓度范围，例如，是测量氢离子、钙离子，还是其他离子，这将直接影响传感器的选择，因为不同的离子传感器对特定的离子具有选择性。

（2）传感器类型　根据测量原理和应用场景，可以选择不同类型的离子传感器，如电极型、场效应晶体管型、光导传感型和声表面波型等。电极型离子传感器通常用于测量水溶液中的离子浓度，而光导传感型则可能更适合于某些特殊环境或气体中的离子检测。

（3）技术指标　要考虑传感器的灵敏度、响应时间、稳定性、分辨率等技术指标，例如，对于需要快速响应的应用，应选择响应时间短的传感器，对于需要高精度测量的场合，则应选择分辨率高、稳定性好的传感器。

（4）环境因素　要考虑传感器的工作环境，如温度、湿度、压力及可能存在的干扰物质等。这些因素可能影响传感器的性能和准确性，因此需要选择能够适应特定环境条件的传感器。

（5）成本和维护　根据预算和维护需求选择合适的传感器。不同类型的传感器在价格和维护成本上可能有所不同，因此需要在满足性能需求的前提下考虑成本。

（6）校准和验证　在选型过程中，还需要考虑传感器的校准和验证需求。定期校准可以确保传感器的准确性，而验证过程则有助于确认传感器在实际应用中的性能表现。

综上所述，离子传感器的选型是一个综合考虑多个因素的过程，包括测量目标、传感器类型、技术指标、环境因素、成本和维护，以及校准和验证等。通过仔细评估这些因素并咨询专业人士的意见，可以选出最适合特定应用需求的离子传感器。

三、气体传感器

（一）气体传感器的工作原理

气体传感器基于不同的技术，包括但不限于化学感应、光学、电化学、半导体等。这些传感器通过特定的感应元件来检测空气中的气体成分，并将这些气体的浓度转换为电信号进行处理和显示。气体传感器是一种用于检测和测量空气中特定气体浓度的装置。其功能来自于不同气体与传感器内部材料之间的相互作用，这些相互作用会导致电学、光学或机械性质的变化。根据作用类型的不同，气体传感器可分为电化学气体传感器、红外气体传感器、气敏电阻传感器、热导式气体传感器、质谱传感器等。

第五章　第二节
视频课 3

（二）气体传感器的分类

1. 电化学气体传感器

电化学气体传感器利用离子导电的原理来检测和测量空气中的特定气体浓度。这些传感器通常由几个关键部件组成：传感电极（或称为工作电极）、反电极，以及它们之间的薄电解质层。

首先，被测气体进入传感器内部，通过微小的毛管型开孔进入，这些开孔确保气体能够均匀分布到传感电极的表面。随后，气体穿过疏水屏障层，最终到达传感电极的活性表面。

在传感电极表面，气体发生化学反应，这些反应可以采用氧化或还原的机理，具体取决于传感器设计时选择的电极材料。这些反应会导致电荷变化或电子转移，产生一个电流信号。这个电流与被测气体的浓度成正比，因此可以通过测量这个电流来确定气体的浓度。

传感器内部的电解质层起到隔离作用，防止电解质泄漏并维持传感器的稳定性。同时，传感电极和反电极之间连接有一个电阻器或电流计，用于测量由化学反应产生的电流。这种设计使得传感器能够高效、精确地响应气体浓度的变化，广泛应用于环境监测、工业过程控制及安全检测等领域，如图 5.111 所示。

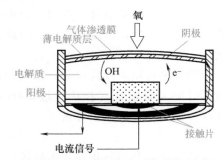

图 5.111　电化学气体传感器结构原理图

2. 红外气体传感器

红外气体传感器包含一个红外光源和一个检测器。气体会吸收特定波长的红外光，因此通过测量光线通过样品气体时的强弱程度，可以确定气体浓度，红外气体传感器如图 5.112 所示。

155

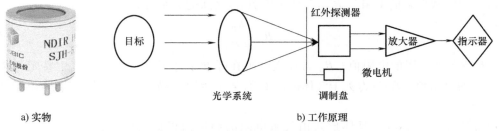

a) 实物　　　　　　　　　　　　　b) 工作原理

图 5.112　红外气体传感器

分子中的电子处于不同的能级和运动状态，每种状态都有特定的能量。电子经过光、热或电的激发，可以从一个能级跃迁到另一个能级。当电子吸收外部辐射能量时，它们从低能级跃迁到高能级。由于分子内部运动复杂，导致其光谱也复杂。除电子运动状态外，分子还有核间的振动和绕重心的转动。这些振动和转动能量都是量子化的，即具有离散的能量级。因此，分子吸收外部辐射后的总能量变化 ΔE，包括振动能变化 ΔE_v、转动能变化 ΔE_r 和电子运动能变化 ΔE_e。

$$\Delta E = \Delta E_v + \Delta E_r + \Delta E_e \tag{5.94}$$

物质对于不同波长的光线具有特定的吸收能力，只能选择性地吸收那些能量等于分子振动能变化 ΔE_v、转动能变化 ΔE_r 和电子运动能量变化 ΔE_e 总和的辐射。由于各种物质分子内部结构的差异，分子的能级多种多样且彼此间的间隔各不相同。这种结构差异决定了它们对不同波长光线的选择性吸收。

通过改变某一吸收物质的入射光波长，记录其在每个波长下的吸光度 A，然后以波长为横坐标、吸光度为纵坐标作图，得到的谱图称为该物质的吸收光谱或吸收曲线。吸收光谱反映了物质在不同光谱区域的吸收能力分布，可从波形、波峰强度、位置及其数量等特征，研究物质的内部结构。

由于分子的振动能级跃迁通常伴随有转动能级的跃迁，因此无法单独测量纯振动光谱，而只能得到分子的振动-转动光谱，即红外吸收光谱。这种光谱反映了分子在不同振转能级间的跃迁情况。当样品受到连续变化频率的红外光照射时，分子吸收特定频率的辐射，由此引起振动或转动运动，导致偶极矩的变化，从而发生能级跃迁。

通过记录红外光的透射率与波数或波长的关系曲线，可以得到红外光谱图。当红外线的波长与被测气体的吸收峰匹配时，该能量被吸收。根据朗伯-比尔定律，红外光线穿过气体后的光强衰减与气体浓度成正比。因此，可以通过测量红外光线在样品中的衰减来确定气体浓度。

为确保测量结果线性可靠，浓度较高时使用较短（最短为 0.3mm）的分析气室，而浓度较低时则需要较长（长达超过 200mm）的气室。剩余的光能经红外检测器检测用以分析。

3. 气敏电阻传感器

这种传感器利用氧化物或半导体材料的电阻随气体浓度变化而变化的特性，如图 5.113 所示。当气体与敏感材料接触时，其电阻会发生变化，可以通过测量电阻的变化来确定气体浓度。

图 5.113　气敏电阻传感器

常见的气敏电阻的电阻值 R 与气体浓度 $f(C)$ 之间的关系可表示为

$$R = \frac{R_0}{f(C)} \tag{5.95}$$

式中，R 为气敏电阻的电阻值；R_0 为气敏电阻在标准条件下（通常是空气中特定气体浓度为零时）的电阻值；$f(C)$ 为关于气体浓度 C 的某个函数，描述了电阻值随气体浓度变化的关系。

通常情况下，$f(C)$ 的具体形式由气敏电阻的制造商根据实验数据和经验确定。例如，对于某些传感器，$f(C)$ 是一个线性函数，表示电阻与气体浓度成正比；而对于另一些传感器，则可能采用指数函数或对数函数来描述电阻与气体浓度之间的关系。

4. 热导式气体传感器

热导式气体传感器的工作原理是基于测量混合气体的热导率变化，通过电路将这种变化转换为电阻变化，从而实现对被测气体浓度的分析。

通常导热系数的差异通过电路转化为电阻的变化，传统的检测方法是将待测气体送入气室，气室的中心是热敏元件如热敏电阻、铂丝或钨丝，加热到一定温度，把混合气体热导率的变化转化为热敏元件电阻的变化，工作原理如图 5.114 所示（R_1、R_2、R_3 为桥臂电阻，r 为热导传感器）。

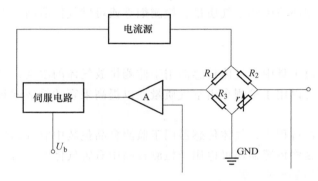

图 5.114　热导式气体传感器原理图

5. 质谱传感器

1）样品采集和进样：首先，质谱传感器能采集待测气体样品，并将其引入分析仪器中。样品通常通过气体进样系统或者直接通过采样探头进入分析仪器。

2）离子化：待测气体进入质谱传感器后，会通过一个电离源进行离子化。

常见的电离方法包括电子轰击电离（Electron Impact，EI）或者化学电离。

3）质量分析：离子化后的气体分子会被加速器加速，并进入质量分析器。质量分析器通常是一种质谱仪，它将气体分子根据其质量-电荷比（m/z）进行分离和分析。不同质量的离子会在质量分析器中以不同的速度飞行，并在检测器上产生相应的电信号。

4）检测和数据处理：检测器（如离子检测器或者光电倍增管）能测量质谱仪中离子产生的电信号，这些电信号会被转换成数字信号，并送入数据处理系统进行处理和分析。数据处理系统根据离子的质量-电荷比（m/z）及其信号强度来识别待测气体中的成分，并生成相应的质谱图谱。

5）数据解释：最后，质谱传感器会将分析结果显示或输出给用户。用户可以根据质谱图谱来识别和分析待测气体中的各种成分，包括分子种类、浓度等信息。

（三）气体传感器的应用场景

1. 工业安全

在工厂和生产设施中，气体传感器用于监测有害气体，如氨气、一氧化碳、硫化氢等的浓度，以确保工人的安全。气体传感器还可用于检测可燃气体的泄漏，帮助防止爆炸和火灾事故的发生。

2. 环境监测

气体传感器被广泛用于监测环境中的空气质量，如测量二氧化碳、一氧化碳、臭氧、二氧化氮等污染物的浓度。这些传感器可用于城市空气质量监测、室内空气质量管理、工业污染监测等领域。

3. 生命科学

在医疗领域，气体传感器被用于监测患者的呼吸气体，如氧气和二氧化碳的浓度，以帮助诊断和监护病情。在生物实验室中，气体传感器也被用于监测培养基或反应器中气体的浓度，以支持生物制药和生物工程研究。

4. 消费电子产品

气体传感器在消费电子产品中得到广泛应用，如智能手机、智能手表和智能家居设备。这些传感器可用于检测环境中的空气质量、检测烟雾或可燃气体泄漏，以提高用户的生活质量和安全性。

5. 交通运输

在汽车和其他交通工具中，气体传感器用于监测排放气体的浓度，以确保车辆符合排放标准。这些传感器还可以用于检测车内空气质量，以提高乘客的舒适度和健康。

6. 食品安全

在食品加工和储存过程中，气体传感器用于监测食品包装中氧气和二氧化碳的浓度，以延长食品的保质期。这些传感器还可以用于检测食品中有害气体的残留，以确保食品安全。

（四）气体传感器的应用案例

1. 电化学气体传感器

（1）呼吸疾病诊断　电化学气体传感器可以用来检测呼吸系统疾病患者的呼出气体中的气体成分，如二氧化碳、一氧化氮和氧气等。这些数据可以帮助诊断和监测疾病如哮喘、慢性阻塞性肺病（Chronic Obstructive Pulmonary Disease，COPD）等。

（2）疾病状态监测　通过分析呼出气中的特定挥发性有机化合物，电化学气体传感器可以帮助检测和监测癌症、糖尿病、肾病等的生物标志物。

（3）细胞培养中的气体监测　电化学气体传感器可以用于监测细胞培养中产生的气体，如氧气和二氧化碳的浓度变化，用于评估细胞的代谢活性、生长状态和健康状况。

（4）药物活性评估　电化学气体传感器可以用于监测药物对细胞培养中氧气消耗率的影响，从而评估药物的活性和效果。

（5）毒性评估　通过监测细胞培养中的二氧化碳和氧气浓度变化，电化学气体传感器可以帮助评估药物和化合物的毒性，以及对细胞代谢的影响。

（6）神经传导途径研究　电化学气体传感器可以用来监测神经元的氧气和二氧化碳代谢，帮助研究神经元的活动状态和代谢途径。

2. 红外气体传感器

（1）呼吸行为监测　在动物研究中，红外气体传感器可以用来监测动物的呼吸行为。通过监测呼出气体中的二氧化碳浓度变化，评估动物的代谢状态和响应不同环境的能力。

（2）环境生物学研究　在研究生物体内外气体交换的过程中，红外气体传感器可以用于测量生物体或环境中的氧气和二氧化碳浓度。这对于理解植物光合作用、动物呼吸及环境生物活动的生物物理学和生态学研究非常重要。

（3）生物反应器监测　在生物工程和发酵过程中，红外气体传感器可以用来监测反应器中氧气和二氧化碳的浓度。这对于调节反应器条件、优化生物制造流程，以及生物药物生产具有重要意义。

3. 气敏电阻传感器

（1）生物气体检测　在实验室环境中，气敏电阻传感器可用于检测生物体产生的气体，如氨气（NH_3）、硫化氢（H_2S）等。这些传感器可用于监测动植物的新陈代谢活动，研究其生理状态或行为模式。

（2）环境监测　在生态学研究中，气敏电阻传感器可用于监测环境中的气体浓度，如土壤中的氧气和二氧化碳浓度，有助于理解土壤微生物活动、植物根系呼吸等生态过程。

（3）动物行为研究　气敏电阻传感器可以集成到动物笼中，用于监测动物的呼吸活动或排放的气体，可用于研究动物的代谢活动、行为模式，以及对环境变化的响应。

4. 热导式气体传感器

（1）动物代谢研究　在研究动物的代谢活动中，热导式气体传感器可以用于测量动物的氧气消耗和二氧化碳产生。这些数据可以帮助研究者了解动物的能量代谢过程、行为模式以及对不同环境刺激的生理响应。

（2）环境生物学　在生态学研究中，热导式气体传感器可以监测土壤中的氧气和二氧化碳浓度。对于理解土壤中的微生物活动、植物根系呼吸，以及土壤碳循环过程非常有帮助。

（3）植物生理学研究　热导式气体传感器可以用于测量植物叶片的气体交换，如叶片的氧气吸收和二氧化碳释放。这些传感器对于研究植物的光合作用、呼吸作用，以及应对环境胁迫的生理响应非常重要。

5. 质谱传感器

（1）肿瘤诊断和治疗　质谱传感器可以诊断肿瘤类型、监测肿瘤治疗的进展和评估治疗的效果。

（2）药物代谢和毒性　质谱传感器可以测定药物在人体内代谢的速度和途径，以及药物所产生的毒性。

（3）生化标志物鉴定　质谱传感器可以鉴定生化标志物如蛋白质、糖类、脂质等，这些标志物可以用于疾病的诊断和治疗。

（4）培养基分析　质谱传感器可以分析细菌培养基中的成分，帮助医生诊断细菌感染。

（5）毒物检测　质谱传感器可以检测身体内的毒物、药物或化学物质，从而确定中毒原因并采取相应的治疗措施。

四、光线化学传感器

159

（一）光线化学传感器的工作原理

光线化学传感器（Optical Chemical Sensor）是一类具有光学响应的化学传感器，20世纪80年代以来，由于通信技术和计算机技术的飞速发展，其与光谱技术的结合形成一种新型分析测试仪器——光导纤维化学传感器（Fiber Optical Chemical Sensor），在分析化学领域开辟了一片新天地。利用化学发光、生物发光及光敏器件与光导纤维技术制作的传感器，特别是光导纤维传感器及以光导纤维为基础的各种探针，具有响应速度快、灵敏度高、抗电磁干扰能力强、体积小等优点，在分析过程中具有很大的应用潜力。

对于不同的分析目的，光线化学传感器的仪器装置有所不同，但基本组成大致相同，一般由光源、耦合器、光线、探测层、检测器组成。

光线化学传感器基于探测层与被测物质相互作用前后，物理或化学性质改变引起传播光的特性变化，通过检测器将这一变化的光信号转换为电信号，从而实现对化学物质的定量检测。

光线化学传感器借助于光导纤维传输光，测试时插入待测试液或气体中，光源经入射光纤送入末端固定有敏感试剂的调制区，被测物质与试剂相作用，引起光的强度、波长（颜色）、频率、相位、偏振态等光学性质的变化，这些被调制的信号光再经输出光线送入光探测器和信号处理装置，从而获得被测物质的信息，其基本工作原理如图 5.115 所示。

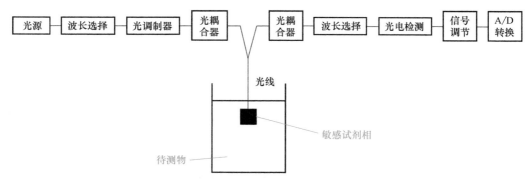

图 5.115　光线化学传感器工作原理

（二）光线化学传感器的分类

光线化学传感器可分为两种基本类型：光导型和化学型。光导型传感器的光纤作为光导传感器，利用其他敏感物质检测被分析物质的变化；化学型传感器中，光纤本身形成传感媒介，通过与化学传感系统相结合，使被分析物质与化学传感试剂作用，通过光线检测出引起传输光的某些特性发生的变化。化学型传感器可以解决一些无色的、非吸光或非荧光物质的检测问题。

根据被测物质与固定试剂之间相互作用引起变化的光信号特征，可将光线化学传感器分为：吸收光传感器、反射光传感器、荧光传感器。

1. 吸收光传感器

第一个光线化学传感器是基于光吸收的 pH 传感器，将两支直径为 0.15mm 的光纤插入装填有 pH 指示剂固定相并可渗析 H^+ 的纤维素管中，通过多重散射吸收测定的 pH 值在 7.00~7.40 之间，测量精度为 0.01pH，响应时间为 0.7min。这种 pH 传感器体积小，可装在注射针头内，插入血管测定生理范围内的 pH。这类传感器还有测定 CO_2 分压的传感器、基于燃料吸收的二氧化硫传感器及测量血氨的传感器。

2. 反射光传感器

利用反射光可测量反应时伴有颜色改变的情况。通过反射光强度来反应固定试剂相的颜色，对多数光纤适用固定在固态支持体上的试剂相而不能得到满意的透射光开辟了一条可行之路。例如，基于光反射原理用于水中油测定的传感器，通过反射光传感器可以不经萃取，直接测定分散在水中的芳香族化合物、原油及其他物质。类似的还有测氨传感器和测定血浆中氧含量的传感器。

3. 荧光传感器

荧光法是一种高灵敏度的分析方法，荧光与激发光可以通过波长加以区别，所以荧光信号特别适用于光纤化学传感器的测定，值得提出的是光纤化学传感器和普通的荧光池不同，它可以在开放的透光场合下进行测定。目前，已研制出对 Mg^{2+}、Al^{3+}、Zn^{2+}、Cd^{2+}、Na^+ 和 K^+ 响应的传感器，还有基于竞争结合测葡萄糖的荧光传感器，以荧光淬灭为基础测氧、测碘的传感器，是目前分析化学中应用最多的传感器。

（三）光线化学传感器的应用及进展

1. 光纤 pH 传感器

吸收型光纤 pH 传感器是出现最早、最经典的光纤 pH 传感器，它是比色分析技术与光纤技术相结合的产物。图 5.116 所示为其示意图，其酸碱指示剂为固定有苯酚红的聚丙烯酰胺微球。两根光纤分别作为入射光线和检测光纤，同时插入一个装有聚丙烯酰胺微球和直径更小的可增强光散射的聚苯乙烯微球的空心纤维管中，末端的柱塞可以防止与水样相互作用，光源采用钨灯，入射光进入试剂相经多重散射吸收，返回检测光线。当溶液中的 H^+ 与酚红作用使其酸化时，入射光中的蓝绿光（$\lambda = 560\mu m$）被吸收（是 pH 的函数，即酚红溶液对蓝绿光的吸收程度随溶液 pH 值变化的关系），而红光（$\lambda = 630\mu m$）不被吸收，可作为参比光以补偿光路中非测量因素对测量的影响。因为红光和绿光由同一光源（经滤光片）产生，经同一路径到达仪器端，所以光路上的任何光学变化都可通过仪器所接收到的红光的变化表现出来。通过检测红绿光强度之比，可得相应的 pH 值。

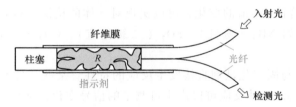

图 5.116　吸收型光纤 pH 传感器

红光与绿光强度的比值为

$$R = S \times 10^{-C/10^{p_K - pH}} + 1 \tag{5.96}$$

式中，R 为光强度的测量值，$R = I(绿)/I(红)$；S 为常数，$S = I_0（绿）/I_0（红）$（I_0 为光强度的初值）；C 为常数，由探头几何形状和染料浓度决定；p_K 为燃料的电离常数的倒数取对数。

这种探针用于测量血液中的 pH（7.0~7.4），精度可达±0.01 个 pH 单位。

161

吸收光 pH 传感器是基于溶液的酸碱平衡理论，测量时需要离子动态传输、平衡的过程，因而响应时间较长，一般为数分钟甚至几十分钟。受试剂性能的限制，动态检测范围小，一般仅 2~3 个 pH 单位。但这类传感器探头结构简单，抗干扰性强，因此一直受重视。

为解决试剂使用上的局限性，合成带有偶氮发光基团的试剂，将其共价键结合到塞璐玢玻璃纸上，它在 625mm 波长处的吸收光谱，pH 在 6.8~7.8 范围内呈直线变化，传感器的准确度为±0.01 个 pH 单位，能耐 γ 射线灭菌，可用于生物体内的 pH 测定。

荧光 pH 传感器，采用荧光素胺作为指示剂，将其共价键合到塞璐玢玻璃纸上，固定在分叉光线的末端（直径 4.5mm），如图 5.117 所示。采用的发射波长为 480nm，在波长

520nm 处检测荧光强度，单波长测定。

光纤 pH 荧光传感器的进一步发展，如采用新的荧光指示剂及其固定方法；测定方法上采用双波长测定；荧光检测探测光与激发光不在同一波长，故可用单根光纤，将探头做得很小，可用于生物体内测试；采用不同指示剂和方法同时测量 pH 和离子强度。与吸收型光纤 pH 传感器相比，荧光 pH 传感器的响应时间短，灵敏度高，一般小于 500nm。

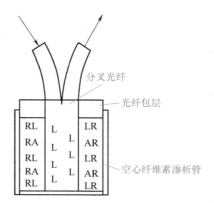

图 5.117　荧光 pH 传感器
A—H^+　L—荧光素胺　R—固定试剂相

2. 光纤气敏传感器

将茚三酮涂在波导管臂上制成基于光吸收的光纤氨气敏传感器，常用于 NH_3、CO_2、SO_2、O_2、CH_4、HCl、NO_2、CO 等气体的测定。配有光纤 pH、p_{CO_2}、p_{O_2} 的血气分析仪已有商品问世，并已成功用于心肺外科手术。

光纤气敏传感器的检测方法主要有三类，包括基于内电解质溶液的酸碱平衡理论、基于被测气体与固定化试剂直接发生反应的特性以及基于膜上离子交换原理。这些方法各有特点，适用于不同气体的检测需求。在实际应用中，需要根据具体的检测对象和条件选择合适的检测方法。

1）基于内电解质溶液的酸碱平衡理论。当气体进入电解质溶液时，会使溶液的 pH 值发生变化。通过检测这种 pH 值的变化，可以实现对气体的检测。这种方法适用于一些酸性或碱性气体的检测，如 NH_3（氨气）、SO_2（二氧化硫）、CO_2（二氧化碳）、H_2S（硫化氢）等。

2）基于被测气体与固定化试剂直接发生反应的特性。某些气体与特定的固定化试剂在接触时会发生化学反应，这种反应可以产生可测量的信号变化，从而用于气体的检测。这种方法通常具有较高的选择性和灵敏度，但可能需要特定的试剂和反应条件。

3）基于膜上离子交换原理。敏感膜上采用中性载体（如 PVC 膜），通过膜上的离子交换过程来检测气体。当气体与敏感膜接触时，会发生离子交换，导致膜的电导率或电位发生变化，从而可以测量气体的浓度。基于该原理的光纤气敏传感器是近年来才发展起来的，由于采用了中性载体，提高了传感器的选择性。

（1）光纤 p_{CO_2} 传感器　二氧化碳分压是生物医学分析中的一项重要指标，二氧化碳与水结合后，生成的碳酸酸性很弱。因此 CO_2 的检测多采用灵敏度较高的荧光法。以荧光衍生物作为敏感试剂，抗坏血酸钠作为内充液，做成体积仅为 $10^{-9}L$ 的微滴，固定于光纤端部，氩离子激光器作为光源，在湿度与温度控制一定时，CO_2 检测范围为 1.97% ~ 7.40%，可用于血液中二氧化碳分压的检测。

（2）光纤 p_{O_2} 传感器　血液中氧分压的测量在临床诊断中十分重要。绝大多数氧气的测定是利用荧光物质的猝灭效应，测量荧光强度的衰减或衰变时间。将双丁基芘荧光燃料吸附于苯乙烯/二乙烯苯共聚物上，通过亲水性和具有高透氧率的多孔膜固定在光纤末端，氙灯作为光源，以 480nm 波长激发，500nm 处的荧光强度随 O_2 浓度增加而衰减。该传感器可用于血液中氧分压的测定。

（3）光纤 S_{O_2} 传感器 红细胞中血红蛋白处于过氧状态（氧化血红蛋白 HbO_2）与无氧状态（还原血红蛋白 Hb）时，在红外区的反射光谱各不相同，如在波长为 600nm 附近，Hb、HbO_2 对光的反射率（或吸收率）均发生急剧变化，且两者间的变化不同。而在 805nm 附近，两条曲线相交，二者的反射率相等。这就为光度法测量氧含量提供了可能。图 5.118 所示为用于血管内静脉血的血氧饱和度和血细胞比容的测量装置，该装置传感器部分由三根光纤构成，其中一根为双波长单光源发射光纤（660nm 和 805nm 波长），另两根为检测光纤，一根靠近发射光纤（近端检测光纤），另一根远离发射光纤（远端检测光纤）。S_{O_2} 可由下式确定：

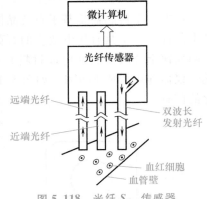

图 5.118 光纤 S_{O_2} 传感器

$$S_{O_2} = c_0 = A + B \frac{I(\lambda_1)}{I(\lambda_2)} \tag{5.97}$$

式中，A 和 B 为仅与血液光学特性有关的常数。

光纤化学传感器作为一种新型传感器，其主要优势在于：能量和信息处理所涉及的光信号在光导纤维中传输，为化学分析和测量提供了多种形式的手段和系统，具有专一、高效、稳定、微型化的特点和多点测量、远程测量的能力。

五、压电化学传感器

（一）压电化学传感器的概念

压电化学传感器（Piezoelectric Chemical Sensor，PCS）是利用化学反应产生的质量变化进行测量的一类传感器。目前主要采用在压电晶体上镀一层选择性膜，使待测物质被选择性吸收而使质量改变，进而改变压电晶体的固有频率实现被测物的测量，也称石英晶体微天平（Quartz Crystal Microbalance，QCM）。QCM 和电化学仪器连用构成电化学石英晶体微天平（Electrochemical Quartz Crystal Microbalance，EQCM）。

EQCM 可检测电极表面纳克量级的质量变化，同时还能测量电极表面质量、电流和电量随电位的变化情况，与法拉第定律相结合，可定量计算一法拉第电量所引起电极表面质量的变化，可为判断电极反应机理提供丰富的信息。EQCM 可以检测非电化学活性物种在电极上的行为，有助于认识电极表面的非电化学过程，具有其他方法所不能比拟的优点，对电化学反应机理、新型材料、有机电合成、电聚合、表面电化学等研究具有十分重要的作用，是一种非常有效的电极表面分析方法。

压电化学传感器包括体声波（Bulk Acoustic Wave，BAW）和表面声波（Surface Acoustic Wave，SAW）传感器，前者较稳定，用于液相成分测定，后者体积小，专用于测定气体。其中气体检测包括一系列无机气体和有机蒸气，如 H_2S、SO_2、CO_2、O_2、NO_2、H_2、Hg、水气（湿度）、丙酮、甲醛、硝基苯、有机磷等，如与光纤传感器结合可实现远距离检测战地的军用毒气。在压电晶体上镀以类脂双层膜，可做成定量测定甜、咸、苦味的味觉电极；用小型的气体传感器阵列并结合化学计算学，可模拟动物的嗅觉；和生物反应结合已出现多

163

种质量免疫传感器。

（二）压电化学传感器的构成及原理

压电化学传感器是基于石英晶体的压电效应，对其电极表面质量变化进行测量的装置。基本部件是一个具有压电效应的石英晶体谐振器，如图 5.119 所示，是将一个很薄的石英晶片两面镀上金属薄层（电极材料）即构成晶体振荡元件，简称晶振。压电化学传感器与电化学仪器连用构成 EQCM，如图 5.120 所示，它在获得电化学信息的同时又可以得到质量变化的信息。

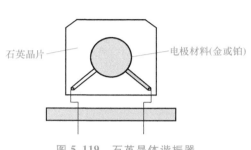

图 5.119　石英晶体谐振器

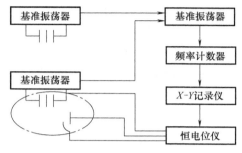

图 5.120　EQCM 系统示意图

EQCM 测量系统通常由谐振电路（包括工作振荡器、参考振荡器、谐振器即波形调整电路）、频率计数器即配套恒电位仪、记录装置等组成。

将装有电极的石英晶体置于振荡电路中，当振荡频率与晶体的固有频率相近时，将产生共振。共振频率的改变与晶体表面积累的质量有关，有

$$\Delta f = \frac{-2n\Delta mf_0^2}{\rho\eta} \tag{5.98}$$

式中，ρ 和 η 分别为晶体的密度（$\rho = 2.648\text{g/cm}^3$）和黏度 $[\eta = 2.947\times10^{-11}\text{g/(cm·s)}]$；$n$ 为石英晶体的频率常数，与石英晶体的切型有关；f_0 为晶体的固有频率（MHz）；Δm 为单位面积的吸附质量（g/cm^2）。

对于 AT 切型（晶片平面与 Z 轴的夹角为 35°15′）的晶体，面积一定时，式（5.98）可写为

$$\Delta f = -2.3\times10^{-6}f_0^2\Delta m \tag{5.99}$$

由式（5.99）可见，当晶体涂上薄层物质后，其振动频率会发生漂移。换言之，一旦晶体振动频率发生改变，意味着有外源物质在晶体上沉积，而且沉积物质的质量与晶体振动频率的变化，在一定范围内成比例。如果设法让晶体选择性地吸附外源物质，便能制成压电晶体型化学传感器或压电晶体型生物传感器。

压电化学传感器的选择取决于吸附剂，灵敏度取决于晶体性质。一般来说，涂膜晶体振动频率范围为 9~14MHz，质量的增加对应振动频率的改变，即灵敏度是 $50\text{Hz}/10^{-9}\text{g}$，检测下限可达 10^{-12}g。

压电化学传感器可直接采用镀金电极用于汞蒸气检测、SO_2 及大气飘尘测定，也可以用于氨水、过氧化氢、硫酸、盐酸、乙酸等试剂中不挥发物质的测定及溶液中金属离子浓度的测量，在石英谐振器电极表面镀银或铜，可以对 H_2S 气体浓度进行测定，在电极上镀锌，可对 HCl 的浓度进行检测，在电极上蒸镀铂或钯，并加热到 150℃，可作为氢和氚（H_2 和

D_2）的检测器，在石英谐振器电极上涂不同的吸附剂，可制成不同的专用检测器，将分子筛、硅胶、吸水高分子聚合物等吸水剂涂在石英谐振器表面上，可做成水分析仪，利用水分析仪可测定氢、氧或碳氢化合物的含量。

第三节　生物识别及其测试方法

第五章　第三节　视频课

一、概述

生物识别有时也叫生物特征识别或生物认证，是指通过获取和分析生物体或行为特征来实现生物特征自动鉴别，技术原理如图 5.121 所示。

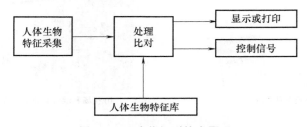

图 5.121　生物识别技术原理

（一）生物识别技术的历史

生物识别技术的历史可追溯到古代埃及人通过测量人的尺寸来鉴别他们。像这种未发展的基于测量人的身体某一部分或者举止的某一方面识别技术一直延续了几个世纪。

指纹识别可以追溯到古代的中国，而基于指纹的识别技术在美国和西欧也一直使用了一百多年。在指纹识别上的改进发生于 20 世纪 60 年代至 70 年代，一些公司开发出一种能自动识别指纹的仪器以用于法律的实施。从 20 世纪 60 年代末期，FBI 开始使用一种自动识别指纹的设备，到 20 世纪 70 年代末期，已经有一定数量的设备开始在美国大范围使用。

随着科技的进步，20 世纪 40 年代开始，以酶、蛋白质、DNA、抗体、抗原、细胞、生物组织等生物活性材料作为敏感基元构成的分子识别系统，可实现对被测物选择性识别，用于测量被测物的种类和含量等。

生物特征分为物理特征和行为特点两类。物理特征包括指纹、掌形、眼睛（视网膜和虹膜）、人体气味、脸型、皮肤毛孔、手腕/手的血管纹理和 DNA 等；行为特点包括签名、语音、行走的步态、击打键盘的力度等。

（二）物理特征识别

1. 虹膜识别技术

虹膜识别将可见特征转化为 512B 的虹膜编码，该编码被存储下来以便后期识别所用，如图 5.122 所示。512B 对虹膜获得的信息量来说是十分巨大的。在直径为 11mm 左右的虹膜上，根据 Dr. Daugman 的算法，用 3~4 字节的数据来代表每平方毫米的虹膜信息。这样，一个虹膜约有 266 个量化特征点，而一般的生物识别技术只有 13~60 个特征点。

虹膜识别技术的优点是便于用户使用，是最可靠的生物识别技术之一，无须物理的接

图 5.122　虹膜识别原理

触；虹膜识别技术的缺点是没有进行过任何的测试，很难将图像获取设备的尺寸小型化，需要昂贵的摄像头聚焦，镜头可能产生图像畸变而使可靠性降低，黑眼睛极难读懂，需要较好光源。虹膜识别技术应用如图 5.123 所示。

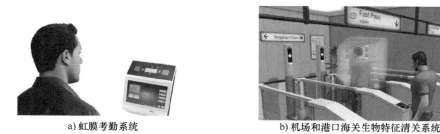

a) 虹膜考勤系统　　　　　　　　　b) 机场和港口海关生物特征清关系统

图 5.123　虹膜识别技术应用

2. 视网膜识别技术

视网膜识别技术要求激光照射眼球的背面以获得视网膜特征。与虹膜识别技术相比，视网膜扫描也许是最精确可靠的生物识别技术，如图 5.124 所示。

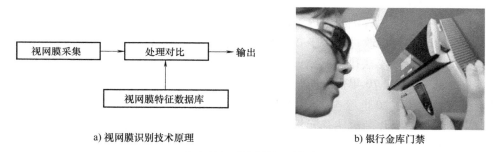

a) 视网膜识别技术原理　　　　　　　b) 银行金库门禁

图 5.124　视网膜识别技术

视网膜识别技术的优点是视网膜是一种极其固定的生物特征，使用者无须和设备直接接触，是一个最难欺骗的系统；缺点是没有进行过任何测试，激光照射眼球的背面可能会影响使用者健康，很难降低成本，视网膜识别技术对消费者吸引力不足。

3. 指纹识别技术

依靠唯一性和稳定性，就可以把一个人同其指纹对应起来，通过将指纹和预先保存的指纹信息进行比较，就可以验证其真实身份，这就是指纹识别技术。识别指纹算法主要从总体特征和局部特征这两个方面入手分辨指纹，总体特征是指用人眼直接可以观察到的特征。基本纹路图案包括环型（Loop）、弓型（Arch）和螺旋型（Whorl）。其他的指纹图案都基于这3 种基本图案。仅依靠图案类型来分辨指纹是远远不够的，这只是一个粗略的分类，但通过分类使得在大数据库中搜寻指纹更为方便。

模式区（Pattern Area）：是指指纹上包括了总体特征的区域，即从模式区就能够分辨出指纹是属于哪一种类型的。

核心点（Core Point）：位于指纹纹路的渐进中心，它用于读取指纹和比对指纹时的参考点。

局部特征：是指指纹上节点的特征，两枚指纹经常会具有相同的总体特征，但它们的细节特征却不可能完全相同。

节点（Minutia Points）：指纹纹路并不是连续、平滑笔直的，而是经常出现中断、分叉或转折。这些端点、分叉点和转折点就称为特征点。就是这些节点提供了指纹唯一性的确认信息。

三角点（Delta）：三角点位于从核心点开始的第一个分叉点或者断点，或者两条纹路会聚处、孤立点、折转处，或者指向这些奇异点。三角点提供了指纹纹路的计数和跟踪的开始之处。

纹数（Ridge Count）：是指模式区内指纹纹路的数量。在计算指纹的纹数时，一般先连接核心点和三角点，这条连线与指纹纹路相交的数量即可认为是指纹的纹数。指纹特征图和指纹局部特征类型分别如图 5.125 和表 5.4 所示。

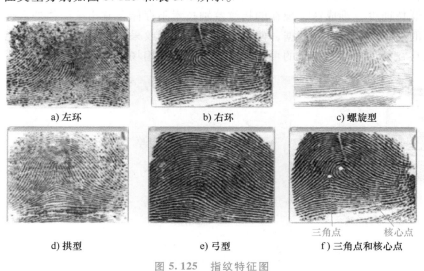

a) 左环　　　　　　　　b) 右环　　　　　　　　c) 螺旋型

d) 拱型　　　　　　　　e) 弓型　　　　　　　　f) 三角点和核心点

图 5.125　指纹特征图

表 5.4　指纹局部特征类型

名称	图示	说明
端点（Ending）		纹线的最末端或者最始端
分叉点（Bifurction）		纹路在此分开成为两条或更多的纹路

（续）

名称	图示	说明
分歧点（Ridge Diergence）		两条指纹纹线由平行转向渐远的转折点
孤立点（Dot or Island）		十分短的指纹纹线
环点（Enclosure）		两条指纹纹线在此处合并形成一个环
短纹（Short Ridge）		比孤立点稍微长一点点的指纹纹线

指纹识别技术的优点是指纹是人体独一无二的特征，每个指纹都是独一无二的，扫描指纹的速度很快，读取指纹时，用户必须将手指与指纹采集头接触，与指纹采集头直接接触是读取人体生物特征最可靠的方法，指纹采集头可以小型化，价格更低廉；缺点是某些人或某些群体的指纹特征少，难成像，现在的指纹鉴别技术不存储含有指纹图像的数据，只存储从指纹中得到的加密的指纹特征数据，使用指纹时会在指纹采集头上留下用户的指纹印痕，这些指纹印痕存在被用来复制指纹的可能性。指纹识别应用场景如图 5.126 所示。

a) 指纹考勤系统　　　　　　b) 电脑解锁　　　　　　c) 指纹门锁

图 5.126　指纹识别应用场景

4. 面部识别技术

面部识别技术通过对面部特征和它们之间的关系（眼睛、鼻子和嘴的位置及它们之间的相对位置）来进行识别。用于捕捉面部图像的两项技术为标准视频技术和热成像技术：标准视频技术通过视频摄像头摄取面部的图像，热成像技术通过分析由面部的毛细血管的血液产生的热线来产生面部图像，与视频摄像头不同，热成像技术并不需要较好的光源，即使在黑暗情况下也可以使用。面像识别原理如图 5.127 所示。

面部识别技术的优点是非接触性。缺点：要比较高级的摄像头才可有效高速地捕捉面部图像；使用者面部的位置与周围的光环境都可能影响系统的精确性，而且面部识别也是最容易被欺骗的；另外，对于因人体面部如头发、饰物、变老以及其他的变化可能需要通过人工智能技术来得到补偿；采集图像的设备会比其他技术昂贵得多。这些因素限制了面部识别技

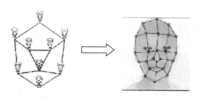 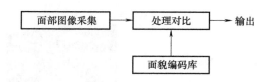

图 5.127　面像识别原理

术的广泛运用。

5. 掌纹识别技术

掌纹与指纹一样也具有稳定性和唯一性，利用掌纹的线特征、点特征、纹理特征、几何特征等完全可以确定一个人的身份，因此掌纹识别是基于生物特征身份认证技术的重要内容。目前采用的掌纹图像主要分脱机掌纹图像和在线掌纹图像两大类。脱机掌纹图像是指在手掌上涂上油墨，然后在一张白纸上按印，然后通过扫描仪进行扫描而得到数字化的图像。在线掌纹图像则是用专用的掌纹采样设备直接获取，图像质量相对比较稳定。随着网络、通信技术的发展，在线身份认证将变得更加重要。

掌纹识别一般用作整体分离后的同一认定。有将其用作批量商品的防伪，以防止成箱的商品内有部分被"调包"，以部分赝品充真。也有将其用于通道口的安全防范系统。

6. 手形识别技术

手形指的是手的外部轮廓所构成的几何图形。手形识别技术中，可利用的手形几何信息包括手指不同部位的宽度、手掌宽度和厚度、手指的长度等。经过生物学家大量实验证明，人的手形在一段时期具有稳定性，且两个不同的人手形是不同的，即手形作为人的生物特征具有唯一性，手形作为生物特征也具有稳定性，且手形也比较容易采集，故可以利用手形对人的身份进行识别和认证。

手势动作特点包括：时间可变性，完成同一个手势所用时间不一致；空间可变性，完成同一个手势的空间差异性；完整可变性，缺少信息或出现重复信息。手势识别如图 5.128 所示。

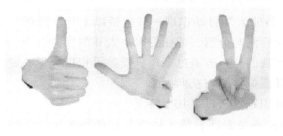 

a) 静态手势识别(手形)　　　　　　　　　b) 动态手势识别(手势)

图 5.128　手势识别

手形识别是速度最快的一种生物特征识别技术，它对设备的要求较低，图像处理简单，且可接受程度较高。由于手形特征不像指纹和掌纹特征那样具有高度的唯一性，因此手形特征只用于满足中/低级安全要求的认证。手形识别技术的应用如图 5.129 所示。

7. 红外温谱图

人的身体各个部位都在向外散发热量，而这种散发热量的模式就是一种每人都不同的生

169

a) 基于传感器

b) 基于机器视觉

c) 基于WiFi路由器

图 5.129　手形识别技术的应用

物特征。通过红外设备可以获得反映身体各个部位的发热强度的图像，这种图像称为温谱图。拍摄温谱图的方法和拍摄普通照片的方法类似，因此可以用人体的各个部位来进行鉴别，如可对面部或手背静脉结构进行鉴别来区分不同的身份。

温谱图的数据采集方式决定了利用温谱图的方法可以用于隐蔽的身份鉴定。除了用来进行身份鉴别外，温谱图的另一个应用是吸毒检测，因为人体服用某种毒品后，其温谱图会显示特定的结构。

温谱图的方法具有可接受性，因为数据的获取是非接触式的，具有非侵犯性。但是，人体的温谱值受外界环境影响很大，对于每个人来说不是完全固定的。目前，已经有温谱图身份鉴别的产品，但是由于红外测温设备的昂贵价格，使得该技术不能得到广泛的应用。

8. 人耳识别

人耳识别技术是 20 世纪 90 年代末开始兴起的一种生物特征识别技术。人耳具有独特的生理特征和观测角度的优势，使人耳识别技术具有一定的理论研究价值和实际应用前景。从生理解剖学上，人的外耳分耳廓和外耳道。人耳识别的对象实际上是外耳裸露在外的耳廓，也就是人们习惯上所说的"耳朵"。一套完整的人耳自动识别一般包括以下几个过程：人耳图像采集、图像的预处理、人耳图像的边缘检测与分割、特征提取、人耳图像的识别。目前的人耳识别技术是在特定的人耳图像库上实现的，一般通过摄像机或数码相机采集一定数量的人耳图像，建立人耳图像库，动态的人耳图像检测与获取尚未实现。

与其他生物特征识别技术相比较，人耳识别具有以下几个特点：

1）与人脸识别方法相比，人耳识别方法不受面部表情、化妆品和胡须变化的影响，同时保留了面部识别图像采集方便的优点，与人脸相比，整个人耳的颜色更加一致，图像尺寸更小，数据处理量也更小。

2）与指纹识别方法相比，耳图像的获取是非接触的，其信息获取方式容易被人接受。

3）与虹膜识别方法相比，耳图像采集更为方便。并且，虹膜采集装置的成本要高于耳采集装置。

9. 味纹识别

人的身体是一种味源，人类的气味虽然会受到饮食、情绪、环境、时间等因素的影响和干扰，其成分和含量会发生一定的变化，但作为由基因决定的那一部分气味——味纹却始终存在，而且终生不变，可以作为识别任何一个人的标记。

由于气味的性质相当稳定，如果将其密封在试管里制成气味档案，足足可以保存 3 年，即使是在露天空气中也能保存 18 小时。科学家表明，人的味纹从手掌中可以轻易获得。首先将手掌握过的物品，用一块经过特殊处理的棉布包裹住，放进一个密封的容器，然后通入氮气，让气流慢慢地把气味分子转移到棉布上，这块棉布就成了保持人类味纹的档案。可以利用训练有素的警犬或电子鼻来识别不同的气味。

10. 基因（DNA）识别

DNA（脱氧核糖核酸）存在于一切有核的动（植）物中，生物的全部遗传信息都储存在 DNA 分子里。DNA 识别是利用不同的人体细胞中具有不同的 DNA 分子结构。人体内的 DNA 在整个人类范围内具有唯一性和永久性。因此，除了对双胞胎个体的鉴别可能失去它应有的功能外，这种方法具有绝对的权威性和准确性。不象指纹必须从手指上提取，DNA 模式在身体的每一个细胞和组织都一样。这种方法的准确性优于其他任何生物特征识别方法，它广泛应用于识别罪犯。它的主要问题是使用者的伦理问题和实际的可接受性，DNA 模式识别必须在实验室中进行，不能达到实时和抗干扰，耗时长是另一个问题，这就限制了 DNA 识别技术的使用；另外，某些特殊疾病可能改变人体 DNA 的结构，系统无法对这类人群进行识别。

（三）行为特征识别

1. 步态识别

步态是指人们行走时的方式，这是一种复杂的行为特征。步态识别主要提取的特征是人体每个关节的运动。尽管步态不是每个人都不相同的，但是它也提供了充足的信息来识别人的身份。步态识别的输入是一段行走的视频图像序列，因此其数据采集与脸相识别类似，具有非侵犯性和可接受性。但是，由于序列图像的数据量较大，因此步态识别的计算复杂性比较高，处理起来也比较困难。尽管生物力学中对于步态进行了大量的研究工作，基于步态的身份鉴别的研究工作却是刚刚开始。到目前为止，还没有商业化的基于步态的身份鉴别系统。步态识别基本原理如图 5.130 所示。

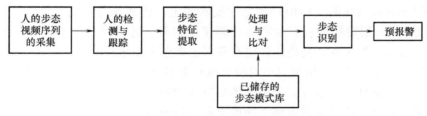

图 5.130　步态识别基本原理

2. 击键识别技术

这是基于人击键时的特性，如击键的持续时间、击不同键之间的时间、出错的频率，以及力度大小等而达到身份识别的目的。20 世纪 80 年代初期，美国国家科学基金和国家标准局研究证实，击键方式是一种可以被识别的动态特征。

3. 签名识别技术

签名作为身份认证的手段已经用了几百年，而且我们都很熟悉在银行的格式表单中签名作为我们身份的标志。将签名数字化是这样一个过程：测量图像本身和整个签名的动作在每个字母及字母之间的不同速度、顺序和压力。签名识别易被大众接受，是一种公认的身份识别技术。但事实表明人们的签名在不同的时期和不同的精神状态下是不同的，这就降低了签名识别系统的可靠性。技术原理如图 5.131 所示。

（四）兼具生理特征和行为特征的声纹识别

声音识别本质上是一个模式识别问题。识别时需要被识别人讲一句或几句试验短句，对它们进行某些测量，然后计算量度矢量与存储的参考矢量之间的一个（或多个）距离函数。语音信号获取方便，并且可以通过电话进行鉴别。语音识别系统对人们在感冒时变得嘶哑的声音比较敏感；另外，同一个人的磁带录音也能欺骗语音识别系统。声音识别技术原理如图 5.132 所示。

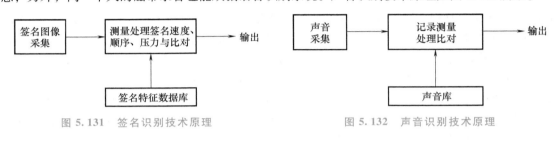

图 5.131　签名识别技术原理　　　　图 5.132　声音识别技术原理

二、生物分子传感器

生物分子传感器是近五十年发展起来的一种新的传感器技术，在电分析化学、临床化学、微电子化学、生物医学、生命科学等领域深受重视，其在微电子学、生物医学、生命科学研究中占有重要地位。

（一）概述

早在 20 世纪 40 年代，就开始用酶作为分析试剂来检测特定物质。众所周知，酶是能选择性地催化特定物质反应的蛋白质，具有良好的分子识别作用。酶被首选为对有机物呈特异性响应传感器的敏感材料。1962 年 Clark 最先提出利用酶的这种特异性，把它和电极组合起来，用以测定酶的底物。1967 年，Updike 和 HIcks 根据 Clark 的设想并且用生物技术中的酶固化技术，把葡萄糖氧化酶（GOD）固定在硫水膜上，再和氧电极结合，组装成第一个酶电极（传感器）——葡萄糖电极。生物体内除了酶以外，还有其他具有分子识别作用的物质，如抗体、抗原、激素等，把他们固定在膜上也能作为传感器的敏感元件。此外，固定化的细胞、细胞体（器）及动/植物组织的切片也有类似作用。人们把这类用固定化的生物体成分如酶、抗原、抗体、激素等，或生物体本身如细胞、细胞体（器）、组织作为敏感元件的传感器称为生物分子传感器或简称生物传感器（Biosensor）。

生物传感器是指由生物活性材料（酶、蛋白质、DNA、抗体、抗原、细胞、生物组织等）作为敏感基元构成分子识别系统，对被测物进行选择性识别，通过各种化学或物理转换器捕捉目标物与敏感基元之间的作用，并将作用程度用离散或连续信号表达出来，从而得出被测物的种类和含量的装置。简言之，生物传感器是一种利用生物活性物质选择性地识别和测定各种生物化学物质的传感器。

（二）基本结构与工作原理

1. 基本结构

生物传感器通常将生物物质固定在高分子膜等固体载体上，被识别的生物分子作用于生物功能性人工膜（生物传感器）时，将会产生变化的信号（电位、热、光等）输出。然后，采用电化学反应测量、热测量、光测量等方法测量输出信号。因此，生物传感器的基本结构可用图 5.133 表示。

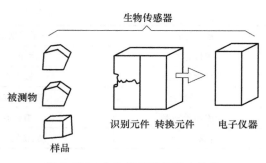

图 5.133　生物传感器的基本结构

2. 工作原理及类型

从工作原理上来看，生物传感器大致有如下几种：

1）将化学变化转换为电信号：目前绝大部分生物传感器的工作原理均属此类，以酶传感器为例，酶能催化特定物质发生反应，从而使特定物质的量有所增减。用能把这类物质的量的改变转换为电信号的装置和固定化的酶相结合，即组成酶传感器。常用的这类信号转换装置有酶 nrk 型氧电极、过氧化氢电极、氢离子电极、其他离子电极、氨气酶电极、CO 气敏电极、离子敏场效应晶体管等。除酶以外，用固定化细胞特别是微生物细胞、固定化细胞器，同样可以组成相应的传感器，其工作原理与酶相似。生物传感器这种工作原理如图 5.134 所示。

2）将热变化转换为电信号：当固定化的生物材料与相应的被测物作用时，常伴有热的变化，即产生热效应。然后，利用热敏元件如热敏电阻，转换为电阻等物理量的变化。图 5.135 所示为这类传感器的工作原理。

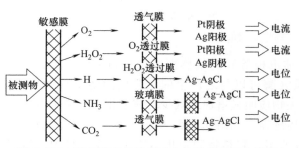

图 5.134　将化学变化转换成电信号的生物传感器

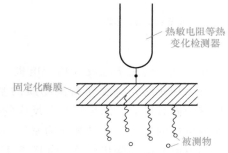

图 5.135　热效应生物传感器

3）将光效应转换为电信号：有些生物质如过氧化氢酶，能催化过氧化氢/鲁米诺体系发光，因此，如能将过氧化氢酶膜附着在光纤或光镀二极管等光敏元件的前端，再用光电流检测装置，即可测定过氧化氢的含量。许多酶的反应都伴有过氧化氢的产生，如葡萄糖氧化酶（GOD）在催化葡萄糖氧化时也产生过氧化氢。因此，把 GOD 和过氧化氢酶做成复合膜，则可利用上述方法测定葡萄糖。

4）直接产生电信号：上述三种原理的生物传感器，都是将分子识别元件中的生物敏感物质与待测物发生化学反应，所产生的化学或物理变化量通过信号转换器变为电信号进行测量的。这些方式称为间接测量方式。另有一种方式可使酶反应伴随有电子转移、微生细胞的氧化直接或通过电子传送体作用在电极表面上直接产生电信号，因此称为直接测量方式。

随着科学技术的发展，基于新原理的生物传感器将不断涌现，总之，生物传感器种类较多，内容较为广泛，是一大类很有发展前途的传感器。生物传感器类别见表 5.5。

173

表 5.5　生物传感器类别

敏感材料	分子识别部分	信号转换部分
酶传感器	酶	电化学测定装置
微生物传感器	微生物	场效应晶体管
免疫传感器	抗体或抗原	光纤或光电二极管
细胞器传感器	细胞器	热敏电阻等
组织传感器	动、植物组织	SAW 装置

3. 酶传感器及其应用

（1）酶传感器结构和工作原理　酶传感器主要由固定化的酶膜与电化学电极系统复合而成，它既有酶的分子识别功能和选样催化功能，又具有电化学电极响应快、操作简便的优点，结构如图 5.136 所示。

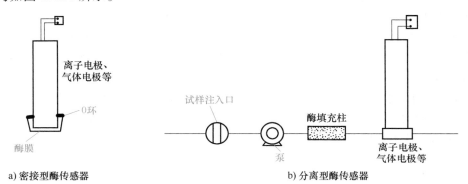

a) 密接型酶传感器　　　　　　　　　b) 分离型酶传感器

图 5.136　酶传感器的结构

在传感器的化学电极（离子电极、气体电极等）的敏感面上组装固定化酶膜，当酶膜接触待测物质时，该膜对待测物质的基质（酶可以与之产生催化反应的物质）做出响应，催化它的固有反应，结果是与此反应的有关物质明显增加或减少，该变化再转换为电极中的电流或电位的变化，此种装置为密接型酶传感器，如图 5.136a 所示。对于分离型酶传感器，也称为液流系统型酶传感器，如图 5.136b 所示，它是将固定化酶填充在反应柱内，待测物质流经反应柱时，发生酶催化反应，随后产物再流经电极（离子电极、气体电极等）表面，引起响应。一般在酶膜外再加一层聚酰胺纤维布或半透膜的保护层，以防止酶的流失。

（2）酶传感器分类　按照所测电极参数的不同，酶传感器可分为电位型和电流型两大类。

电位型酶传感器：该种传感器输出的是电位信号，该信号与待测物的浓度之间遵守能斯特关系。所使用的信号转换器有离子型和氧化还原型电极。电位型酶传感器的响应时间、检测下限等性能均与基础电极的性能密切相关。电位型酶传感器随着使用时间的增加，其检测范围变窄，斜率降低，响应时间延长。因此，使用到指标规定的时间就必须更换新的传感器。

电流型酶传感器：该种传感器输出的是电流信号，其结构与电位型酶传感器相似，也是由固定化酶膜和基础电极组合而成。电流型酶电极传感器将酶催化反应产生的物质发生电极反应所产生的电流响应作为测量信号，在一定条件下，利用测得的电流信号与被测物活度或浓度的函数关系，来测定样品中某一生物组分的活度或浓度。常见酶传感器见表5.6。

表5.6　常见酶传感器

检测对象	敏感物质（酶）	换能器（电极）
葡萄糖	葡萄糖氧化酶	O_2，H_2O_2，Pt
麦芽糖	淀粉酶	Pt
蔗糖	转化酶+变炫光酶+葡萄糖酶	O_2
半乳糖	半乳糖酶	Pt
乳酸	乳酸氧化酶	O_2
尿酸	尿酸酶	O_2
尿素氮	尿酶	H_2O_2，O_2
胆固醇	胆固醇氧化酶	O_2，H_2O_2
磷脂质	磷脂酶	Pt
氨基酸	氨基酸酶	O_2，H_2O_2
丙酮酸	丙酮酸脱氢酶	O_2
乙醇	乙醇氧化酶	O_2

（3）酶传感器应用实例　电流型有机磷农药残留传感器：对于有机磷农药残留检测，可使用农药残留检测仪，该仪器是利用酶抑制原理和光电比色法原理研制而成，如图5.137所示。正常情况下，酶催化神经传导代谢产物水解，其水解产物显色剂反应，产生黄色物质，利用仪器测定吸光度随时间的变化值，计算出抑制率，通过抑制率判断出农产品样品中是否含有有机磷农药。农药残留检测仪一般具备多个通道，可同时检测多个样品，能够实现水果、蔬菜、茶叶等农产品的有机磷和氨基甲酸酯类农药的快速检测，检测数据可无线传输到计算机中，方便对其做进一步的分析管理，大幅度提升农药残留检测的工作效率和准确性，严防有机磷农药流入市场。农药残留检测仪

图5.137　农药残留检测仪

虽然能够加强对有机磷等农药的监督，但是农残超标问题还是应当从源头管控，应当积极使用低毒农药、绿色植保仪器、生物防治来代替高毒农药的使用，以此生产出绿色无公害的农产品，让消费者能够安心食用。

4. 微生物传感器及其应用

（1）微生物传感器工作原理　典型的微生物传感器即微生物电极，是酶电极的衍生型电极，其结构和工作原理与酶电极类似。其独到之处是克服酶价格昂贵、提取困难及不稳定等弱点。对于复杂反应，还可同时利用微生物体内的辅酶。此外，微生物电极尤其适合于发酵过程的测定。因此，在发酵过程中常存在对酶的干扰物质，应用微生物电极则有可能排除这些干扰。

微生物电极是以活的微生物作为分子识别元件的敏感材料，其工作原理大致可分为以下类型：

1）利用微生物体内含有的酶（单一酶或复合酶）来识别分子，这与酶电极相类似，但

利用微生物体内的酶可免去提取、精制酶的复杂过程。

2）利用微生物对有机物的同化作用。有些微生物能够对某一特定的有机物有同化作用，当固定化微生物与该有机化合物接触时，有机化合物就会扩散到固定有微生物的膜中，并被微生物所同化，微生物细胞的呼吸活性（摄氧量）在同化有机物后有所提高，可通过测定氧的含量来估计被测物的浓度。

3）有些对有机物有同化作用的微生物是厌氧性的，它们同化有机物后可生成各种电极敏感的代谢物，通过检测这些代谢物来估计被测物的浓度。

测定不同的物质，选择不同的微生物，各种微生物的性质和响应机理也各不相同。

（2）微生物传感器结构与分类　微生物传感器主要由固定化微生物胺和转换器件两部分组成（图5.138）。转换器可采用电化学电极、场效应晶体管等，但习惯上称前者为微生物 M 传感器，后者为微生物 FET 或微生物电子传感器。常用的电化学电极有 pH 玻璃电极、氧电极、氨气敏电极、CO_2 气敏电极等。

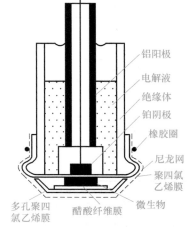

铝阳极
电解液
绝缘体
铂阴极
橡胶圈
尼龙网
聚四氯乙烯膜
微生物
醋酸纤维膜
多孔聚四氯乙烯膜

图 5.138　微生物电极结构示意图

微生物传感器可根据输出信号性质和工作原理进行分类，前者分为电流型和电压型微生物传感器两类，后者分为测定呼吸活性型微生物传感器（图5.139）和测定代谢物质型微生物传感器（图5.140）。

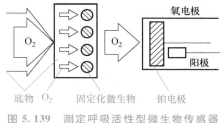

底物　O_2　　固定化微生物　　铂电极

图 5.139　测定呼吸活性型微生物传感器

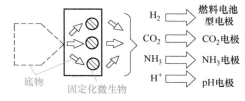

H_2　燃料电池型电极
CO_2　CO_2电极
NH_3　NH_3电极
H^+　pH电极

底物　　固定化微生物

图 5.140　测定代谢物质型微生物传感器

（3）微生物传感器应用实例　微生物传感器是仅次于酶传感器的实用化生物传感器，已经广泛应用于工业生产、环境保护及医疗检测领域。利用微生物传感器可用于测定葡萄糖、甲烷、抗生素等。

1）甲烷微生物传感器：其甲烷电极所用微生物是甲烷氧化细菌（鞭毛甲基单胞菌）。从天然物质中提取并在一定的培养环境中生长的甲烷氧化细菌，通过氧化甲烷而生长，甲烷是它的主要碳源和能源。含甲烷的气体流过有微生物的反应池时，甲烷被微生物同化，微生物呼吸增强而消耗氧，使得反应器中溶解氧的浓度降低。当微生物的耗氧量与从样品向微生物扩散的氧量之间达到平衡时，电流下降会达到稳定，稳态电流的大小取决于甲烷的浓度。参比电极所在反应池中不含微生物，氧含量及电流不变，所以两电流之间的最大差值与气体中甲烷含量有关，如图5.141所示。

2）生化需氧量（Biochemical Oxygen Demand，BOD）微生物传感器：BOD 的测定是监测水体被有机物污染状况的最常用指标。常规的 BOD 测定法操作复杂、重复性差、耗时耗

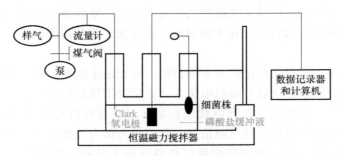

图 5.141　甲烷微生物传感器系统示意图

力、干扰性大，不宜现场监测。其工作原理是将传感器放在缓冲液中，微生物处于内源呼吸状态，当氧的扩散作用与内源呼吸的耗氧量达到平衡时，传感器输出恒定的电流。将传感器放在待测样品中，微生物由内源呼吸变为外源呼吸，耗氧量增大，扩散到氧电极的氧减少，输出电流降低，电流的下降值与有机物的浓度呈一定的线性关系，如图 5.142 和图 5.143 所示。

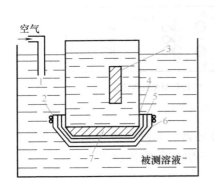

图 5.142　BOD 微生物传感器结构示意图

1—电解液　2—O 形环　3—阴极　4—聚四氟乙烯膜

5—微生物膜　6—尼龙网　7—阳极

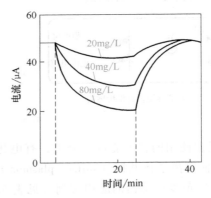

图 5.143　BOD 微生物传感器的电流响应

5. 免疫传感器及其应用

（1）免疫传感器的结构和工作原理　　如图 5.144 所示，免疫传感器是由分子识别元件和电化学电极组合而成。抗体或抗原具有识别和结合相应的抗原或抗体的特性。在均相免疫测定中，作为分子识别元件的抗原或抗体分子不固定在圆桶载体上，而非均相免疫测定中则将抗体或抗原分子固定到一定的载体上使之变成半固态或固态。固定的方法可以是物理的也可以是化学的。

抗体或抗原在与相应的抗原或抗体结合时，自身的立体结构和物性发生变化，这个变化是比较小的。为使抗体与抗原相结合时产生明显的化学量的变化，人们常利用酶的化学放大作用。在酶免疫测定法中，

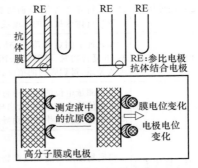

图 5.144　免疫传感器的原理结构图

根据标记的酶催化底物发生化学变化进行化学放大，最终导致分子识别元件的环境产生比较大的改变。在抗原和抗体结合时，分子识别元件自身变化或其周围环境的变化均可采用转换器来检测。

免疫反应的检测方法包括标记法和非标记法，标记法采用酶、荧光物质、电活性化合物等进行标记，抗体与抗原反应过程通过电化学、光学等手段进行检测，实现高灵敏检测目标物，具体包括夹心法、竞争法、置换取代法；非标记法是在抗体与相应抗原识别结合的同时，把免疫反应的信息直接转变成可测信号，其可分为结合型和分离型两种。

（2）免疫传感器的分类　免疫传感器以免疫反应为基础，按照分子识别系统的免疫物质是否进行标记，分为标记型免疫传感器和非标记型免疫传感器。标记型免疫传感器也称间接型免疫传感器，非标记型免疫传感器也称直接型免疫传感器，如图 5.145 所示。

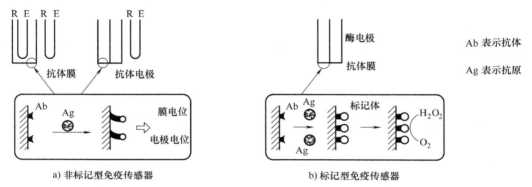

图 5.145　免疫传感器组成

根据使用的置换能进行分类，有电化学免疫传感器、光纤免疫传感器、压电免疫传感器和表面等离子体共振（surface plasmon resonance，SPR）免疫传感器。

（3）免疫传感器的应用实例（见表 5.7）

表 5.7　免疫传感器应用

名称	原理	应用
声波免疫传感器	当交流电压通过交叉的金属电极（IDT）时，产生声波，信号被位于几毫米远的第二 IDT 检测出来，样品中的抗原或抗体与 IDT 上相应的抗体或抗原结合后，就会减慢声波的速度，速度变化与待测物中抗原或抗体的浓度成正比	检测人免疫球蛋白 G（IgG）、食品中存在的抗原和人血清蛋白
压电免疫传感器	在晶体的表面包被一种抗体或抗原，样品中若有相应的抗体或抗原，则与之发生特异性结合，从而增加了晶体的质量，改变了振荡的频率，振荡的变化与待测抗体或抗原的浓度成正比	气相中的检测
光纤免疫传感器	在光纤上固定相应的 Ab，待检测的物质即相应的 Ag 与 Ab 结合，形成 AgAb 复合物时，可得到一个稳定的光信号，依据光信号的大小与底物浓度的函数关系，得到底物的浓度，一般情况下光信号大小与底物浓度成正比	茶叶碱浓度检测
电位型免疫传感器	基于测量电位的变化进行免疫分析的生物传感器 将抗体结合在载体上，当样品中的抗原选择性地与固定抗体结合时，膜内离子载体性质发生改变而导致电极上电位的变化，由此测得抗体浓度	测定人绒毛膜促性腺激素（HCG）、甲胎蛋白（AFP）
电流型免疫传感器	将底物浓度的变化或产物浓度的变化转变成电流信号。结构最简单的是以 Clark 氧电极为基础建立起来的酶免疫传感器	黄曲霉毒素、三聚氰胺、青霉素检测，食品中常见的致病菌还有金黄色葡萄球菌、沙门氏菌、致病性链球菌、志贺菌等检测

三、生物组织传感器和细胞传感器

（一）生物组织传感器

1. 工作原理

生物组织传感器是以动、植物组织切片作为分子识别元件，与相应的信号元件组合构成的生物传感器。它利用动、植物组织中的酶作为反应的催化剂，其工作原理与结构也与酶电极类似。

2. 特点

生物组织电极与酶电极相比具有如下特点：

1）酶活性高。这是因为天然动、植物组织中除酶分子外，还存在辅酶及酶促反应的其他必要成分，酶促反应处于最佳环境中，能保存与诱导酶的催化活性。

2）酶的稳定性增强。由于酶处在适宜的自然环境中，同时又被"固定化"了，酶不易流失，可反复使用，寿命较长。

3）所用生物材料易于获取，可代替昂贵的酶试剂。

4）识别元件制作简便，一般不需要进行固定化。但目前生物组织电极的选择性、灵敏度、响应时间、寿命等还不够理想。

生物组织传感器多是用动、植物薄片材料制成的敏感膜和传感元件。其传感元件多用气敏电极。这是因为气敏电极具有良好的选择性，可避免测定体系中金属离子及某些有机分子的干扰，而且气敏电极膜是便于装卸的片状结构，有利于组织电极的组装。选择活性高、含量丰富的动、植物组织是制作组织电极的关键。动物的组织电极比植物的组织电极的实用性要强一些。生物组织传感器虽然在若干情况下可取代酶传感器，但在实际应用中还有一些问题，如选择性差，动、植物材料不易保存等。

3. 分类

按组织的来源可分为：植物组织传感器、动物组织传感器。

按技术手段可分为：气敏电极传感器、组织/酶公用电极传感器、以二价铁为中间介质的组织传感器、化学发光生物传感器等。

4. 组织传感器的应用

1）过氧化氢含量检测。利用芦笋与二价铁的共固定于碳糊基质中制作成组织电极用于测定过氧化氢的含量。测定范围为 $2.5 \times 10^{-9} \sim 4.0 \times 10^{-8}$ mmol/L，且准确度及稳定性很高。

2）二胺的测定。二胺氧化酶（DAO）催化二胺类物质反应脱氨产生过氧化氢，结合 Luminnol-H_2O_2 化学发光体系，通过检测化学发光信号从而实现对二胺类物质的测定。例如，豌豆幼苗组织作为识别二胺类物质的元件，其中的多胺氧化酶在其辅酶的协同作用下，分解的产物 H_2O_2 可与 Luminnol 反应产生化学发光，结合流动注射技术，实现二胺类化合物含量的测量。该组织传感器属于植物化学发光生物传感器，其精准度良好。

（二）细胞传感器

此类传感器和组织电极一样，也是一种多酶系统，可认为是一种酶传感器的衍生型。例如，利用人体内的红细胞过氧化氢酶的催化活性测定 H_2O_2 的传感器就是一种细胞传感器。

由动物癌细胞、酵母细胞或细菌细胞固定化制成的细胞传感器，可对抗癌药物和抗菌药物进行测定和筛选，并能监测各种影响活细胞新陈代谢的化学物质（如制霉菌素和精氨酸）。由癌细胞传感器与健康组织细胞传感器构成差动式传感器进行抗癌药物的测试，可确定抗癌药物的选择性与毒性。用酵母和细菌细胞制成的细胞传感器，可快速测定抗菌药物的生化活性。

1. 工作原理

采用动植物活细胞作为生物传感器的分子识别元件，结合传感器和理化换能器，能够产生间断的或连续的数字电信号，如图 5.146 所示。

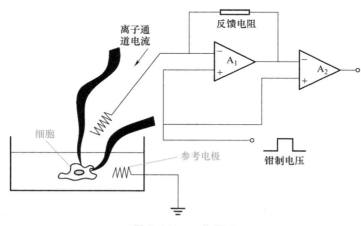

图 5.146 工作原理

2. 特点

细胞器是由膜构成的重要细胞结构，其包括线粒体、微粒体、溶酶体、高尔基复合体等。是功能高度化的分子集合体，也是进行一系列代谢活动的场所。

不同的细胞器内含有一些独特的酶，往往是多酶系统。故可用来测定单一酶传感器不能测定的物质。酶在其中处于稳定存在状态，故其性能稳定。但与组织传感器相比，细胞传感器需要复杂的制备提取和固化过程，这是其不足之处。

3. 分类

1）检测细胞内外环境的细胞传感器。内环境指细胞内自由离子如氯离子、钠离子等的浓度。外环境指细胞外代谢物的相应变化。测量代谢后的培养基可间接检测细胞变化。

2）检测细胞特殊行为的细胞传感器。某些细胞具有特殊性质，如对外界重金属离子浓度、pH 值敏感等，对外界刺激有特殊响应。例如，某些细菌对特定重金属敏感，从而发出荧光，可用于环境污染检测。

3）检测细胞电生理行为的细胞传感器。面对外界刺激（光、电、药等），细胞（肌肉细胞、神经细胞等）兴奋会产生动作电位。

4）检测细胞力学行为的细胞传感器。许多效应因子可以改变活细胞的性能或特性，如一些细胞对荷尔蒙刺激会产生移动，某些种类细胞的病毒感染将会引起细胞大小的变化。

除此之外，从广义上讲，细胞传感器除微生物传感器外，还包括动物细胞传感器及植物细胞传感器。细胞传感器在临床医学、食品检测、发酵工业、环境监测、生物工程等领域都具有重要应用意义。在食品发酵和制药发酵工业中，细菌总数是控制发酵程度的重要参数之一。在环境监测和食品分析中，细菌总数也是一个很重要的微生物学监测指标。目前，微生物及动物活细胞的检测通常采用菌落法、比浊法、镜检法、阻抗法等，这些方法大都烦琐、费时或误差较大，难以区别死细胞和活细胞，且不能在线监测。识别微生物通常是基于菌落法（使用选择性培养基）或镜检法，也同样需要非常麻烦和长时间的操作。而用细胞传感器检测微生物可以克服上述不足，达到快速、简便、准确、价廉的目的，记数与识别可同步实现，且可以实现连续自动监测，微生物传感器具有广阔的发展前景。微生物在呼吸代谢过程中可生产电子，这些电子可直接在阳极上放电，也可通过电子传递媒介间接在电极上放电，产生可被测量的电信号，从而实现检测微生物的目的。

4. 细胞传感器的应用

细胞传感器主要用于微生物活细胞的计数（菌数传感器）和细胞种类的识别（细胞识别传感器），有些也可用于动物和人类细胞的检测。

线粒体传感器：利用线粒体的电子传递体系制成的传感器有还原性辅酶Ⅰ（NADH）传感器，它由固定有电子传递粒子（Electron Transport Particle，ETP）的凝胶膜附着在氧电极的透气膜上构成。测定原理是 NADH 被氧化时，ETP 将电子传递给氧，氧被还原生成水。反应式如下：

$$NADH+O_2+H \xrightarrow{EPT} NAD+H_2O$$

通过测定氧的消耗即可测定 NADH。

微粒体传感器：肝微粒体含有多种酶，这些酶在肝脏的药物代谢中起主要作用。酶群中有一种亚硫酸氧化酶，可将亚硫酸根氧化成硫酸根，但这种酶的分离、纯化比较困难。可用肝微粒体组成测定亚硫酸离子的微粒体传感器，此传感器由多孔聚四氟乙烯膜、固定化微粒和氧电极构成。由于多孔聚四氟乙烯膜只能透过挥发性的酸和气体，故传感器对亚硫酸离子有很好的选择性。

还可利用从大白鼠肝脏组织细胞中分离出的微粒体，用中空纤维包埋后，制成传感器进行药物解毒研究。

微生物和动物细胞的表面由细胞膜和细胞壁覆盖，具有复杂的结构，是一个多功能体系。细胞种类不同，其结构、成分不同，加之细胞活性状态的不同，都将导致其电极过程不同，这是细胞检测的基础。然而，细胞传感器存在两个障碍：一是细胞的电化学响应信号弱，检测困难；二是多数细胞的电化学响应机理不清楚，所以细胞传感器、细胞器传感器的研究报道不是很多。

四、生物（微阵列）芯片

生物芯片（Biochip）通过在玻璃片、硅片、聚酰胺纤维膜等材料上放置生物样品，再由一种仪器收集信号，用计算机分析数据结果。与电子芯片不同，电子芯片上布列的是一个个半导体电子元件，而生物芯片上布列的是一个个生物探针分子。在医药设计、环境保护、农业等各个领域，生物芯片有很多应用，成为造福人类自身的工具。

（一）概念

生物芯片是指采用光导原位合成或微量点样等方法，将大量生物大分子如核酸片段、多肽分子、甚至组织切片、细胞等等生物样品有序地固化于支持物的表面，组成密集二维分子排列，然后与已标记的待测生物样品中靶分子杂交，通过特定的仪器对杂交信号的强度进行快速、并行、高效地检测分析，从而判断样品中靶分子的数量。由于常用硅片作为固相支持物，且在制备过程中模拟计算机芯片的制备技术，所以称之为生物芯片技术。

与传统的仪器检测方法相比，生物芯片技术具有高通量、微型化、自动化、成本低、防污染等特点。

（二）生物芯片的分类

根据组件不同，生物芯片包括 3 种基本微阵列：基因芯片（DNA 芯片）、蛋白质芯片和组织芯片。

1. 基因芯片

综合利用光导化学合成、微电子光刻技术及固相表面化学合成等技术，在基底表面合成寡核苷酸探针阵列，或将液相合成的探针由微阵列器或机器人点样于基底（玻片、聚酰胺纤维膜或硅片）上，与放射性同位素或荧光物标记的 DNA 或 cDNA 杂交，用于分析 DNA 突变及多态性、DNA 测序、监测同一组织细胞在不同状态下或同一状态下多种组织细胞基因表达水平的差异、发现新的致病基因或疾病相关基因等多个研究领域。

基因芯片可分为 cDNA 芯片和寡核苷酸芯片。

cDNA 芯片是指将大量 cDNA 探针分子固定于基底上后，与标记的样品（靶分子）进行杂交，通过检测杂交信号的强弱，判断样品中靶分子的数量，解决了传统核酸印迹杂交（DNA 印迹法和 RNA 印迹法等）技术复杂、自动化程度低、检测目的分子数量少、效率低等问题。

寡核苷酸芯片与 cDNA 芯片类似，主要通过碱基互补配对原则进行杂交，来检测对应片段是否存在、存在量的多少。与 cDNA 芯片的差别在于寡聚核苷酸芯片固定的探针为特定的 DNA 寡聚核苷酸片段（探针）。

基因芯片优点包括：

1）可以通过原位合成法制备，应用广泛。

2）探针长度小，减少二级结构形成。

3）减少非特异杂交，能有效区分有同源序列的基因。

4）无须扩增，防止扩增失败影响实验。

5）杂交温度均一，提高杂交效率。

基因芯片缺点是当寡核苷酸序列较短时，单一的序列不足以代表整个基因，需要用多段序列。

基因芯片的制备包括直接点样法、原位合成法、生物素-亲和素电定位捕获法和选择性沉淀法 4 种方法。

1）直接点样法：是将制备好的 DNA（cDNA）片段直接点在芯片上。

2）原位合成法：最具代表性的是原位光刻合成法，通过利用分子生物学、微电子光刻技术及计算机图形技术等直接在基片上合成所需的 DNA 探针。原位合成法还包括原位喷印合成和分子印章在片合成法。

3）生物素-亲和素电定位捕获法：将生物素标记的探针在电场的作用下快速地固定在含有亲和素的琼脂糖凝胶膜上（生物素与链霉素亲和素的强亲合力，使得探针的固定更加容易和牢固）。在电场的作用下，靶基因快速地在杂交部位积聚，大大缩短了杂交时间，提高了杂交的效率。改变电场电极的方向可以除去未杂交或低效率杂交的靶基因。

4）选择性沉淀法：用金属纳米微粒标记探针来制备微阵列，靶基因在芯片上与探针杂交后发生选择性沉淀，检测沉淀物的电化学值等来获取相应的生物信息。

2. 蛋白质芯片

蛋白质芯片是将大量蛋白质分子按预先设置的排列固定于基底表面形成微阵列，根据蛋白质分子间特异性结合的原理，构建微流体生物化学分析系统，以实现对蛋白质等生物分子的准确、快速的大信息量的检测，如图 5.147 所示。

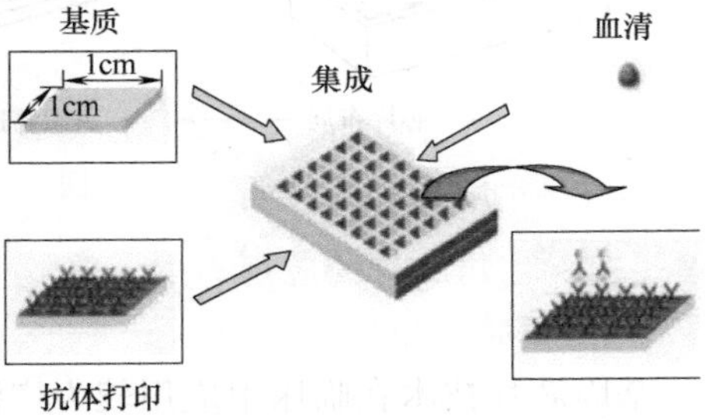

蛋白质芯片的主要特点是高通量、高灵敏度、重复性较好、操作过程可自动化。

图 5.147　蛋白质芯片的反应原理

按蛋白质性质分类，蛋白质芯片可分为无活性芯片和有活性芯片。无活性芯片是将已经合成好的蛋白质以高密度阵列点样在芯片上，进行杂交反应；有活性芯片是把生物体直接点在芯片上，并原位表达蛋白质。

按形式分类，蛋白质芯片可分为玻璃载玻片芯片（在玻璃表面构建）、3-D 胶芯片（在多孔凝胶垫上构建）、微孔芯片（在微孔板上构建），见表 5.8。

表 5.8　不同种类的蛋白质芯片的特点

类别	特点
玻璃表面构建的蛋白质芯片	可以与基因芯片的制作和检测工具配套使用；很容易蒸发；不适合用于多步反应；造价便宜；容量较小；容易发生交叉污染
多孔凝胶垫上构建的蛋白质芯片	可以与基因芯片的制作和检测工具配套使用；不易蒸发；可以用于多步反应，但是有其较固定的缓冲条件；造价昂贵；容量较大；不容易发生交叉污染
微孔板上构建的蛋白质芯片	可以与基因芯片的制作和检测工具配套使用；不易蒸发；适用于多步反应；造价便宜；容量较大；不易发生交叉污染

3. 组织芯片

组织芯片又称组织微阵列（Tissue Microarray），是一种重要的生物芯片。将数十、数百甚至上千个的组织片样品整齐有序地排列在基底上（通常是硅化的载玻片），称为微缩组织切片，如图 5.148 和图 5.149 所示。

与传统病理组织制片、诊断方法相比，组织微阵列技术具有体积小、微型化、高通量、成本低和标准化的优点。

按阵列设计，通过组织阵列仪，将从组织石蜡块上得到的直径为 2mm 的圆柱状样本，准确地排列于一新石蜡块上，并切成厚约 5μm 的组织切片

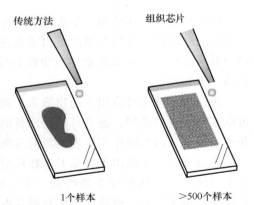

图 5.148　高通量分子分析的组织微阵列

（一般可切 100 ~ 200 片），然后应用相应的方法检测基因的 DNA 扩增、mRNA 及蛋白的表达。

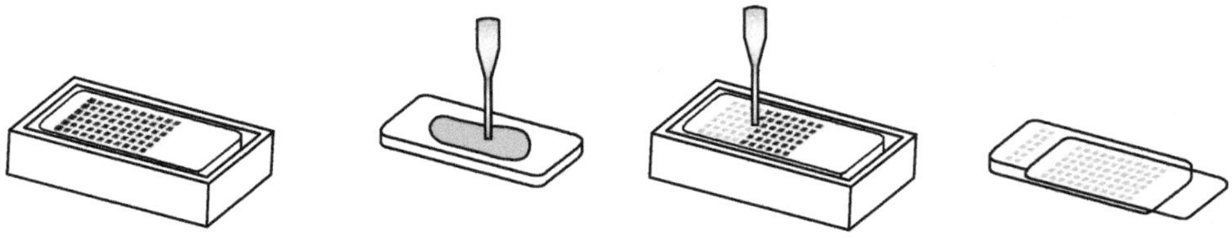

芯片布局 ——→ 组织筛选 ——→ 取样、上样 ——→ 切片

图 5.149 微阵列构建过程

（三）生物芯片的应用

1. 基因芯片应用

基因芯片技术在临床中应用较为广泛，如基因表达分析、寻找新基因和疾病诊断。

1）基因表达分析：随着人类基因组计划（Human Genome Project，HGP）的顺利进行，基因组研究的重心转移到功能基因组学中，研究基因的功能，特别是研究疾病相关基因已成了生物科技界的热点。基因表达芯片为此提供了最好的技术平台。对大多数基因而言，mRNA 表达水平与其蛋白质的水平相对应。

2）寻找新基因：定量检测大量基因表达水平在阐述基因功能、探索疾病原因及机理、发现可能的诊断及治疗等方面是很有价值的。基因芯片技术在发现新基因及分析各个基因在不同时空表达方面是一项十分有用的技术，它具有样品用量极少、自动化程度高等优点，便于大量筛选新基因。

3）疾病诊断：遗传病相关基因的定位，随着 HGP 的发展，各种方法相继创立，并应用到基因定位中。基因芯片技术已成为一种基因定位的高效工具，配合使用多重聚合酶链式反应（Polymerase Chain Reaction，PCR）基因芯片，可一次筛查多种遗传病，既经济又敏感可靠，实现感染性疾病的诊断，HIV-1 基因组中的 RT 与 Pro 在疾病过程中易发生多种变异，从而导致对多种药物的抗药性，因此检测和分析其变异性与多态性具有重要临床意义。可以预测，在不久的将来，人们有望在一张基因芯片上检测所有病原微生物基因。

2. 蛋白质芯片应用

医学研究与临床诊断，是蛋白质芯片应用最广泛的领域，如在医学研究中，通过比较某一疾病病变组织与非病变组织蛋白质表达谱的不同，可以发现新肿瘤标志物。由我国研制的丙型肝炎蛋白质芯片和肿瘤标志物联合检测（C-12）蛋白质芯片获国家药监局颁发的生物制品一类新药证书。

蛋白质芯片还可应用于药物筛选、测试与新药开发，通过对疾病相关蛋白质的检测不仅可以了解疾病的进展，也有可能发现新的诊断标志物或蛋白质类药物。在药物研发中，区分和确定这些蛋白质的作用是发现新的诊断和治疗药物的第一步。

蛋白质芯片可应用于食品卫生和环境监督，通过利用表面增强拉曼散射芯片技术，根据各生物体（革兰氏阳性李斯特菌、革兰氏阴性军团菌、芽孢杆菌的芽孢和隐孢子虫卵囊）拉曼散射指纹图谱，检测病原体与所含毒素；采用配位微流体传输系统的二位感光芯片，利用集成电路原理与免疫诊断技术检测大肠杆菌 O157：H7，这项技术可用于食品加工、污水处理和环境监督等与人们生活密切相关的领域，以杜绝大规模肠道感染的发生。

3. 组织芯片应用

目前组织芯片技术已深入基因和蛋白质与疾病关系的研究、致病基因的筛选和诊断、治疗靶点的定位和疗效的预测、预后指针的确定、抗体和药物的筛选及基因治疗的研发等方面，这些研究具有实际意义和广泛的市场前景，并且进一步推进了人类基因组学的发展。

1）在肿瘤中的应用：组织芯片具有高效、快捷、低耗、自身内对照和可比性强的优点，被广泛应用于肿瘤基础研究。组织芯片技术为进行多种肿瘤的多指标（DNA、mRNA、蛋白指标）高通量原位分析提供了时间、空间和资源的可行性，并在最大程度上保证实验条件的一致，可广泛应用于肿瘤候选基因及其临床特性的确定、肿瘤预后的判断、肿瘤免疫治疗效果的评价，以及肿瘤的分子诊断、肿瘤治疗靶点的筛选，显著加速基因组学和蛋白组学成果在肿瘤临床中的应用。近年来越来越多的研究者运用 TMAs（Tissue Microarrays）技术对肝癌、肺癌、乳腺癌、胃癌、肾癌、大肠癌、前列腺癌、膀胱癌等疾病进行了研究，并在肿瘤的基因原位表达谱、肿瘤分子标记、新基因表达与分布等方面获得了很多有价值的结果，也进一步证明了该技术在肿瘤的诊断和治疗方面在临床上的应用前景。

2）测试生物试剂：试剂公司生产的抗体和探针需要做特异性和敏感性测试才能够上市。这种测试需要对大量不同来源的组织，以及阴性和阳性对照组织进行检查。用传统方法需要花费大量的人力和物力，如果采用组织芯片测试，一张组织芯片一次实验即可完成。例如，可利用肝脏肿瘤组织芯片对多种用于免疫分析的商业抗体比较筛选，找出自己满意的抗体。

3）在形态学教学中的应用：在生物学、组织胚胎学及病理学的形态学教学工作中，常需要大量组织切片，其制备烦琐，工作量大，并且储存、携带不便。组织芯片技术可以把所有的组织切片集中到一张普通玻璃切片上，大大减少切片储存空间。

组织芯片的发展也还存在一些急需解决的问题，如制作组织芯片的过程中，组织固定和处理时间的不同会影响组织芯片的质量，组织取材的大小对某一病变组织的代表性问题，相配套的信息处理系统还不够完善。组织芯片技术是一项不断革新的生物学技术，随着组织芯片仪和生物芯片信号处理系统的投入使用，使组织芯片可逐步实现批量制作和自动分析，将进一步提高组织芯片的高效性和准确性。

五、纳米生物传感器

功能性纳米颗粒（如电子性质的、光学性质的和磁性的）固定在生物大分子上，可制成纳米生物传感器。随着纳米技术在生物传感器领域的不断引入，纳米生物传感器在灵敏度的提高、检测限的降低、线性检测范围的拓宽，以及响应时间的缩短等方面的性能得到了很好的改善。纳米技术引入生物传感器领域后，提高了生物传感器的灵敏度和其他性能，并促进了新型生物传感器的发展。因为具有亚微米尺寸的换能器、探针或纳米微系统，生物传感器的各种性能大幅提高。但纳米生物传感器还正处于起步阶段，目前仍具有很大的研究价值和应用空间。

与传统的传感器相比，纳米生物传感器将纳米材料作为一种新型的生物传感介质，具有体积更小、速度更快、精度更高、可靠性更好的优点。

（一）纳米技术简介

纳米为 10^{-9}m 级的尺度。纳米尺度一般认为是 $1 \sim 100$nm，该尺度处于原子、分子为代表的微观世界和宏观物体交界的过渡区域，基于此尺度的系统既不是典型的微观系统，也不是非典型的宏观系统，因此有着独特的化学性质和物理性质，如小尺寸效应、表面效应、宏观量子隧道效应等。

1. 小尺寸效应

小尺寸效应是指当颗粒尺寸不断减小到一定限度时，其表面积显著增加，在一定条件下会引起材料宏观物理性质（包括声、光、电、磁、热、力学等）的变化。

1）特殊的光学性质：纳米颗粒当尺寸小到一定程度时具有很强的吸光性，金属纳米颗粒对光的反射率很低，可低于1%，大约几微米的厚度就能完全消失，几乎所有的金属纳米颗粒都可呈现黑色。

2）特殊的磁学性质：纳米颗粒的磁性与大块材料的磁性有显著的不同，磁性纳米颗粒具有高矫顽力。当纯铁颗粒尺寸减小到一定程度（20nm）时，其矫顽力可显著增加；尺寸减小到6nm时，其矫顽力反而降低到零，呈现出超顺磁性。

3）特殊的热力学性质：固态物质在大尺寸形态时，其熔点是固定的，超细微化后其熔点将显著降低，当颗粒尺寸小于10nm量级时尤为显著。

4）特殊的力学性质：呈现纳米晶粒的金属要比传统的粗晶粒金属硬3~5倍。陶瓷材料在通常情况下呈脆性，而纳米超微颗粒压制成的纳米陶瓷材料却具有良好的韧性。

2. 表面效应

纳米材料的表面效应是指纳米粒子的表面原子数与总原子数之比随粒径变小而急剧增大后所引起的性质上的变化。

3. 宏观量子隧道效应

电子具有粒子性又具有波动性，因此存在隧道效应。纳米颗粒的一些宏观物理量如颗粒的磁化强度、量子相干器件中的磁通量等，也显示出隧道效应，称之为宏观量子隧道效应。

（二）纳米生物传感器应用实例

1. 纳米颗粒在声波生物传感器中的应用

声波生物传感器是检测待检测物质引起声波频率改变的传感器。如果在待检测分子上修饰纳米颗粒，会显著提高待检测分子的质量，检测信号也随之增强。如利用纳米胶颗粒标记抗体，通过抗体-抗原免疫方法将其结合到石英晶体表面，由于修饰胶体颗粒（溶胶颗粒的直径在5~100nm）提高了标记分子的质量，根据 Sauerbrey 方程，石英晶体的振荡频率也相应得以提高，因而检测信号被放大，检测灵敏度提高，检测下限也降低了。

2. 纳米颗粒在光学生物传感器中的应用

纳米金属颗粒可以用于光共振检测，通过抗原-抗体或蛋白-受体结合等方法在导电材料表面固定纳米金属颗粒团，由于纳米颗粒反射偶极子的相互作用，引起反射光的共振增强，通过检测共振信号，即可探知待检测物质。纳米颗粒也可以用来定位肿瘤，荧光素标记的识别因子与肿瘤受体结合，然后在体外用仪器显示出肿瘤的大小和位置。

3. 纳米颗粒在磁性生物传感器中的应用

磁性纳米颗粒在生物检测和药物分析上有着重要的应用价值。通过磁性材料标记生物分子，结合分子识别技术，可以实现样品的混合、分离、检测等复杂操作。通过磁免疫分析技术，用磁力计数器检测磁性标记分子。另外，用纳米磁性颗粒标记识别因子，与肿瘤表面的靶标识别器结合后，可在体外测定磁性颗粒在体内的分布和位置，从而给肿瘤定位。有人用磁性材料标记分子，在磁场梯度下实现样品的分离和检测。

4. 纳米颗粒在电化学生物传感器中的应用

胶体金是最常见的金属纳米颗粒，可以用于生物分子的标记，从而实现信号的检测和放大；此外，它还可广泛应用于 TEM、SEM 表征和试纸条显色等方面。

本 章 习 题

1. 简述信息采集中物理测量方法的种类。
2. 简述信息采集中化学测量方法的种类。
3. 简述生物识别的特征。
4. 简述生物分子传感器的结构和工作原理。
5. 简述组织和细胞传感器的工作原理。
6. 简述生物芯片分类。
7. 列举纳米生物传感器的应用实例。

第六章
智能测试及其在生物信息采集中的应用

生物信息的采集和分析在现代科学研究中具有重要意义。智能测试技术和传感器技术的快速发展，为这一领域带来了革命性的变化。本章重点介绍智能传感器的概念、结构及其在生物信息采集中的应用，详细探讨了 IEEE 1451 标准在网络化智能传感器中的应用，并展示了基于 ZigBee 的无线传输技术和模糊传感器的优势及实际应用案例。通过这些内容，旨在全面呈现智能测试技术在生物信息采集中的重要作用和广泛应用前景。

第一节　智能传感器

随着传感器和集成电路控制技术的发展，通过将处理电路和传感器集成，构成了集成传感器。进一步的发展是将传感器与微处理器相结合，形成一种新型的"智能传感器"。这种智能传感器具有信号调理、信号分析、误差校正、环境适应等能力，甚至具有一定的辨认、识别和判断功能。这种集成化、智能化的技术对现代行业的发展发挥着重要作用。

一、智能传感器的概念和特点

（一）智能传感器的概念

智能传感器是将传统传感器与微处理器相结合的一种新型传感器，其功能不仅仅局限于信号的检测和转换，还包括数据处理、存储、通信等多种功能。智能传感器通过内置的微处理器和专用软件，使其具备一定的信号调理、误差校正、环境适应，以及智能判断等能力，因而可以在复杂和多变的环境中更加可靠和准确地测量数据。

智能传感器的概念最早由美国国家航空航天局（National Aeronautics and Space Administration，NASA）在 20 世纪 80 年代提出。当时，随着空间探测任务的复杂化，对传感器提出了更高的要求，不仅要能检测各种参数，还需要实时处理和分析数据以保证任务的顺利进行。从 20 世纪 80 年代初期开始，智能传感器经历了从基本的信号调理，到集成微处理器进行数据处理，再到今天广泛应用的智能化传感器的发展历程。在此过程中，计算机技术、微电子技术和通信技术的快速发展，为智能传感器的进步提供了坚实的基础。

传感器的发展历程可分为 3 个阶段，如图 6.1 所示。

1950—1969年　结构型传感器	1970—1999年　固体型传感器逐渐发展	2000年至今　智能传感器出现并迅速发展
1967年　边缘约束的硅膜片专利授权	利用热点效应、霍尔效应、光敏效应等制成热电偶、霍尔式以及光敏传感器	随着与CMOS技术兼容的MEMS技术不断成熟，集成电路工艺完善，传感器实现微型化、集成化、智能化

图 6.1　传感器的三个发展阶段

第一阶段是结构型传感器，它是传感器发展初期的一种类型，这种传感器依赖于机械、液压、气压或其他物理结构的变化来检测物理量，并将其转化为可测量的电信号。

第二阶段是 20 世纪 70 年代发展起来的固体型传感器，由半导体、电介质、磁性材料等固体元件构成，利用这些材料的某些特性进行工作。

第三阶段是 20 世纪 80 年代开始逐渐发展的智能传感器，并在 2000 年之后得到广泛的应用和深入发展。这一阶段的传感器结合了传感、处理、传输等多种功能，具有更高的灵敏度和智能化程度。

（二）智能传感器的特点

智能传感器的出现弥补了传统传感器在精度、可靠性和功能性方面的不足。它们具备以下几个主要特点，如图 6.2 所示。

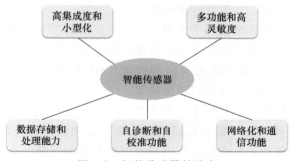

图 6.2　智能传感器的特点

1. 高集成度和小型化

智能传感器通常采用微电子技术和 MEMS 技术，将传感元件、信号调理电路、数据处理单元和通信模块集成在一个小型芯片或模块中。这种高度集成的设计使得智能传感器具有体积小、重量轻、功耗低的特点，便于在各种复杂环境中应用。

2. 多功能和高灵敏度

智能传感器不仅能够检测物理量（如温度、压力、湿度、加速度等），还可以进行数据的实时处理和分析。通过内置的算法和软件，智能传感器能够实现信号的滤波、放大、A/D转换、误差补偿等功能，从而提高测量的灵敏度和准确性。

3. 自诊断和自校准功能

智能传感器具备自诊断功能，能够在检测过程中自动识别和纠正自身的故障和误差。例如，当传感器受到外界环境的干扰或自身发生故障时，传感器能够自动进行补偿和校正，保证输出数据的准确性和可靠性。这种自校准和自补偿功能极大地提高了传感器的可靠性和稳定性。

4. 数据存储和处理能力

智能传感器内置微处理器和存储器，能够实时处理和存储大量的数据。传感器可以对检测到的数据进行预处理、压缩和存储，并根据需要将数据传输到远程终端进行进一步分析。这种数据处理能力使得智能传感器能够在复杂多变的环境中提供高质量的测量数据。

5. 网络化和通信功能

智能传感器具备网络化和通信功能，能够通过有线或无线方式与其他设备进行数据通信。传感器可以通过标准通信协议（如 IEEE 1451、ZigBee、Wi-Fi、蓝牙等）与控制系统、监控系统或云平台进行数据交换，实现远程监控和管理。这种网络化功能使得智能传感器在物联网中发挥着重要作用，成为智能设备和系统的关键组成部分。

（三）智能传感器的应用领域

智能传感器在工业自动化中扮演着至关重要的角色。它们用于监测和控制生产过程中的各种参数，如温度、压力、流量和振动。通过实时检测设备的运行状态，智能传感器可以提供预警信息，帮助避免故障发生，提高生产效率和产品质量。这些传感器的高灵敏度和多功能性，使其成为现代工业生产中不可或缺的工具。

在医疗健康领域，智能传感器用于监测患者的生理参数，如心率、血压、血氧饱和度和体温。这些传感器能够实时采集和分析数据，帮助医生进行精准诊断和治疗，提供个性化的医疗服务。例如，佩戴在患者身上的智能传感器可以连续监测健康状况，并在检测到异常时立即发出警报，提高了医疗的及时性和准确性。

在环境监测领域，智能传感器用于监测空气质量、水质、土壤湿度和气象参数等。这些传感器能够实时采集和分析环境数据，为环境保护和资源管理提供科学依据。例如，在城市空气质量监测中，智能传感器可以实时监测获取 PM2.5、PM10 等颗粒物浓度、温湿度、CO_2 浓度等数据，帮助政府制定有效的环保政策。

在智能家居领域，智能传感器用于监测和控制家庭环境中的各种参数，如温度、湿度、光照和烟雾。这些传感器可以与智能家居系统联动，实现自动化控制和节能减排，提供舒适、安全的居住环境。例如，智能温控传感器可以根据室内外温度自动调节空调或暖气的工作状态，提高居住舒适度并降低能源消耗。

在交通运输领域，智能传感器用于监测车辆的运行状态、道路状况和交通流量。通过实时提供交通信息，智能传感器帮助交通管理部门进行科学决策，提高交通效率和安全性。例如，智能交通传感器可以实时监控道路上的车辆流量，优化信号灯控制，减少交通拥堵，提升道路通行能力。

综上所述，智能传感器作为一种先进的测量和控制设备，正在各个领域发挥着越来越重要的作用。随着技术的不断进步和应用需求的增加，智能传感器将继续发展和创新，为各行各业提供更加智能、高效和可靠的解决方案。

二、智能传感器的结构

智能传感器的结构复杂而多样，其核心在于将传感器与微处理器、信号处理单元和通信单元结合在一起，实现对外界环境变化的感知、数据处理、传输及智能决策功能。智能传感器的基本结构可以分为以下 8 个主要部分：

1. 敏感元件

敏感元件是智能传感器的核心部分，用于直接感知被测量的物理量（如温度、压力、湿度、光照强度等）。它将这些物理量转换为便于测量的电信号。根据不同的应用，敏感元件可以是热敏电阻、压电晶体、光电二极管等。不同应用环境需要选择合适的敏感元件，如在温度测量中常用热敏电阻，在压力测量中使用压电晶体。敏感元件的灵敏度、响应时间、稳定性等性能直接影响智能传感器的整体性能。

2. 信号调理单元

信号调理单元用于对敏感元件输出的原始信号进行处理，使之满足后续信号处理和分析的要求。该单元通常包括放大、滤波和模/数转换等功能模块。

信号放大电路：由于敏感元件输出的信号通常较弱，需要通过放大器进行放大，以提高信号的可检测性。

信号滤波电路：滤波器用于去除信号中的噪声和干扰，提高信号的纯净度，常用低通滤波器、高通滤波器和带通滤波器等。

模/数转换（A/D 转换）电路：将模拟信号转换为数字信号，便于后续的数字信号处理。

3. 数据处理单元

数据处理单元是智能传感器的"大脑"，通常由嵌入式微处理器或微控制器构成。它负责对经过调理的信号进行处理、分析和存储，并根据预设的算法和程序做出相应的判断和决策。根据应用需求选择合适的处理器，如低功耗处理器适用于对功耗要求严格的场合。智能传感器的智能化程度很大程度上依赖于所采用的数据处理算法和程序，如数据滤波、特征提取、模式识别和故障诊断等算法。

4. 数据存储单元

数据存储单元用于存储智能传感器采集到的数据信息及处理结果。根据应用需求，存储单元可以包括随机存储器（Random Access Memory，RAM）、闪存或电擦除可编程只读存储器（Electrically-erasable Programmable Read-only Memory，EEPROM）等。其存储容量的大小决定了传感器能够存储数据的数量和历史数据的保存时间。常用的数据管理策略包括循环存储和数据压缩等。

5. 通信单元

通信单元负责将处理后的数据传输给外部系统或网络。常见的通信方式包括有线通信和无线通信。

有线通信方式：如 RS-232、RS-485、CAN 总线和以太网等，适用于短距离、高可靠性的应用场景。

无线通信方式：如 ZigBee、Wi-Fi、蓝牙和 LoRa 等，适用于长距离、灵活布置的应用场景。

网络协议：选择合适的网络协议如 TCP/IP、UDP、MQTT 等，以确保数据传输的可靠性和效率。

6. 电源管理单元

电源管理单元为智能传感器的各个部分提供稳定的电源供应。智能传感器通常在恶劣环境下工作，对电源管理的要求较高。其电源类型可以采用电池供电、太阳能供电或外部电源供电等方式，根据具体应用环境进行选择。电源管理策略包括低功耗设计、电源监控和能量收集等，以延长传感器的使用寿命，提高能源利用效率。

7. 辅助单元

辅助单元包括传感器的外壳、安装接口和校准单元等。这些单元虽然不直接参与信号处理，但对传感器的整体性能和应用效果有重要影响。

外壳设计：外壳需要具备防水、防尘、防振等功能，以保护内部元件的安全。

安装接口：提供便捷的安装和连接方式，如螺纹接口、法兰接口等。

校准单元：包括自校准功能和外部校准接口，以确保传感器的长期精度和稳定性。

8. 典型智能传感器结构图

智能传感器的设计可以采用模块式（将传感器、信号调理电路和带总线接口的微处理器组合成一个整体）、集成式（采用微机械加工技术和大规模集成电路工艺技术将敏感元件、信号调理电路、接口电路和微处理器等集成在同一块芯片上）或混合式（将传感器各环节以不同的组合方式集成在数块芯片上并封装在一个外壳中）等结构。

典型智能传感器基本结构如图 6.3 所示，其从功能模块上可分为感知模组、智能计算模组和数据通信及接口模组三部分。其中感知模组由一种或多种敏感元件组成，负责信号采集，智能计算模组根据设定对输入信号进行处理，再通过数据通信及接口模组进行通信，将测量的传感器数据传输给外部网络/系统。

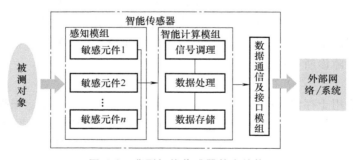

图 6.3 典型智能传感器基本结构

三、智能传感器的发展趋势

智能传感器的发展趋势呈现出多方面的特征，涵盖技术进步、应用领域扩展以及市场需求变化的多重因素。

（1）微型化和集成化是智能传感器发展的主要方向之一 随着微电子技术的进步，智能传感器的尺寸不断缩小，使其能够应用于更小、更复杂的系统中，如植入式医疗设备和便携式电子设备。此外，将多个功能模块（如传感、信号处理、数据传输）集成在一个芯片上，不仅提高了传感器的性能和可靠性，还降低了制造成本和功耗。这种集成化的发展极大地扩展了智能传感器的应用范围，使其在各种领域中得到了更广泛的应用。

（2）网络化和互联化是智能传感器的另一大发展趋势　随着物联网的发展，智能传感器通过网络实现了远程监控、数据共享和协同工作。例如，智能家居系统中的各种传感器通过网络互联，实现对环境的全面监控和自动化控制。无线传输技术（如 Wi-Fi、ZigBee、蓝牙等）的应用解决了有线连接的限制，方便了传感器的部署和维护，特别适用于分布式监控和难以布线的环境。这种网络化的发展使智能传感器在现代智能系统中扮演了重要角色。

（3）智能化和自主化是智能传感器的重要发展方向　现代智能传感器具备自我校准和自我诊断功能，能够在使用过程中自动调整和修正测量误差，确保长期工作的准确性和稳定性。此外，结合机器学习和人工智能技术，智能传感器可以进行复杂的数据分析和模式识别，提高数据处理的效率和准确性。例如，智能传感器可以通过学习环境数据的变化，预测未来的变化趋势，提供更智能的决策支持。

（4）多功能化和高性能化也是智能传感器的显著发展趋势　传统传感器通常只能检测单一物理量，而智能传感器能够同时检测多个参数，提供更全面的环境信息。例如，多功能环境传感器可以同时检测温度、湿度、气压和空气质量。此外，随着材料科学和纳米技术的发展，智能传感器的灵敏度和分辨率不断提高，能够检测更微小的物理变化和化学成分，满足高精度测量的需求。

（5）节能化和环保化是智能传感器发展的重要方向　低功耗设计使智能传感器能够在有限的能源条件下长时间工作，适用于能源受限的场景，如远程监测系统和便携式设备。随着环保意识的增强，智能传感器在制造过程中逐渐采用环保材料，减少对环境的污染。同时，传感器的废弃处理也逐渐受到重视，推动传感器产业的可持续发展。

综上所述，智能传感器的发展趋势反映了科技进步和市场需求的不断变化。未来，随着人工智能、物联网和新材料技术的进一步发展，智能传感器将在更多领域中发挥重要作用，为各行业的智能化和数字化转型提供坚实的基础。

第二节　IEEE 1451 标准网络化智能传感器

一、网络化智能传感器概述

网络化智能传感器是传感器技术与计算机通信技术相结合的产物，是现代测试技术中的一个重要发展方向。随着计算机技术、网络技术和通信技术的迅速发展，网络化测试系统成为一种趋势，这使得传感器不再是单独的测量工具，而是成为整个网络系统的一部分，实现了信息的采集、传输和处理的一体化。以下将从网络化智能传感器的定义、特点、优势和应用等方面进行详细阐述。

（一）网络化智能传感器的定义和特点

网络化智能传感器是一种集传感、处理和通信功能于一体的传感器系统。它不仅能够感知环境变化，还能够处理和分析采集到的数据，并通过网络接口将数据传输到远程控制中心或其他传感器节点。这种传感器通常包括敏感元件、信号调理电路、数据处理单元和通信模块，能够在网络环境中实现实时数据传输和处理。

网络化智能传感器具有以下显著特点：

（1）嵌入式处理能力　内置微处理器或微控制器，具备数据处理、存储和自诊断功能。

（2）自校准和自补偿　通过内部算法自动校准和补偿传感器的误差，提高测量精度和可靠性。

（3）多功能性　支持多种传感参数（如温度、湿度、压力等）的同时测量，提供多维度的数据。

（4）网络通信能力　具备有线或无线通信接口，如以太网、Wi-Fi、ZigBee 等，能够接入各种网络环境，实现远程监控和控制。

（5）即插即用　支持标准化接口和协议，能够方便地集成到现有的网络系统中，无需复杂的配置和调试。

（二）网络化智能传感器的优势

网络化智能传感器相较于传统传感器具有以下优势：

（1）实时性和准确性　通过实时数据处理和传输，减少了数据延迟和误差，提高了系统的实时性和测量准确性。

（2）可靠性和稳定性　具备自诊断、自校准和自补偿功能，能够在复杂环境中保持高可靠性和稳定性。

（3）灵活性和可扩展性　支持多种网络协议和接口，能够灵活地扩展传感器网络的规模和功能，适应不同应用场景的需求。

（4）成本效益　通过网络化和智能化设计，减少了人工操作和维护成本，提高了系统的整体效益。

（三）网络化智能传感器的应用

网络化智能传感器在多个领域得到了广泛应用，极大地提升了各行业的自动化和智能化水平。在工业自动化领域，网络化智能传感器被用于监测和控制各种工艺参数，如温度、压力和流量等，通过实时数据采集和传输，实现了生产过程的自动化管理，提高了生产效率和产品质量。在环境监测方面，这些传感器被用于空气质量、水质和土壤湿度的实时监测，为环境保护和治理提供了科学的数据支持，帮助管理人员及时发现和处理环境问题。

在智能建筑中，网络化智能传感器被广泛用于温度、湿度、照明和安防系统的监控和控制，实现了建筑物的智能化管理，提高了居住和工作的舒适性和安全性。同时，在医疗健康领域，这些传感器用于监测生物医学参数，如心电、血压和血氧等，为医疗诊断和健康管理提供了实时数据支持，帮助医生和患者进行更精准的健康监控和管理。

此外，网络化智能传感器在智慧农业中也发挥着重要作用。它们被用于监测土壤湿度、温度和光照等农作物生长环境参数，通过数据驱动的精准管理，帮助农民优化灌溉、施肥等农业操作，提高农作物的产量和质量，促进农业的可持续发展。通过这些应用，网络化智能传感器展现了其在各个行业中的重要价值和广阔前景。

二、IEEE 1451 标准体系简介

国内外开发了不同类型的智能传感器，为统一不同智能传感器的接口，美国电气与电子工程师协会（Institute of Electrical and Electronics Engineers，IEEE）仪器和测量学会的传感器技术委员会制定了 IEEE 1451 系列标准。IEEE 1451 标准是一个开放的智能传感器接口标准，旨在解决不同类型传感器之间及传感器与网络接口之间的兼容性问题。该标准的基本目标是提供一个通用的接口，使得传感器能够独立于具体的网络，并能够实现即插即用功能。IEEE 1451 标准体系包括 8 个子标准，具体见表 6.1。每个子标准针对特定的应用场景和技术需求进行规范。以下是各子标准的详细介绍：

表 6.1　IEEE 1451 标准体系

标准号	名称与描述
IEEE 1451.0-2007	通用功能、通信协议和传感器电子数据表（Transduer Electronic Data Sheet，TEDS）格式
IEEE 1451.1-1999	网络应用处理器信息模型
IEEE 1451.2-1997	传感器到微处理器通信协议和 TEDS 格式
IEEE 1451.3-2003	分布式多点系统的数字通信和 TEDS 格式
IEEE 1451.4-2004	混合模式通信协议和 TEDS 格式
IEEE 1451.5-2007	无线通信协议和 TEDS 格式
IEEE 1451.6-2007	控制器局域网（Controller Area Network，CAN）总线传感器接口
IEEE 1451.7-2010	传感器与射频识别（Radio Frequency Identification，RFID）系统通信协议和 TEDS 格式

1. IEEE 1451.0-2007

（1）概述　IEEE 1451.0-2007 标准提供了一个通用的传感器接口框架，定义了基本的通信协议、数据格式和功能模块。

（2）功能

1）传感器的自描述功能，包括传感器类型、制造商信息、校准数据等。

2）提供了与其他 IEEE 1451 标准兼容的基础，支持即插即用功能。

3）定义了基本的命令集和数据传输协议，确保传感器与网络之间的无缝通信。

（3）应用　该标准广泛应用于各种传感器网络中，尤其适用于需要多种传感器协同工作的复杂系统。

2. IEEE 1451.1-1999

（1）概述　IEEE 1451.1-1999 标准定义了网络应用处理器（Network Capable Application Processor，NCAP）的信息模型，采用面向对象的方法将传感器与网络连接。

（2）功能

1）提供了一个与网络无关的信息模型，定义了传感器模块、应用功能模块和 NCAP 模块。

2）支持多种通信方式和接口模型，实现传感器到网络的无缝连接。

3）定义了统一的物理参数数据表示方式和管理模型。

（3）应用　适用于需要与多种网络接口和通信协议兼容的复杂测控系统，如工业自动

化、智能建筑等领域。

3. IEEE 1451. 2-1997

（1）概述　IEEE 1451.2-1997 标准规范了传感器与微处理器之间的数字通信接口和 TEDS 的数据格式。

（2）功能

1）提供了一个独立的数字通信接口标准，确保传感器与微处理器之间的兼容性和即插即用功能。

2）定义了 TEDS 数据格式，包含传感器的身份、校准数据和制造商信息。

3）支持多种传感器接口，允许传感器制造商根据产品需求灵活设计。

（3）应用　广泛应用于工业测量、环境监测等需要高精度和高可靠性的测控系统中。

4. IEEE 1451. 3-2003

（1）概述　IEEE 1451.3-2003 标准针对分布式多点系统，定义了多个物理分散传感器的数字通信接口和 TEDS 数据格式。

（2）功能

1）支持在单一总线上连接多个传感器，实现分布式数据采集和处理。

2）定义了多点系统中的信道区分、时序同步和数据融合协议。

3）提供了灵活的设计框架，支持低功耗和高带宽的应用需求。

（3）应用　适用于大规模分布式监测系统，如智能电网、环境监测和智能交通系统。

5. IEEE 1451. 4-2004

（1）概述　IEEE 1451.4-2004 标准规范了混合模式（模拟/数字）通信协议和 TEDS 数据格式。

（2）功能

1）支持传感器在模拟和数字信号之间的转换，实现即插即用功能。

2）定义了 TEDS 数据格式，确保传感器的自描述能力和兼容性。

3）提供了简单、低成本的连接方式，适用于各种传感器应用场景。

（3）应用　广泛应用于需要模拟信号测量的领域，如医疗设备、工业自动化和消费电子产品。

6. IEEE 1451. 5-2007

（1）概述　IEEE 1451.5-2007 标准定义了智能传感器与 NCAP 之间的无线通信接口和 TEDS 数据格式。

（2）功能

1）支持多种无线通信技术，如 IEEE 802. 11（Wi-Fi）、蓝牙和 ZigBee。

2）提供了服务质量（Quality of Service，QoS）机制和数据管理功能，确保无线传感器网络（Wireless Sensor Network，WSN）的可靠性和稳定性。

3）支持传感器的远程配置和管理，实现灵活的无线传感器网络部署。

（3）应用　适用于各种无线传感器网络应用，如环境监测、智能家居和远程医疗监测。

7. IEEE 1451. 6-2007

（1）概述　IEEE 1451.6—2007 标准规范了基于控制器局域网（CAN）总线的传感器和执行器接口标准。

（2）功能

1）支持高带宽和低延迟的数据传输，适用于实时测控系统。

2）提供了基于 CANopen 协议的传感器网络接口，确保网络的高可靠性和稳定性。

3）定义了高速传感器网络的安全和认证机制，确保数据传输的安全性。

（3）应用　广泛应用于工业自动化、智能制造和高精度测量系统中。

8. IEEE 1451. 7-2010

（1）概述　IEEE 1451. 7-2010 标准定义了传感器与 RFID 系统之间的通信协议和 TEDS 数据格式。

（2）功能

1）规范了 RFID 传感器与网络接口的通信协议。

2）支持 RFID 标签的自描述功能，包括传感器类型、制造商信息和校准数据。

3）提供了灵活的设计框架，支持 RFID 技术在各种应用中的集成。

（3）应用　广泛应用于供应链管理、资产跟踪和安全系统中。

9. IEEE 1451 标准的发展趋势

（1）标准的普及和应用　IEEE 1451 标准在全球范围内逐渐被广泛接受和应用，推动了智能传感器和网络化测控系统的发展。

（2）新技术的融合　随着物联网、大数据和人工智能（AI）等新技术的快速发展，IEEE 1451 标准将不断融合这些新技术，提升传感器网络的智能化水平。

（3）标准的扩展和更新　IEEE 1451 标准将持续扩展和更新，以满足不断变化的市场需求和技术进步，确保其在智能传感器领域的前沿地位。

通过对 IEEE 1451 标准各子标准的详细介绍，可以帮助读者全面了解该标准的技术细节和应用场景，进一步提升对智能传感器网络化技术的理解和应用能力。

三、IEEE 1451 标准的应用

IEEE 1451 标准在生物信息测量领域的应用已显示出其强大的潜力和广泛的前景。随着传感器技术和网络技术的迅猛发展，生物信息测量对实时性、准确性和网络化的要求不断提高。IEEE 1451 标准通过提供统一的接口和数据格式，为传感器的即插即用和系统的互操作性提供了保障，大大推动了生物信息测量领域的创新和应用。

首先，IEEE 1451 标准在生物信息测量设备中的应用可以显著提高系统的集成性和灵活性。例如，在心电图（Electroncardiogram，ECG）监测系统中，采用符合 IEEE 1451 标准的智能传感器，可以实现多种类型的生物传感器（如心电传感器、血氧传感器、血压传感器等）的无缝集成。这些传感器通过标准化的接口和协议连接到中央处理单元，数据通过网络实时传输到远程监控中心，实现对病人的实时监测和远程诊断。

其次，IEEE 1451 标准在生物信息测量系统中的应用还能大幅提升数据的准确性和可靠性。传统的生物信息测量系统往往存在传感器数据误差较大、传输过程数据丢失等问题。而符合 IEEE 1451 标准的智能传感器具备自诊断、自校准功能，可以自动校正测量误差，确保数据的准确性。同时，数据在传输过程中采用标准化协议，减少了数据丢失和传输错误，提

高了数据的可靠性。

另外，IEEE 1451 标准在远程健康监测系统中的应用也取得了显著成效。通过部署符合 IEEE 1451 标准的无线传感器网络（WSN），可以实现对老年人或慢性病患者的全天候监测。例如，家中安装的多种符合 IEEE 1451 标准的传感器可以实时采集心率、血压、体温等生理参数，并通过 ZigBee 或 Wi-Fi 网络传输到云端服务器。医生可以随时通过互联网访问这些数据，进行实时监控和诊断，及时发现和处理健康问题。

此外，IEEE 1451 标准在实验室环境下的生物信息测量中也展现了其独特优势。在生物医学研究中，实验数据的准确性和一致性至关重要。采用 IEEE 1451 标准，可以实现不同类型传感器的统一管理和数据采集，确保实验数据的一致性和可重复性。例如，在细胞培养实验中，多个符合 IEEE 1451 标准的传感器可以同时监测培养环境的温度、湿度、CO_2 浓度等参数，并通过标准接口传输到数据分析系统，为实验结果提供精确的数据支持。

总之，IEEE 1451 标准在生物信息测量领域的应用，不仅提高了系统的集成性、灵活性和可靠性，还为远程健康监测和生物医学研究提供了强有力的技术支持。随着技术的不断发展，IEEE 1451 标准将在生物信息测量领域发挥越来越重要的作用，为现代医疗和生物科学研究带来更多创新和突破。

第三节　基于 ZigBee 的生物信息无线传输

一、无线传感器网络概述

无线传感器网络（Wireless Sensor Network，WSN）是一种由大量微小的传感器节点通过无线通信方式自组织形成的网络。这些传感器节点能够在监控区域内协同工作，实时感知、采集和处理环境信息，并将处理后的数据传输给用户或更高级的处理中心。无线传感器网络融合了传感器技术、嵌入式系统技术、无线通信技术和分布式信息处理技术，在现代信息采集和处理系统中发挥着越来越重要的作用。

无线传感器网络最早由美国国防高级研究计划局（Defense Advanced Research Projects Agency，DARPA）在 20 世纪 90 年代提出，最初用于军事监控和战场环境感知。随着技术的不断发展，无线传感器网络的应用范围迅速扩展到工业监控、环境监测、智能家居、医疗健康、交通管理等多个领域。无线传感器网络在这些领域的应用极大地提高了数据采集的效率和精度，同时也为实现实时监控和智能决策提供了技术支持。

无线传感器网络的节点通常由感知单元、处理单元、通信单元和电源单元组成。感知单元负责感知环境参数，如温度、湿度、光照强度、振动等；处理单元通常由微控制器或微处理器组成，负责对感知数据进行初步处理和分析；通信单元负责节点间的数据传输和通信，常用的无线通信技术包括 ZigBee、Wi-Fi、蓝牙等；电源单元则为节点提供能量供应，通常采用电池供电，也有些应用场景使用能量收集技术，如太阳能供电。

无线传感器网络具有以下显著特点：

（1）节点数量多，分布密集　一个典型的无线传感器网络由大量的传感器节点组成，这些节点通常以高密度分布在监控区域内，以确保数据采集的覆盖范围和精度。

（2）自组织能力强 无线传感器网络的节点具有自组织能力，能够在缺乏集中控制的情况下，自行完成网络的构建和维护。这种自组织特性使得无线传感器网络具有很强的适应性和鲁棒性，能够应对节点故障、网络拓扑变化等问题。

（3）能量受限，低功耗设计 由于传感器节点通常采用电池供电，能量资源有限，因此无线传感器网络的设计重点之一是降低节点的能量消耗。常用的低功耗设计策略包括节点休眠唤醒机制、低功耗通信协议、能量高效的路由算法等。

（4）数据融合与处理 无线传感器网络中的数据处理不仅限于简单的数据传输，还包括数据融合、滤波和初步分析。通过在网络节点间进行数据融合，可以减少冗余数据的传输，提高网络的能量效率和数据处理能力。

（5）多跳路由与协作通信 由于无线传感器网络的节点能量和通信范围有限，通常采用多跳路由技术进行数据传输，即数据在到达目标节点前会经过多个中间节点的转发。此外，节点之间的协作通信可以提高数据传输的可靠性和网络的整体性能。

无线传感器网络在许多应用场景中展现出了广阔的前景。例如，在环境监测中，无线传感器网络可以实时监控空气质量、水质、土壤湿度等参数，帮助管理人员及时掌握环境变化情况；在智能家居中，无线传感器网络能够实现家庭设备的智能控制，如照明、空调、安全监控等，提高居住环境的舒适度和安全性；在医疗健康领域，无线传感器网络可以用于远程病人监护、健康数据采集等，提供精准的医疗服务和健康管理。

总之，无线传感器网络作为一种新兴的技术手段，已经并将在更多领域发挥其重要作用。随着无线通信技术和传感器技术的不断进步，无线传感器网络的应用将变得更加广泛和深入，为实现智能化、信息化社会提供坚实的基础。

二、ZigBee 技术介绍

ZigBee 是一种低功耗、低数据速率、短距离无线网络通信技术，主要用于各种自动控制和远程控制应用场合。它基于 IEEE 802.15.4 标准，具有低复杂度、低成本和自组织网络的特点，适用于生物信息无线传输、工业控制、智能家居、医疗监控和农业物联网等领域。

首先，ZigBee 协议栈由物理层、媒体访问控制（Media Access Control，MAC）层、网络层和应用层组成。物理层和 MAC 层基于 IEEE 802.15.4 标准，负责数据的传输和接收、信道选择、链路质量评估等基本通信功能。网络层提供设备寻址、路由选择和网络拓扑管理等功能，支持星型、树型和网状等多种网络拓扑结构。应用层包括应用支持子层（Application Support Sub-layer，APS）、ZigBee 设备对象（Zigbee Device Object，ZDO）和用户自定义的应用对象，用于实现具体的应用功能和服务。

ZigBee 的自组织能力是其一大优势。网络中的每个节点都可以充当路由器，不仅可以发送和接收数据，还能转发其他节点的数据包，从而实现灵活的网络构建和动态调整。当某个节点出现故障或被移除时，网络可以自动调整路由，确保通信的可靠性和稳定性。这种特性使得 ZigBee 特别适用于需要高可用性和自愈能力的应用场景，如医疗监控和环境监测。

此外，ZigBee 技术的低功耗特性使其非常适合长时间运行的无线传感器网络。ZigBee 设备通常采用休眠和唤醒机制，仅在需要传输数据时才开启无线通信模块，从而大大降低了能耗。这种设计不仅延长了设备的使用寿命，还减少了维护成本，非常适合资源受限的生物信息采集应用。

在安全性方面，ZigBee 提供了多层次的安全机制，包括加密、认证和访问控制等。通过采用对称加密算法（如 AES-128），ZigBee 确保了数据在传输过程中的机密性和完整性。同时，ZigBee 网络支持设备级别的认证和访问控制，防止未经授权的设备接入网络，从而提高了系统的整体安全性。

总的来说，ZigBee 技术以其低功耗、低成本、自组织、高可靠性和高安全性的特点，成为生物信息无线传输的理想选择。在医疗监控系统中，ZigBee 传感器可以实时采集患者的生理数据并通过无线网络传输到监控中心，实现远程监控和及时干预。在农业物联网中，Zig-Bee 传感器能够实时监测土壤湿度、温度和其他环境参数，为精准农业提供数据支持。随着物联网技术的不断发展，ZigBee 在各种生物信息采集应用中将发挥越来越重要的作用。

三、基于 ZigBee 的生物信息传输

随着生物信息采集技术的不断发展，数据的实时传输和处理需求愈发重要。传统的有线传输方式在灵活性和安装便捷性上存在诸多限制，而无线传输技术的发展为生物信息的实时传输提供了全新的解决方案。ZigBee 作为一种低功耗、低成本的无线通信技术，以其独特的优势在生物信息传输中得到了广泛应用。

1. 生物信息采集的需求

现代农业生产需要实时监测各种环境参数和作物生长状态，以实现精细化管理和高效生产。农作物信息监测主要包括土壤湿度、温度、光照强度、二氧化碳浓度、病虫害情况等参数的采集。这些数据对于指导灌溉施肥、病虫害防治、优化生长环境等方面具有重要意义。然而，传统的有线监测系统在大面积农业应用中布线复杂、成本高且维护不便，迫切需要一种高效的无线监测方案。

2. 基于 ZigBee 的解决方案

ZigBee 技术是一种低速率、低功耗的无线通信技术，非常适合应用于农作物信息监测。基于 ZigBee 的无线传感器网络由多个传感器节点、一个或多个协调器和路由器组成。传感器节点布置在农田中，负责采集环境参数并通过无线通信将数据传送至协调器。协调器再将数据传送到中心控制系统进行分析和处理。ZigBee 模块的常见组网如图 6.4 所示。

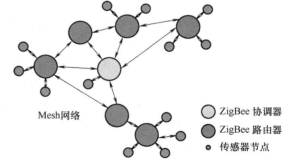

图 6.4　ZigBee 模块的常见组网图

在农作物信息监测系统中，传感器节点配备了各种类型的传感器，如温度传感器、湿度传感器、光照传感器和气体传感器等。这些节点通过 ZigBee 协议组成自组织网络，将监测数据以跳跃的方式传递到协调器，实现远距离传输。

3. 实际应用案例

某农业科研团队在一片占地 100 亩的农田中部署了基于 ZigBee 的无线传感器网络，用于监测小麦的生长环境。具体实施步骤如下：

（1）传感器布置　在农田的不同区域布置温度、湿度、光照和土壤湿度传感器节点。每个节点通过太阳能电池供电，确保长期稳定运行。

（2）数据采集与传输　传感节点定时采集环境数据，通过 ZigBee 网络将数据传输至多个中继节点，最后汇集到协调器。协调器通过通信分组无线业务（General Packet Radio Service，GPRS）模块将数据上传到云端服务器。

（3）数据分析与决策　云端服务器对采集的数据进行分析，生成详细的农作物生长环境报告，并根据实时数据提供灌溉、施肥和病虫害防治建议。农民可以通过手机应用或计算机实时查看农田的各项数据，及时采取相应措施。

基于 ZigBee 的生物信息传输技术为现代农业提供了一种高效、低成本的监测解决方案。通过实时监测和数据分析，农民可以更加科学地管理农作物生长，提高农业生产的效率和收益。随着技术的不断进步，ZigBee 技术将在智能农业中发挥更加重要的作用。

第四节　生物信息采集中的模糊传感器

一、模糊传感器的概念

模糊传感器是指在传统传感器基础上，通过引入模糊逻辑技术，使传感器能够处理和输出模糊信息的一类智能传感器。传统传感器通常以精确的数值形式输出测量结果，适用于明确且易于量化的环境。然而，在生物信息采集中，测量对象常常具有不确定性和复杂性，难以用简单的数值进行准确描述。模糊传感器通过将数值测量与模糊逻辑相结合，能够在这种复杂环境下有效地进行信息采集和处理。

模糊传感器的基本原理是基于模糊集合理论，将测量结果映射到模糊集合中，通过隶属函数描述测量值与模糊集合中各元素的关联程度。这样，传感器不仅能够输出具体的数值结果，还能输出与之相关的模糊语言信息，如"高温""中温""低温"等。这种模糊描述方式更符合人类的认知习惯，使得测量结果更具可理解性和应用价值。

模糊传感器具有以下显著特点。

1）灵活性：能够在不确定和动态变化的环境中稳定工作，通过调整隶属函数和模糊规则，可以适应不同的测量需求和环境变化。

2）鲁棒性：由于模糊传感器能够处理模糊和不确定信息，具有较强的抗干扰能力，能够在噪声和其他干扰因素存在的情况下保持较高的测量精度。

3）可解释性：输出不仅包括精确的数值，还包括模糊语言描述，便于用户理解和决策，尤其在复杂的生物信息处理场景中更为有效。

4）智能性：通过内置的模糊逻辑控制器，能够实现自学习、自适应和自诊断功能，进一步提升了传感器的智能化水平。

二、模糊传感器的结构

模糊传感器的结构主要包括逻辑结构和物理结构两方面。其核心在于实现传感器对模糊信息的处理和转换，从而输出更符合实际应用需求的符号信息。下面详细描述模糊传感器的逻辑结构和物理结构。

（一）逻辑结构

模糊传感器的逻辑结构设计旨在实现信息的转换和处理，包括信号调理、数值/符号转换、符号处理、学习和通信功能。这些功能模块有机地集成在一起，构成了模糊传感器的逻辑框架。

（1）信号调理与转换层　该层负责对传感器采集到的原始信号进行初步处理，包括滤波、放大和模数转换等。信号调理的目的是去除噪声、增强信号质量，为后续的数值处理提供干净的数据输入。

（2）数值/符号转换层　这一层是模糊传感器的核心部分，它将处理后的数值信号转换为符号信息。通过预先定义的模糊集合和隶属函数，传感器能够将具体的数值量转换为对应的语言描述，如"热""冷"等。该过程依赖于知识库中的规则和隶属函数。

（3）符号处理层　该层利用模糊逻辑和推理机制，对符号信息进行处理和综合。通过关联和推理，模糊传感器可以将多个输入信号转换为更高层次的符号描述，实现复杂环境下的信息融合和综合判断。

（4）学习层　模糊传感器的学习功能使其能够根据外部输入和预定义的标准进行自我校正和优化。通过有导师学习算法或无导师自学习算法，传感器可以不断调整和优化自身的隶属函数和规则库，以提高准确性和适应性。

（5）通信层　作为信息系统的一部分，模糊传感器必须具备与外界通信的能力。通信层负责实现传感器与上级控制系统或其他传感器节点之间的信息交换，支持实时数据传输和远程控制。

（二）物理结构

模糊传感器的物理结构是实现其逻辑功能的基础。典型的模糊传感器物理结构包括以下几个主要组件：

（1）敏感元件　这是模糊传感器的前端部分，用于直接感知环境变化或待测对象的物理量。敏感元件将外界刺激转换为电信号，作为后续处理的输入。

（2）信号调理单元　该单元包括放大器、滤波器和模/数转换器等，用于对敏感元件产生的电信号进行调理。调理后的信号质量更高，适合数字处理。

（3）数值处理单元　该单元由微处理器或数字信号处理器（Digital Signal Processor, DSP）组成，负责执行数值计算和符号转换算法。它是模糊传感器的核心处理部分，能够根据预设的隶属函数和规则库进行数据处理。

（4）存储单元　用于存储传感器的知识库、隶属函数和学习算法。存储单元通常采用非易失性存储器，如 EEPROM 或 Flash，以确保在断电后数据不会丢失。

（5）通信接口　模糊传感器需要与外部系统进行数据交换，因此配置了多种通信接口，如串行接口（UART、SPI、I2C）、无线通信模块（如 ZigBee、蓝牙）等，支持多种通信协议。

（6）电源管理单元　为了确保传感器的正常运行，电源管理单元提供稳定的电源供应，并具备电源监控和管理功能，以延长传感器的使用寿命。

通过上述逻辑结构和物理结构的有机结合，模糊传感器能够有效地感知和处理复杂的环境信息，输出高可靠性的符号信息，为智能决策和控制提供有力支持。这种集成化和智能化的发展，使模糊传感器在现代生物信息采集领域具有广泛的应用前景。

三、模糊传感器的应用

模糊传感器在生物信息采集中的应用非常广泛。它们可以用于监测心率、血压、体温等生理参数，并提供更高的准确性和可靠性。例如，在心率监测中，模糊传感器能够有效过滤噪声和干扰，提供更精确的心率数据。此外，模糊传感器还可以用于农业环境监测，评估空气质量、水质等，如图 6.5 所示。这些传感器能够处理复杂的环境数据，并提供精确的评估结果，帮助人们更好地理解和管理环境健康。

图 6.5　模糊传感器在农业环境监测中的应用

第五节　插卡式测试系统

一、插卡式测试系统的概念和特点

1. 插卡式测试系统的概念

插卡式测试系统是由一个主机平台和多个功能模块组成的测试系统。主机平台通常包含一个标准化的插槽接口，通过这些插槽可以插入各种功能模块。这些模块可以是信号发生器、示波器、数字化仪、数据采集（Data Acquisition，DAQ）卡等。用户可以根据测试需求选择合适的模块组合，从而构建一个定制化的测试系统。

2. 插卡式测试系统的特点

（1）模块化设计　插卡式测试系统采用模块化设计，各种功能模块可以独立更换和升级。用户可以根据需求增加或更换模块，而无须更换整个系统，从而节约成本。

（2）高灵活性　由于模块种类丰富，插卡式测试系统可以适应各种不同的测试需求。

用户可以根据具体的测试任务，自由组合所需的模块。

（3）可扩展性　插卡式测试系统支持多个模块同时工作，可以通过增加模块来扩展系统功能和性能。例如，可以同时使用多个数据采集卡以提高数据采集的通道数和采集速率。

（4）高效性　由于各模块可以通过主机平台统一管理和控制，插卡式测试系统能够实现高效的数据传输和处理。同时，模块之间的同步性和协同性较强，有助于提高测试精度和效率。

（5）标准化接口　插卡式测试系统通常采用标准化的接口，如 PCI、PXI 等，保证了不同模块之间的兼容性和互换性。这使得用户可以方便地更换或升级模块，而无须担心兼容性问题。

二、插卡式测试系统的应用

插卡式测试系统在生物信息采集中有广泛的应用。例如，在临床诊断中，插卡式测试系统可以用于多参数监测，如心电图、血氧饱和度、血糖等，如图 6.6 所示。通过插入不同的测试卡，可以实现多种生理参数的同步监测，提高诊断的准确性和效率。此外，插卡式测试系统还可用于环境监测、食品安全检测等领域。其灵活的模块化设计，使其能够快速适应不同的测试需求，提供可靠的测试结果。

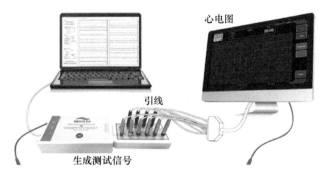

图 6.6　一种用于心电监测的插卡式系统

第六节　虚拟仪器及其在生物信息采集中的应用

一、虚拟仪器的含义及特点

虚拟仪器（Virtual Instrument，VI）是一种基于计算机技术的新型测试和测量工具。其核心思想是通过软件在计算机上模拟传统仪器的功能和操作界面，从而实现信号采集、数据处理和结果显示。虚拟仪器的主要特点包括灵活性、高效的数据处理能力和较低的成本。

虚拟仪器的主要特点包括：

（1）灵活性和可编程性　虚拟仪器最大的特点是其功能由软件定义，用户可以根据实际需求通过编程来定制仪器的功能和操作界面。这种灵活性使得用户可以快速调整和更新测试系统，以适应不同的测试需求和应用场景。

（2）高效的数据处理能力　由于虚拟仪器依赖于计算机的处理能力，其数据处理和分析能力远远超过传统硬件仪器。计算机强大的运算能力可以实现复杂的信号处理、频谱分析、统计计算等功能，极大地提高了测试和测量的效率和准确性。

（3）成本效益　与传统仪器相比，虚拟仪器显著降低了硬件成本。传统仪器通常需要多个专用硬件模块，而虚拟仪器则通过软件和少量通用硬件（如数据采集卡）来实现同样的功能，从而减少了硬件投入。此外，虚拟仪器的维护和升级也更加便捷，成本也更低。

（4）易用性和用户友好性　虚拟仪器通常采用图形化编程语言，如 LabVIEW，使得用户无须具备深厚的编程知识即可设计和实现复杂的测量系统。图形化界面和直观的操作方式大大降低了学习和使用的门槛，提高了工作效率。

（5）多功能集成　虚拟仪器可以集成多个功能模块，包括信号生成、数据采集、信号处理和结果显示，形成一个完整的测试和测量系统。这种多功能集成不仅简化了系统设计和操作，还提高了系统的一致性和可靠性。

（6）可扩展性和开放性　虚拟仪器具有很高的可扩展性，用户可以根据需求不断添加新的功能模块和应用程序。同时，虚拟仪器通常支持多种通信接口和协议，如 GPIB、USB、Ethernet 等，便于与其他设备和系统进行数据交换和集成。

虚拟仪器的应用范围十分广泛，涵盖了从科研实验到工业测试、从教育培训到生物医学工程等多个领域。在生物信息采集中，虚拟仪器可以用于各种生物信号的实时采集和分析，如心电图、脑电图、肌电图等，为研究人员和工程师提供了强大的工具和平台，以支持他们的工作和创新。

二、虚拟仪器的组成

虚拟仪器的组成主要包括硬件功能模块、软件功能模块、数据采集与处理系统三部分。每一个部分都在虚拟仪器的操作中扮演着重要角色，形成一个集成的整体，用以替代传统的物理仪器。图 6.7 所示为一种典型的虚拟仪器示意图。

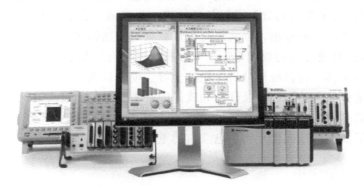

图 6.7　一种典型的虚拟仪器示意图

虚拟仪器的组成可以分为以下几个部分：

（1）硬件功能模块　硬件功能模块是虚拟仪器的基础，负责数据的采集和初步处理。

它主要由传感器、信号调理模块、数据采集卡、接口模块等组成。

1）传感器：用于感知和检测生物信息的变化，将物理量（如温度、压力、光强等）转换成电信号。这些传感器可以是各种类型的，包括光学传感器、化学传感器、微机电系统（MEMS）传感器等。

2）信号调理模块：对传感器输出的信号进行放大、滤波、校准等处理，以确保信号的准确性和稳定性。信号调理模块包括放大器、滤波器、模/数转换器（ADC）等。

3）数据采集卡：用于将模拟信号转换成数字信号，并通过计算机接口传输到计算机。常见的接口类型有 PCI、PCIe、USB 等。

4）接口模块：用于连接传感器和计算机，常见的接口包括 GPIB、RS-232、USB、以太网等。接口模块不仅负责数据传输，还需处理与硬件同步的控制信号。

（2）软件功能模块　软件功能模块是虚拟仪器的核心，通过软件实现对硬件的控制、数据处理和结果显示。它主要包括驱动程序、应用软件和用户界面等。

1）驱动程序：用于实现计算机与硬件之间的通信和控制，使操作系统和应用软件能够识别和使用硬件设备。驱动程序通常由硬件制造商提供，并包含与操作系统兼容的接口。

2）应用软件：通过编程语言或开发环境（如 LabVIEW、MATLAB、LabWindows/CVI）编写，用于实现数据采集、处理和分析。应用软件可以根据用户需求进行定制，提供特定功能，如信号分析、频谱分析、图像处理等。

3）用户界面：通过图形用户界面（Graphical User Interface，GUI），用户可以方便地与虚拟仪器进行交互。用户界面设计要简洁直观，提供友好的操作体验，包括数据输入、实时监控、结果显示、报告生成等功能。

（3）数据采集与处理系统　数据采集与处理系统是虚拟仪器的核心工作环节，包括数据的实时采集、存储、处理和分析。

1）数据采集：通过数据采集卡和接口模块，将传感器采集到的生物信息信号传输到计算机。数据采集过程中需要高精度和高采样率，以确保数据的准确性和完整性。

2）数据存储：采集到的数据需要进行有效存储，以便后续处理和分析。常用的存储方式包括数据库、文件系统等，根据数据量和访问需求选择合适的存储策略。

3）数据处理：对采集到的数据进行各种处理，如滤波、去噪、归一化等。数据处理需要强大的计算能力和高效的算法，以实现对海量数据的快速处理。

4）数据分析：对处理后的数据进行深入分析，提取有用信息和特征参数。数据分析可以采用各种方法和工具，包括统计分析、机器学习、模式识别等。

综上所述，虚拟仪器的组成涉及硬件和软件的紧密结合，通过高效的数据采集与处理系统，实现了生物信息的精确测量和分析。虚拟仪器不仅提高了测试系统的灵活性和可扩展性，还大幅降低了成本，是现代生物信息采集的重要工具。

三、虚拟仪器的应用

虚拟仪器在生物信息采集中有广泛应用。以下是几个典型的应用实例：

1）生物传感器数据采集：通过虚拟仪器平台，可以将各种生物传感器（如葡萄糖传感器、血氧传感器等）的数据实时传输到计算机，并进行多参数的同步采集和分析。

2）心电图（ECG）监测：虚拟仪器可以实现对心电图信号的实时采集、分析和显示，帮助医生对心脏健康状况进行准确诊断。

第七节　微纳传感器

一、微纳传感器概述

微纳传感器是近年来随着微电子技术和纳米技术的发展而兴起的一类新型传感器，如图6.8所示。这类传感器的敏感部位尺寸通常在 1~100nm 之间，具备微型化、智能化和高灵敏度的特点。微纳传感器的出现为生物医学、环境监测、工业自动化等领域带来了革命性的变化。

微纳传感器基于微机电系统（MEMS）和纳米技术制造，通过微细加工技术将传感器元件缩小到纳米级别。这类传感器能够对目标物体的物理、化学和生物属性进行实时、精确的监测。例如，纳米级的压力传感器可以检测极其微小的压力变化，纳米级的光学传感器能够捕捉极其微弱的光信号。

图 6.8　微纳传感器示意图

二、微纳传感器的应用

微纳传感器的核心优势在于其极高的灵敏度和快速响应能力。由于尺寸微小，微纳传感器可以集成在微流控系统中，实现对单细胞或单分子的检测。这使得它们在医学诊断、基因测序和药物筛选等领域有着广泛的应用前景。微纳传感器还可以与其他电子设备集成，形成智能化的检测系统，进一步提升检测的准确性和效率。此外，微纳传感器的低功耗特性使其在便携式和可穿戴设备中得到了广泛应用。这些传感器可以安装在智能手表、健身追踪器等设备中，实时监测佩戴者的生理参数，如心率、血氧水平等，提供个性化的健康管理服务。

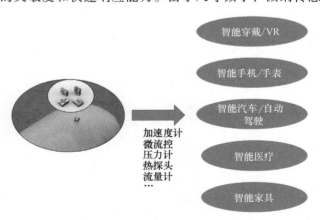

图 6.9　微纳传感器的广泛应用

微纳传感器作为一种前沿技术，正在不断推动各领域技术的发展和应用的革新。未来，

207

随着纳米材料和微制造技术的进一步突破，微纳传感器将在更多的应用场景中发挥其独特的优势，成为智能化时代不可或缺的重要组成部分，如图6.9所示。

本 章 习 题

1. 请举出3个智能传感器在不同领域的应用实例，并详细说明每个实例中传感器的工作原理、功能和带来的具体效益。

2. 请基于一个具体的生物信息采集应用实例，设计一个基于 ZigBee 的无线传感器网络（WSN）传输组网方案。

3. 请结合实际应用场景，比较不同的无线通信技术 ZigBee、Wi-Fi、蓝牙、LoRa 等在生物信息传输中的优劣。

参 考 文 献

［1］ 李东晶. 传感器技术及应用［M］. 北京：北京理工大学出版社，2020.

［2］ 陈安宇. 医用传感器［M］. 北京：科学出版社，2023.

［3］ 仪器仪表元器件标准化技术委员会. 传感器通用术语：GB/T 7665—2005［S］. 北京：中国标准出版社，2005.

［4］ 陈仁文. 传感器、测试与试验技术［M］. 北京：科学出版社，2021.

［5］ 张新荣，张小栋，王斌华，等. 测试与传感器技术：英文版［M］. 北京：清华大学出版社，2022.

［6］ 赵勇，王琦. 传感器敏感材料及器件［M］. 北京：机械工业出版社，2012.

［7］ 蒋亚东，谢光忠. 敏感材料与传感器［M］. 成都：电子科技大学出版社，2008.

［8］ 陈艾. 敏感材料与传感器［M］. 北京：化学工业出版社，2004.

［9］ 倪星元，张志华. 传感器敏感功能材料及应用［M］. 北京：化学工业出版社，2005.

［10］ 胡林. 有序介孔材料与电化学传感器［M］. 合肥：合肥工业大学出版社，2013.

［11］ SIMON J, SCHWALM M, MORSTEIN J, et al. Mapping light distribution in tissue by using MRI-detectable photosensitive liposomes［J］. Nature biomedical engineering, 2023, 7：313-322.

［12］ DAGDEVIREN C, JAVID F, JOE P, et al. Flexible piezoelectric devices for gastrointestinal motility sensing［J］. Nature biomedical engineering, 2017, 1：807-817.

［13］ FENG L, LI S, LI Y, et al. Super-hydrophobic surfaces：from natural to artificial［J］. Advanced materials, 2002, 24（14）：1857-1860.

［14］ YU Z, ZHU T, ZHANG J, et al. Fog harvesting devices inspired from single to multiple creatures：current progress and future perspective［J］. Advanced functional materials, 2022, 32（26）：2200359.

［15］ TAN Y, HU B, CHU Z, et al. Bioinspired superhydrophobic papillae with tunable adhesive force and ultra-large liquid capacity for microdroplet manipulation［J］. Advanced functional materials, 2019, 29（15）：1900266.

［16］ TANG Z, WANG P, XU B, et al. Bioinspired robust water repellency in high humidity by micrometer-scaled conical fibers：toward a long-time underwater aerobic reaction［J］. Journal of the American chemical society, 2019, 144（24）：10950-10957.

［17］ GAO X, YAN X, YAO X, et al. The dry-style antifogging properties of mosquito compound eyes and artificial analogues prepared by soft lithography［J］. Advanced materials, 2007, 19（17）：2213-2217.

［18］ XUE J, YIN X, XUE L, et al. Self-growing photonic composites with programmable colors and mechanical properties［J］. Nature communications, 2022, 13（1）：7823.

［19］ 穆正知. 基于典型蝶翅的仿生功能表面设计制造及性能研究［D］. 长春：吉林大学，2019.

［20］ XIE H, HUANG H, PENG Y. Rapid fabrication of bio-inspired nanostructure with hydrophobicity and antireflectivity on polystyrene surface replicating from cicada wings［J］. Nanoscale, 2017, 9：11951-11958.

［21］ LI H, XU Z H, LI X. Multiscale hierarchical assembly strategy and mechanical prowess in conch shells（busycon carica）［J］. Journal of structural biology, 2013, 184（3）：409-416.

［22］ AMINI S, MISEREZ A. Wear and abrasion resistance selection maps of biological materials［J］. Acta biomaterialia, 2013, 9（8）：7895-7907.

［23］ MENG J, ZHANG P, WANG S. Recent progress of abrasion-resistant materials：learning from nature［J］. Chemical society reviews, 2016, 45（2）：237-251.

［24］ WEAVER J C, MILLIRON G W, MISEREZ A, et al. The stomatopod dactyl club：a formidable damage-tolerant biological hammer［J］. Science, 2012, 336（6086）：1275-1280.

［25］ YANG W, MCKITTRICK J. Separating the influence of the cortex and foam on the mechanical properties of porcupine quills [J]. Acta biomaterialia, 2013, 9 (11): 9065-9074.

[26] CHEN P, STOKES A G, MCKITTRICK J. Comparison of the structure and mechanical properties of bovine femur bone and antler of the North American elk: cervus elaphus canadensis [J]. Acta biomaterialia, 2009, 5 (2): 693-706.

[27] ROTHSCHILD B M, BRYANT B, HUBBARD C, et al. The power of the claw [J]. PloS one, 2013, 8 (9): e73811.

[28] PATHAK H, DIXIT P, DHAWANE S, et al. Unique fatality due to claw injuries in a tiger attack: a case report [J]. Legal medicine, 2014, 16 (6): 381-384.

[29] ZHANG B, HAN Q, ZHANG J, et al. Advanced bio-inspired structural materials: local properties determine overall performance [J]. Materials today, 2020, 41: 177-199.

[30] IMBENI V, KRUZIC J J, MARSHALL G W, et al. The dentin - enamel junction and the fracture of human teeth [J]. Nature materials, 2005, 4 (3): 229-232.

[31] JOHNSON K L. Contact mechanics and the wear of metals [J]. Wear, 1995, 190 (2): 162-170.

[32] SUZUKI M, SARUWATARI K, KOGURE T, et al. An acidic matrix protein, Pif, is a key macromolecule for nacre formation [J]. Science, 2009, 325 (5946): 1388-1390.

[33] KASAPI M A, GOSLINE J M. Design complexity and fracture control in the equine hoof wall [J]. The journal of experimental biology, 1997, 200 (11): 1639-1659.

[34] MISEREZ A, LI Y, WAITE J H, et al. Jumbo squid beaks: inspiration for design of robust organic composites [J]. Acta biomaterialia, 2007, 3 (1): 139-149.

[35] 丛茜, 任露泉, 吴连奎, 等. 几何非光滑生物体表形态的分类学研究 [J]. 农业工程学报, 1992, 8 (2): 7-12.

[36] 周长海, 孙琳, 任露泉, 等. 黄缘真龙虱与臭蜣螂体壁仿生生物学形态结构的比较研究 [J]. 华中农业大学学报, 2005 (S1): 9-13.

[37] LIU Z, JIAO D, WENG Z, et al. Structure and mechanical behaviors of protective armored pangolin scales and effects of hydration and orientation [J]. Journal of the mechanical behavior of biomedical materials, 2016, 56: 165-174.

[38] YANG W, CHEN I H, GLUDOVATZ B, et al. Natural flexible dermal armor [J]. Advanced materials, 2013, 25 (1): 31-48.

[39] LIN Y, WEI C, OLEVSKY E et al. Mechanical properties and the laminate structure of Arapaima gigas scales [J]. Journal of the mechanical behavior of biomedical materials, 2011, 4 (7): 1145-1156.

[40] JOYCE W G, LUCAS S G, SCHEYER T M, et al. A thin-shelled reptile from the Late Triassic of North America and the origin of the turtle shell [J]. Proceedings of the royal society B: biological sciences, 2009, 276 (1656): 507-513.

[41] BRUET B J F, SONG J, BOYCE M C, et al. Materials design principles of ancient fish armour [J]. Nature materials, 2008, 7 (9): 748-756.

[42] VICKARYOUS M K, SIRE J Y. The integumentary skeleton of tetrapods: origin, evolution, and development [J]. Journal of anatomy, 2009, 214 (4): 441-464.

[43] CHEN I, YANG W, MEYERS M A. Alligator osteoderms: mechanical behavior and hierarchical structure [J]. Materials science and engineering (C), 2014, 35: 441-448.

[44] JUNG J Y, NALEWAY S E, YARAGHI N A, et al. Structural analysis of the tongue and hyoid apparatus in a woodpecker [J]. Acta biomaterialia, 2016, 37: 1-13.

[45] WEGST U G K. Bending efficiency through property gradients in bamboo, palm, and wood-based composites [J]. Journal of the mechanical behavior of biomedical Materials, 2011, 4 (5): 744-755.

[46] LIU Z, ZHANG Z, RITCHIE R O. On the materials science of nature's arms race [J]. Advanced materials, 2018, 30 (32): 1705220.

[47] LAUER C, SCHMIER S, SPECK T, et al. Strength-size relationships in two porous biological materials [J]. Acta biomaterialia, 2018, 77: 322-332.

[48] HUANG Z, LI X. Order-disorder transition of aragonite nanoparticles in nacre [J]. Physical review letters, 2012, 109 (2): 25501.

[49] 王泽. 基于蝉翼圆顶锥形阵列结构的功能表面仿生原理与制备技术 [D]. 长春: 吉林大学, 2021.

[50] 江雷. 仿生智能纳米材料 [M]. 北京: 科学出版社, 2015.

[51] WANG S, YU S. Advances in biomimetic materials [J]. Small methods, 2024, 8 (4): 2301487.

[52] ZHANG M, ZHAO N, YU Q, et al. On the damage tolerance of 3-D printed Mg-Ti interpenetrating-phase composites with bioinspired architectures [J]. Nature communications, 2022, 13 (1): 3247.

[53] 杨志贤, 戴振东. 甲虫生物材料的仿生研究进展 [J]. 复合材料学报, 2008, 25 (2): 1-9.

[54] LI M, LI C, BLACKMAN, et al. Mimicking nature to control bio-material surface wetting and adhesion [J]. International materials reviews, 2021, 67 (6): 658-681.

[55] LEI C, XIE Z, WU K, et al. Controlled vertically aligned structures in polymer composites: natural inspiration, structural processing, and functional application [J]. Advanced materials, 2021, 33 (49): 2103495.

[56] ZHA T, YANG H, QIN H, et al. The construction of biomimetic materials and their research progress in the field of aquatic environmental chemistry [J]. CIESC journal, 2023, 74 (2): 585-598.

[57] ZHU Y, JORALMON D, SHAN W, et al. 3D printing biomimetic materials and structures for biomedical applications [J]. Bio-design and manufacturing, 2021, 4 (2), 405-428.

[58] DRELICH J W. Contact angles: from past mistakes to new developments through liquid-solid adhesion measurements [J]. Advances in colloid and interface science, 2019, 267: 1-14.

[59] KUNG C H, SOW P K, ZAHIRI B, et al. Assessment and interpretation of surface wettability based on sessile droplet contact angle measurement: challenges and opportunities [J]. Advanced materials interfaces, 2019, 6 (18): 1900839.

[60] MORAILA-MARTÍNEZ C L, RUIZ-CABELLO F J M, CABRERIZO-VÍLCHEZ M A, et al. The effect of contact line dynamics and drop formation on measured values of receding contact angle at very low capillary numbers [J]. Colloids and surfaces A: physicochemical and engineering aspects, 2012, 404: 63-69.

[61] YIN X, WANG D, LIU Y, et al. Controlling liquid movement on a surface with a macro-gradient structure and wetting behavior [J]. Journal of materials chemistry A, 2014, 2 (16): 5620-5624.

[62] MARMUR A. Measures of wettability of solid surfaces [J]. The european physical journal special Topics, 2011, 197 (1): 193.

[63] ZHENG L, WU X, LOU Z, et al. Superhydrophobicity from microstructured surface [J]. Chinese science bulletin, 2004, 49: 1779-1787.

[64] CHAU T T, BRUCKARD W J, KOH P T L, et al. A review of factors that affect contact angle and implications for flotation practice [J]. Advances in colloid and interface science, 2009, 150 (2): 106-115.

[65] 李南杰, 莫小买. 一种 3D 接触角测量仪: CN218726391U [P]. 2022-10-19.

[66] DE JAGER H J, NIEUWENHUIS F J. Linkages between total quality management and the outcomes-based approach in an education environment [J]. Quality in higher education, 2005, 11 (3): 251-260.

[67] 凌妍, 钟娇丽, 唐晓山, 等. 扫描电子显微镜的工作原理及应用 [J]. 山东化工, 2018, 47 (9): 78-83.

[68] 张克辉, 曹燕燕, 孙兴华, 等. 扫描电子显微镜的最新应用 [J]. 信息记录材料, 2020, 21 (2): 245-247.

[69] 陈长琦，朱武，干蜀毅. 环境扫描电子显微镜中真空系统特点及成像信号分析 [J]. 真空与低温，2001，7（2）：122-124.

[70] EATON P，WEST P. Atomic force microscopy [M]. Oxford：Oxford University Press，2010.

[71] 王兴亚. 基于原子力显微镜及透射式扫描软 X 射线显微成像术的固液界面纳米气泡的研究 [D]. 宁波：宁波大学，2015.

[72] 杨玉林，范瑞清，王平，等. 材料测试技术与分析方法 [M]. 3 版. 哈尔滨：哈尔滨工业大学出版社，2023.

[73] URBAN K W. Studying atomic structures by aberration-corrected transmission electron microscopy [J]. Science，2008，321（5888）：506-510.

[74] CAO M，JU J，LI K，et al. Facile and large-scale fabrication of a cactus-inspired continuous fog collector [J]. Advanced functional materials，2014，24（21）：3235-3240.

[75] LIANG J，XU J，ZHENG J，et al. Bioinspired mechanically robust and recyclable hydrogel microfibers based on hydrogen-bond nanoclusters [J]. Advance science，2024，2401278.

[76] WANG D，CHEN Y，HUANG Y，et al. Universal and stable slippery coatings：chemical combination induced adhesive-lubricant cooperation [J]. Small，2022，18（32）：2203057.

[77] 徐霁雪，张博文，魏鸢葶，等. 生物芯片技术在生物医学研究中的应用进展 [J]. 实用临床医药杂志，2023，27（1）：126-130.

[78] 李小京，杨晓莉，郑金娥. 组织芯片的应用及研究进展 [J]. 实用医技杂志，2014，21（8）：857-859.

[79] SHENG Y. Investigation of electrolyte wetting in lithium ion batteries：effects of electrode pore structures and solution [J]. Dissertations & theses-gradworks，2015.

[80] 陈宇琪. 便携式光学表面轮廓仪的研究与应用 [D]. 南京：南京理工大学，2015.